CaF_2系核壳自润滑陶瓷刀具

许崇海　陈照强　肖光春　衣明东　张静婕　著

中国轻工业出版社

图书在版编目（CIP）数据

CaF_2 系核壳自润滑陶瓷刀具/许崇海等著. --北京：

中国轻工业出版社，2025. 1. --ISBN 978-7-5184-

4786-2

Ⅰ．TG711

中国国家版本馆 CIP 数据核字第 2024L1K957 号

责任编辑：李金慧

策划编辑：张文佳　　　责任终审：张乃东　　　　封面设计：锋尚设计

版式设计：致诚图文　　责任校对：朱　慧　朱燕春　　责任监印：张京华

出版发行：中国轻工业出版社（北京鲁谷东街 5 号，邮编：100040）

印　　　刷：三河市万龙印装有限公司

经　　　销：各地新华书店

版　　　次：2025 年 1 月第 1 版第 1 次印刷

开　　　本：710×1000　1/16　印张：15.25

字　　　数：300 千字

书　　　号：ISBN 978-7-5184-4786-2　定价：48.00 元

邮购电话：010-85119873

发行电话：010-85119832　010-85119912

网　　　址：http：//www.chlip.com.cn

Email：club@ chlip.com.cn

前　言

制造业是立国之本，是支撑国家综合国力的重要基石。随着低碳绿色发展战略的日益兴起，基于环境意识的高效、精密、洁净的高速切削和干切削融合形成的高速干切削技术作为现代制造技术的重要突破，已成为先进制造技术重要的发展方向之一。

作为高速干切削领域能够有效减少摩擦磨损的加工刀具，自润滑陶瓷刀具的优势已经引起众多研究人员的关注。通过在陶瓷基体中引入氟化钙（CaF_2）等固体润滑剂制备自润滑刀具，使刀具本身具有减摩能力，可实现刀具和润滑剂的有机结合，是提高干切削刀具性能的有效途径。但是固体润滑剂的添加在降低摩擦系数实现自润滑的同时，也会导致刀具材料的力学性能显著降低，耐磨性能变差，刀具使用寿命下降明显。为兼顾刀具材料力学性能和润滑特性之间的平衡，本书采用核壳包覆技术对固体润滑剂 CaF_2 进行表面改性处理后再将其添加到陶瓷刀具基体中，制备既满足干切削加工对润滑的要求，又可改善刀具力学性能的系列新型自润滑陶瓷刀具，实现陶瓷刀具力学性能与自润滑性能的统一。

本书共 10 章，主要内容包括：绪论；CaF_2 系核壳自润滑陶瓷刀具材料设计；CaF_2 系核壳结构固体润滑剂微粒的制备与表征；微米 $CaF_2@Al_2O_3$ 核壳自润滑陶瓷刀具制备与性能；$CaF_2@Al_2O_3$ 核壳自润滑金属陶瓷刀具制备与性能；纳米 $CaF_2@Al_2O_3$ 核壳与晶须协同改性自润滑陶瓷刀具制备与性能；$CaF_2@SiO_2$ 核壳与晶须协同改性自润滑陶瓷刀具制备与性能；$CaF_2@Ni-B$ 核壳自润滑陶瓷刀具制备与性能；CaF_2 系核壳自润滑陶瓷刀具材料的摩擦磨损特性；CaF_2 系核壳自润滑陶瓷刀具的切削性能。各章节既密切关联，又有一定的独立性。

本书全面介绍了作者研究团队多年来在 CaF_2 系核壳自润滑陶瓷刀具设计、制备与应用领域取得的创新性研究成果，主要内容均取材于作者在国内外专业期刊发表的学术论文以及作者所指导的博士和硕士研究生的学位论文。撰写本书的主要目的是向读者介绍 CaF_2 系核壳包覆技术在自润滑陶瓷刀具研究领域的最新进展与应用，从而对我国自润滑陶瓷刀具技术的研究与发展起到推动作用。

本书相关研究工作得到了国家自然科学基金项目"51575285、51905285"、山东省自然科学基金项目"ZR2016EEP15、ZR2017LEE014、ZR2020ME155"和山东省重点研发计划项目"2014GGX103001、2017GGX30118、2019GGX104084"等资助。

在本书的初审和定稿讨论中，许多专家提出了宝贵的修改意见，我们在此谨致衷心的谢意！

作者

目　　录

第1章 绪 论

基于环境意识的高效、精密、洁净的高速干切削技术已发展成为现代加工技术的重要趋势。高速切削技术与干切削技术有机结合，可实现极高的材料去除率、表面质量和加工精度，同时干切削形成的切屑易于回收和再处理，不产生与切削液有关的安全与质量事故。但是在高速干切削加工过程中，由于缺少润滑和冷却作用的切削液，工件与刀具间摩擦剧烈，导致切削力增大，切削热和切削温度升高，极易引起加工表面质量恶化。自润滑陶瓷刀具的出现为解决这一技术难题提供了新的思路。

1.1 自润滑陶瓷刀具

1.1.1 自润滑陶瓷刀具和固体润滑剂

自润滑陶瓷刀具除了具有陶瓷刀具的高硬度、较好的化学稳定性，同时也有着良好的自润滑能力。自润滑刀具的研究进展与固体润滑剂的发展密切相关。通过以不同的形式添加固体润滑剂到陶瓷材料中，使自润滑陶瓷刀具能在整个切削过程中保持较低的摩擦系数，能较好地实现切削刀具的自润滑能力，提升刀具的切削性能。

固体润滑剂的种类较多，主要可分为金属润滑剂和非金属润滑剂两大类。金属润滑剂一般为软金属，主要有金、银、铅、锌、锡等。非金属润滑剂主要是指具有层状结构的非金属润滑材料，如石墨、氟化物、氧化物、硫化物和硒化物等，其中氟化物润滑材料以氟化钙（CaF_2）和氟化钡（BaF_2）为代表，硒化物以钼和钨的硒化物最为实用。表 1-1 为常见固体润滑剂及其性能。

表 1-1 常见固体润滑剂及其性能

固体润滑剂	氧化温度/℃	熔点/℃	相对摩擦系数
石墨	350	3527	0.19
h-BN	900	3000	0.2
MoS_2	350	1180	0.18
WS_2	440	1250	0.17
CaF_2	1300	1418	0.2~0.4

近年来，CaF$_2$ 作为一种优异的高温固体润滑剂被越来越多地应用于机械加工领域，应用前景广阔。CaF$_2$ 固体润滑剂在 250~700℃ 范围内能有效起到润滑效果，即便切削温度在 1000℃ 以上仍具有较好的润滑作用。有学者采用热压烧结工艺，以氧化铝/碳化钛（Al$_2$O$_3$/TiC）为基体，添加固体润滑剂 CaF$_2$ 制备了 Al$_2$O$_3$/TiC/CaF$_2$ 自润滑陶瓷刀具。切削实验表明，添加 CaF$_2$ 的陶瓷刀具具有良好的自润滑功能。

1.1.2 陶瓷刀具实现自润滑的途径

目前陶瓷刀具实现自润滑的主要途径有四种：一是利用刀具材料组分间摩擦化学反应制备原位反应自润滑刀具［图 1-1（a）］；二是利用在刀具表面添加自润滑涂层材料制备软涂层自润滑刀具［图 1-1（b）］；三是通过在刀具前刀面建立微池和微织构制备微池和微织构自润滑刀具［图 1-1（c）］；四是在刀具基体中添加固体润滑剂制备整体自润滑刀具［图 1-1（d）］。

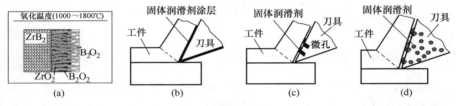

图 1-1　四种自润滑陶瓷刀具原理图

利用摩擦化学反应实现刀具自润滑的基本原理是将摩擦学设计引入陶瓷刀具材料组分匹配设计，在刀具基体中加入润滑前驱相，利用刀具表面在切削过程中产生的高温引发和促进润滑前驱剂产生摩擦化学反应，在刀具表面原位生成具有润滑作用的反应膜实现刀具自润滑。但原位反应自润滑陶瓷刀具在切削中原位摩擦化学反应发生的条件很难控制。

软涂层自润滑刀具的自润滑原理是在强度和韧性较好的硬质合金或高速钢刀具基体表面上涂覆固体润滑剂，形成润滑涂层，制备成为“软”涂层自润滑刀具。但这类刀具涂层与基体界面结合强度较低，在高速切削时，由于切削过程中产生的切削热和机械应力等作用，容易导致涂层剥落，而降低了润滑效果。

微池和微织构自润滑刀具是通过在硬质合金刀具前刀面易磨损部位加工一系列微孔，然后在其中填装固体润滑剂。在切削过程中，微孔中的固体润滑剂受热膨胀或受挤压作用析出，在刀具表面拖覆形成润滑层，实现刀具的自润滑。但此种润滑方式由于微池和微织构的加工对硬质合金刀具基体有一定损伤，而且所加入的固体润滑剂存在与基体结合弱、易脱落、在刀屑接触区分布不均匀的缺点。

　　添加固体润滑剂制备整体自润滑陶瓷刀具是将固体润滑剂作为一相直接添加到陶瓷刀具基体中，与其他组分混合球磨后，通过热压烧结制备复相陶瓷刀具。切削加工过程中，通过刀具与工件的挤压作用，使刀具中的固体润滑剂析出并在刀具表面拖覆形成低剪切强度的润滑层，从而使刀具具备自润滑特性。这种自润滑刀具融合了陶瓷材料和固体润滑剂的优点，既有陶瓷材料具有的较高承载能力，又有固体润滑剂具有的良好摩擦学性能；可满足高速干切削、高速硬切削以及难加工材料的加工要求，适用很宽的切削速度范围、较高的切削温度，为陶瓷刀具实现自润滑提供了新的途径。但此润滑方式由于在刀具基体中直接添加力学性能较低的固体润滑剂，降低了刀具材料的力学性能，缩短了刀具的使用寿命。

1.1.3　固体润滑剂对自润滑材料性能的影响

　　大多数固体润滑剂在具有低摩擦系数的同时，力学性能也很低，这是其自身结构决定的。当前，添加固体润滑剂制备自润滑材料的主要方法是直接将固体润滑剂与基体材料混合压制烧结，这些方法存在某些固体润滑剂与基体的物化相容性差、混料不均匀、界面结合强度低等问题。二者共同作用的结果，使得自润滑材料综合性能提高有限，限制了自润滑材料的进一步推广应用。

　　固体润滑剂含量对材料摩擦磨损特性有重要影响。随着固体润滑剂含量的增加，自润滑材料的摩擦系数降低，同时力学性能也呈下降趋势。在添加固体润滑剂制备复合材料时，必须综合考虑其力学性能与摩擦性能之间的平衡，才能实现自润滑材料的最优性能。有学者通过对添加石墨、MoS_2、镍（Ni）等固体润滑剂的复合材料性能研究表明，固体润滑剂含量存在最优数值，此时材料综合性能最好。如在添加 MoS_2 的材料中，随着 $Ti_3SiC_2-MoS_2$ 含量的增加，材料的磨损率和摩擦系数先降低后增加，当 $Ti_3SiC_2-MoS_2$ 含量为 10wt% 时，其综合性能最好。

　　固体润滑剂与基体材料间化学、物理相容性对自润滑材料性能有重要影响。添加固体润滑剂组成的复相陶瓷组分间的化学相容、物理匹配是影响材料性能的关键因素之一，已引起研究学者的普遍关注。有学者研究发现因 Al_2O_3 与 h-BN 具有相近的热膨胀系数，添加 h-BN 的 Al_2O_3 材料具有良好的机械性能和良好的自润滑性能。而 Al_2O_3 与石墨热膨胀系数差异较大，弹性模量不匹配，导致复合材料中 Al_2O_3 与石墨接触界面存在较高的应力集中，又由于烧结过程中 Al_2O_3 与石墨存在高温气相反应，使得最终制备的复合材料性能较低。

　　固体润滑剂配副对材料的摩擦学特性有重要影响。不同对偶材料间的表面能、活性、化学反应等物理化学性能是导致材料摩擦学特性差异的主要原因。氮化硅（Si_3N_4）与 Si_3N_4-h-BN 陶瓷配副在水润滑条件下的摩擦化学行为表明：在滴定法水润滑条件下，配副的摩擦系数随 h-BN 含量的增加而显著降低，当 h-BN 体积分数为 20% 时，摩擦系数降至 0.01，Si$_3$N$_4$-h-BN 的磨损率接近 0；在浸入法水润滑条件下，配副的摩擦系数均降至 0.01。

温度对固体润滑剂与材料性能有重要影响。不同固体润滑剂的润滑性能与温度有明显关系。相关研究表明，添加氧化铅（PbO）的自润滑金属基陶瓷材料在高温条件下的摩擦磨损性能较好；两种 SiC 基自润滑材料在高温下才会出现自润滑，而在低温下并没有自润滑现象；在较高温度条件下，铜基石墨固体自润滑复合材料的耐磨性主要取决于铜合金基体的强度。

气氛对固体润滑剂与材料性能有重要影响。许多固体润滑剂的润滑效果对气氛有依赖性，在不同气氛下，材料的摩擦学性能可能会出现很大差异。Al$_2$O$_3$/TiB$_2$ 陶瓷材料在空气和氮气气氛中摩擦时，在温度低于 400℃ 时，摩擦系数和磨损率均相差不大；在温度高于 600℃ 时，在氮气气氛中的摩擦系数值和磨损率比在空气气氛中的摩擦系数和磨损率均显著降低。

综上所述，在材料基体添加固体润滑剂后，虽然可以改善材料摩擦磨损特性，但由于固体润滑剂自身力学性能较弱的固有特性，其加入必定降低基体的机械性能；同时由于在制备和使用过程中，固体润滑剂的含量、组分间物理化学相容性、配副、温度、气氛等方面均对复合材料性能产生重要影响。以上因素综合作用的结果，使得通过直接添加的方式在基体中引入固体润滑剂制备的自润滑材料综合性能提高有限。

1.2 核壳结构及其在陶瓷材料中的应用

1.2.1 核壳结构材料制备方法

粉体表面包覆是指在粉体表面包覆或吸附另一种或多种物质，形成由中心粒子和包覆层组成的核壳复合结构的材料复合过程。文献研究发现，粉体表面包覆是制备微纳米复合材料的有效手段。通过包覆可以实现复合粉体中的不同相颗粒间粒子级别的均匀混合，可以有效改善材料性能，并通过包覆赋予其新的物理、化学等特殊功能。包覆型粉体的制备已发展有多种方法，目前广泛应用的微/纳米粉体表面包覆方法主要有固相包覆法、液相包覆法、气相包覆法等。

固相包覆法是把几种金属盐或金属氧化物按一定配方进行充分混合、研磨、煅烧，经固相反应得到超细包覆微粒，按制备工艺可分为固相反应法和机械混合法。机械混合法通过挤压、冲击、摩擦等方法产生的机械力对颗粒表面激活，利用颗粒间机械应力作用，使之吸附其他物质而实现表面包覆。这种方法一定程度上改善了被包覆微粒性能，但因其核壳机构的结合力不强，颗粒表面难以达到完全均匀覆盖。

液相包覆法通过湿环境下的化学反应形成改性剂对颗粒进行表面包覆，具有设备简单、反应温度低、能耗少的优点，是目前实验室和工业上广泛采用的制备超细粉的方法。常用的液相包覆方法有溶胶–凝胶法、非均匀成核法、沉淀法、化学镀法、超临界流体法等。溶胶–凝胶法制备的包覆复合粒子具有纯度高、化学均匀性好、颗粒粒径分布窄等优点，且该方法设备简单、操作容易，能在较低温度下制备各种功能材料。非均匀成核法是根据 Lamer 结晶理论，通过控制结晶沉淀条件，使改性剂微粒在被包覆微粒上非均匀成核与生长来形成包覆层。通过控制改性剂浓度介于非均匀成核临界浓度与临界饱和浓度之间，可精确控制包覆层的厚度及化学组分。沉淀法又称共沉淀法，该方法通过在原料溶液中加入沉淀剂形成前驱体沉淀物，然后将前驱体沉淀物进行干燥或煅烧等工艺得到目标复合粒子。但是沉淀法要求中心粒子的浓度要低，否则容易发生团聚。化学镀法指在不外加电流的情况下，利用自动催化氧化–还原反应原理，使镀液中的金属离子被还原剂还原成金属粒子并沉积在粉体表面，形成一定厚度的金属镀层。化学镀法镀层厚度均匀、孔隙率低，主要用于制备金属陶瓷复合材料。超临界流体法的基本原理是在超临界条件下，通过降低压力使超临界溶液迅速产生高过饱和度，使固体溶质从超临界溶液中结晶析出包覆在材料表面。超临界流体法对溶质的溶解度高，传质效率高，操作参数易于控制，溶剂可循环使用，尤其适合于热敏物质的分离，能实现无溶剂残留。目前，超临界萃取常使用的萃取剂为 CO_2。

气相包覆法是利用气相过饱和体系中的改性剂在目标颗粒表面聚集而形成对粉体颗粒的包覆。气相包覆法主要包括物理气相沉积法和化学气相沉积法，其中以化学气相沉积法应用较广。

粉体表面包覆的其他方法主要有粉末冶金包覆法和高速气流冲击法。粉末冶金包覆法是用金属粉末或与非金属粉末的混合物作为原料，经过成形和烧结制备包覆型复合材料的方法。目前，粉末冶金法已经成为一种低成本的高性能金属基和陶瓷基复合材料制备的工艺方法。高速气流冲击法是利用气流对粉体高速冲击产生的冲击力，使粉体颗粒间相互碰撞、压缩、摩擦、剪切，实现对粉体包覆。该方法的代表设备是日本奈良机械制造所开发的高速冲击式粉体表面改性机（HYBridization，简称 HYB 系统），可用于粉体的固定化、成膜化和球形化处理。

1.2.2　核壳结构材料形成机理

目前对微/纳米核壳结构粒子包覆成形机理的研究尚不完善，主要有化学键合理论、库仑引力（静电引力）理论、过饱和理论、吸附层媒介作用机理理论等。

化学键合理论认为，表面包覆是通过化学反应使被包覆基体和包覆层之间形成牢固的化学键，从而生成均匀致密的包覆层（图 1-2）。通过化学键形成的包覆层与基体结合紧密，但需要基体表面能够与包覆层发生化学反应或具备一定的官能团。

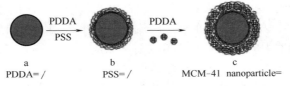

图 1-2　TiO$_2$ 包覆 SiO$_2$ 形成的化学键

库仑引力（静电引力）理论认为，包覆剂和被包覆粒子由于表面带有相反的电荷，两者通过库仑引力使包覆剂吸附到被包覆微粒表面形成核壳包覆结构（图 1-3）。

a
PDDA= /

b
PSS= /

c
MCM-41 nanoparticle=

图 1-3　静电自组装包覆制备的聚苯乙烯微球

过饱和理论认为，在某一 pH 下，当溶液中有异相颗粒存在时，若溶液浓度超过溶质的过饱和度，溶质就会以异相颗粒为晶核结晶并在其表面生长形成包覆层。该理论基于晶体结晶理论提出，是非均匀成核法的主要机理之一（图 1-4）。

吸附层媒介作用机理理论认为，有机表面活性剂对无机粒子进行表面吸附处理是提高无机粒子与有机物质亲和性的一种有效方法。用经过此机理处理的粒子作核进行有机单体的聚合，可获得复合胶囊化粒子（图 1-5）。

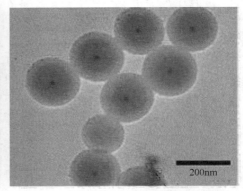

图 1-4　Al$_2$O$_3$ 包覆 MoS$_2$ 颗粒的 TEM 照片　　图 1-5　Au 吸附 SiO$_2$ 包覆层的 TEM 照片

1.2.3 核壳结构在陶瓷材料中的应用

采用包覆法制备核壳结构复合材料已经在陶瓷、硬质合金等多种复合材料制备中得到了应用。近年来，一些研究已开始尝试将表面包覆方法引入自润滑材料领域，即先对固体润滑剂进行包覆处理，再将包覆后的复合粉加入基体材料中，制备了包覆型自润滑材料，同时提高了材料的力学性能和润滑性能，为固体自润滑材料研究开辟了一条新的技术路线。

对固体润滑剂采用表面包覆处理，可以在与基体材料混料过程中有效改善偏析，促进基体晶粒强韧化，进而提高与基体材料的结合强度；还可以在烧结过程中保护固体润滑剂，防止其氧化或分解，制备的包覆型自润滑材料的力学性能与摩擦学性能比未包覆的固体自润滑材料均有提高。固体润滑剂采用包覆技术处理，可以有效提高自润滑材料的力学性能。相关研究表明，添加 Ni 包覆 MoS_2 粉体的 Ni-Cr 高温固体自润滑材料的抗弯强度和抗压强度比只添加等量 MoS_2 的材料提高约 25%，并使材料具有很好的宽温带摩擦学性能。固体润滑剂采用包覆技术处理，可以有效提高自润滑材料的摩擦学性能。氧化钇-四方氧化锆（Y-TZP）包覆 MoS_2 自润滑复合材料中 MoS_2 体积分数为 44vol.% 时，摩擦系数为 0.25，磨损率小于 $1.05 \times 10^{-6} mm^3/mN$，表现出优良的减摩抗磨性能。固体润滑剂采用包覆技术处理，有助于实现陶瓷晶粒强韧化。在 K. Niihara 提出纳米陶瓷的晶内型结构强化机理之后，国际上许多学者相继开展了深入研究。当以 $\gamma-Al_2O_3$ 和 $\gamma-AlOOH$ 为原料时，借助于热压过程中 $\alpha-Al_2O_3$ 的相变过程，可分别使 48% 和 79% 的 SiC 包裹到 $\alpha-Al_2O_3$ 晶粒内部形成晶内型结构。

1.3　CaF_2 系核壳自润滑陶瓷刀具

研究表明，采用先进表面包覆改性技术制备的核壳微纳粉体能显著提升复合材料性能。因此若能在力学性能较差的 CaF_2 颗粒表面先包覆一层性能较好的刀具材料组分，然后再将其加入陶瓷基体材料中，可制备力学性能与润滑性能协调统一的自润滑陶瓷刀具。与传统的涂层刀具和自润滑刀具不同，通过这种微观尺度上的包覆复合，固体润滑剂在刀具材料内部分布均匀，因此既能保证良好的自润滑性能，又能把对刀具材料力学性能的损伤降到最低。这样一来，刀具材料的力学性能和自润滑性能就完全有可能统一。

本书采用非均匀形核法以及化学镀，将 CaF_2 颗粒进行表面包覆改性后引入自润滑陶瓷刀具研究领域，系统地研究了不同 CaF_2 核壳包覆颗粒的制备以及对自润滑陶瓷刀具的影响。本书中主要涉及以下 4 个类型的 CaF_2 核壳包覆颗粒：采用 Al(OH)$_3$ 分别对 CaF$_2$ 微米颗粒和纳米颗粒进行包覆形成的 CaF$_2$@ Al$_2$O$_3$ 微米核壳包覆和 CaF$_2$@ Al$_2$O$_3$ 纳米核壳包覆颗粒；以 CaF$_2$ 为内核，以 Al$_2$O$_3$ 为中间层，以金属黏结相为外层的多层核壳 CaF$_2$@ Al$_2$O$_3$ 包覆颗粒；采用合金 Ni-B 包覆在 CaF$_2$ 上，构成 CaF$_2$@ Ni-B 核壳包覆颗粒；以纳米 SiO$_2$ 为外壳，以 CaF$_2$ 为核制备得到 CaF$_2$@ SiO$_2$ 纳米核壳包覆颗粒。

将以上核壳包覆颗粒加入陶瓷刀具材料基体中，制备得到既具有良好自润滑能力又具有较好力学性能的系列核壳包覆自润滑陶瓷刀具；分析研究了包覆工艺参数对包覆形貌和包覆率的影响，并对其进行微观结构与物相的综合表征与评价；实验研究了核壳包覆自润滑陶瓷刀具制备工艺、力学性能与微观结构，分析不同 CaF$_2$ 包覆颗粒含量对刀具材料微观结构和力学性能的影响规律；揭示了核壳结构对刀具材料微观结构和力学性能的改善机制，建立了以 CaF$_2$ 为核心的核壳包覆自润滑陶瓷刀具体系。

第2章　CaF₂ 系核壳自润滑陶瓷刀具材料设计

材料设计是刀具研究的第一步，也是材料制备的基础。刀具的力学性能、切削性能在本质上取决于刀具材料的组分构成和显微结构。本章针对干切削过程中刀具的摩擦磨损特性，提出了将 CaF_2 颗粒表面包覆改性的材料设计思想引入自润滑陶瓷刀具研制核壳包覆自润滑陶瓷刀具的设计思路。在此基础上，本章设计了微米 $CaF_2@Al_2O_3$ 核壳自润滑陶瓷刀具材料、纳米 $CaF_2@Al_2O_3$ 多层核壳自润滑金属陶瓷刀具材料、纳米 $CaF_2@Al_2O_3$ 与 ZrO_2 晶须复合改性自润滑陶瓷刀具材料、$CaF_2@Ni-B$ 核壳自润滑陶瓷刀具材料以及 $CaF_2@SiO_2$ 核壳自润滑陶瓷刀具材料，并以微米 $CaF_2@Al_2O_3$ 核壳自润滑陶瓷刀具材料设计为例，详细说明了 CaF_2 系核壳自润滑陶瓷刀具材料设计流程。

2.1　微米 $CaF_2@Al_2O_3$ 核壳自润滑陶瓷刀具材料设计

2.1.1　包覆材料的选择

CaF_2 是优良的高温固体润滑材料，较易与基体结合、包覆工艺简单，在烧结过程中不与陶瓷材料基体发生化学反应，并且在高温时有很好的润滑性能。当温度超过 420℃ 就具有了润滑性能，在更高的温度下具有很强的抗氧化能力，即使温度达到 1000℃ 以上仍能保持稳定润滑。

包覆材料选择需综合考虑与被包覆材料 CaF_2 的结合情况、与基体材料的结合情况、与基体和被包覆材料间的物理、化学稳定性、包覆工艺、热压烧结工艺及切削过程中的热稳定性等情况，具体需从以下四个方面考虑。

（1）包覆材料应具有较高的强度和硬度，包覆后能实现对被包覆固体润滑剂的增强效果。

（2）包覆材料与被包覆固体润滑剂应具有良好的物理、化学相容性，烧结过程中不因热膨胀失配而导致包覆层破裂，不易与被包覆固体润滑剂发生化学反应。

（3）包覆材料应与陶瓷基体材料具有良好的物理、化学相容性，使物理性能匹配、化学性能相容，烧结时不破裂、不反应。

（4）包覆材料应易于制备，且包覆工艺流程简单、质量可控。

在刀具基体材料确定为 Al_2O_3 后，若包覆材料也选为 Al_2O_3，则可实现与陶瓷基体材料完全相容，更容易实现性能匹配。第一，因为 Al$_2$O$_3$ 具有较高的强度和硬度，包覆后能实现对固体润滑剂 CaF$_2$ 的增强。第二，Al$_2$O$_3$ 不易与 CaF$_2$ 发生化学反应。第三，虽然 Al$_2$O$_3$ 与 CaF$_2$ 的热膨胀系数差别较大，但是如果合理确定 Al$_2$O$_3$ 包覆层厚度，则能够克服 CaF$_2$ 在烧结后对 Al$_2$O$_3$ 压应力的作用，另外，有研究表明热膨胀失配也是陶瓷材料增韧的方式之一。第四，若将 Al$_2$O$_3$ 包覆到 CaF$_2$ 表面，则需要有前驱体物质能够反应生成 Al$_2$O$_3$，而制备 Al$_2$O$_3$ 一般选用 Al(OH)$_3$ 作为前驱体。目前 Al(NO$_3$)$_3$·9H$_2$O 溶液水解是试验制备 Al(OH)$_3$ 的主要方法。Al(NO$_3$)$_3$·9H$_2$O 作为一种铝的硝酸盐，通常以水和结晶形式存在，极易溶于水，Al(NO$_3$)$_3$ 溶液容易发生水解反应，生成 Al^{3+} 离子，若在溶液中加入 OH$^-$ 离子中和，则可生成 Al(OH)$_3$ 胶体。而 Al(OH)$_3$ 在一定温度下（大于 300℃）煅烧脱水即可生成 Al$_2$O$_3$ 粉体，其制备工艺流程如图 2-1 所示。由于此制备方法试验工艺操作简单，制备成本低，已被广泛用于制备 Al$_2$O$_3$ 粉体。

图 2-1   Al$_2$O$_3$ 制备工艺流程示意图

综合以上分析，选择 Al$_2$O$_3$ 作为包覆材料的基本流程是由 Al(NO$_3$)$_3$·9H$_2$O 制备 Al(OH)$_3$，同时实现将 Al(OH)$_3$ 包覆在 CaF$_2$ 表面，形成 CaF$_2$@Al(OH)$_3$ 核壳包覆微粒，然后 CaF$_2$@Al(OH)$_3$ 核壳包覆微粒经高温煅烧即可生成 CaF$_2$@Al$_2$O$_3$ 核壳包覆微粒。将此微粒加入陶瓷刀具基体材料中，经球磨混合、热压烧结等工艺后即可制备核壳包覆自润滑陶瓷刀具材料。

2.1.2　包覆型固体润滑剂极限含量的确定

在陶瓷刀具基体材料中添加 CaF$_2$@Al$_2$O$_3$ 核壳包覆型固体润滑剂制备自润滑陶瓷刀具材料时，CaF$_2$@Al$_2$O$_3$ 包覆微粒中由于存在 CaF$_2$，导致该组分在刀具基体中始终是弱相。因此，在结构上无论采用 Al$_2$O$_3$/TiC 还是 Al$_2$O$_3$/Ti(C,N) 复相陶瓷做基体，都是以陶瓷材料作为骨架，支撑并包含着 CaF$_2$@Al$_2$O$_3$ 包覆微粒。所以，在理论上 CaF$_2$@Al$_2$O$_3$ 包覆微粒应有一个极限含量，在此含量之下，对陶瓷刀具材料整体性能影响最小。为方便研究，将 Al$_2$O$_3$/TiC 或 Al$_2$O$_3$/Ti(C,N) 基体材料作为一"相"，将固体润滑剂作为另一"相"，建立两元体系，分别从以下三个方面进行分析，确定 CaF$_2$@Al$_2$O$_3$ 包覆微粒的极限含量。

（1）从提高刀具材料韧性方面分析。根据陶瓷材料断裂力学理论，在陶瓷基体中添加第二相有利于提高刀具材料韧性。在 Al₂O₃/TiC 或 Al₂O₃/Ti（C,N）中添加 CaF₂@ Al₂O₃ 包覆微粒时，$\Delta\alpha > 0$，此时残余应力场将成为陶瓷材料中的主要增韧作用。

（2）从保证刀具基体强度方面分析。由于 CaF₂ 具有较低的剪切强度，所以添加 CaF₂@ Al₂O₃ 包覆微粒必然降低刀具材料整体强度。若要实现刀具基体具有较大的机械强度，则必须减少固体润滑剂的数量；反之，若基体中固体润滑剂的数量过多，则会严重影响刀具材料的力学性能。固体润滑剂在刀具基体中添加的结构形式主要有以下三种，如图 2-2 所示。

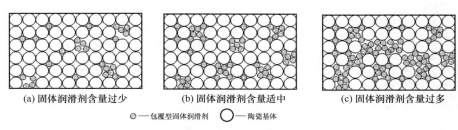

(a) 固体润滑剂含量过少　　(b) 固体润滑剂含量适中　　(c) 固体润滑剂含量过多

◉—包覆型固体润滑剂　○—陶瓷基体

图 2-2　陶瓷基体与固体润滑剂分布模型

为既保证刀具基体强度又保证较好地实现自润滑，我们希望得到图 2-2（b）所示的结构形式。在图 2-2（b）中，假设刀具基体是以半径均为 $\bar{R}$ 的等径球形粒子组成，固体润滑剂是以半径均为 $\bar{r}$ 的等径球形粒子组成，且不受其他因素影响。根据粉末冶金最紧密堆积原理可知，图中等径球形粒子的堆积服从最紧密堆积原理，此时各等径球体占有最小的空间。由几何学原理可知，要实现最紧密堆积，等径球体只有两种堆积形式——即六方密堆积和立方密堆积。这两种堆积方式时每个球的配位数为 12，其空间利用率均为 74.05%。由此根据相关计算可以得到固体润滑剂和基体的尺寸关系为 $\bar{r} : \bar{R} \leqslant 1$。

上式说明，添加 CaF₂@ Al₂O₃ 包覆微粒应与基体颗粒尺度一致或小于基体颗粒，添加固体润滑剂不会影响刀具基体起到支撑骨架的作用。但是，在试验过程中，由于实际粉末为非等径球体，且粉末间还会受到摩擦、颗粒变形等因素影响，以上假设条件很难成立，需结合试验确定。

（3）从刀具材料实现润滑性能方面分析。添加固体润滑剂的刀具在切削加工过程中，固体润滑剂含量应该能够保证在刀具与工件接触摩擦表面析出并形成足够的润滑膜。设固体润滑剂在摩擦表面形成润滑膜的面积为 S，厚度为 H，则摩擦表面析出的固体润滑剂总体积应为 $V_s = S \times H$。

若用晶粒大小表示体积，根据文献所得试验公式，析出的固体润滑剂体积 V_s 可由下式确定：

$$V_s \leqslant 1.3\pi \cdot T \cdot r^2 \cdot n(\alpha_1 R + \alpha_2 r) \tag{2-1}$$

式中　T——摩擦表面温度；

　　　n——固体润滑剂相的晶粒数量；

α_1 和 α_2——基体相和固体润滑剂相的热膨胀系数；

　R 和 r——基体相和固体润滑剂相晶粒平均半径。

从提高刀具材料韧性、保证刀具基体强度、实现润滑性能等方面综合考虑，对于 Al$_2$O$_3$/TiC/CaF$_2$@ Al$_2$O$_3$ 和 Al$_2$O$_3$/Ti（C，N）/CaF$_2$@ Al$_2$O$_3$ 核壳包覆自润滑陶瓷刀具材料，CaF$_2$@ Al$_2$O$_3$ 核壳型固体润滑剂最大体积含量可通过上述公式确定。

2.1.3　刀具材料组分的确定

综合以上的分析计算，以 Al$_2$O$_3$ 为基体，分别以 TiC 和 Ti（C，N）为增强相，以 MgO 为烧结助剂，以 CaF$_2$@ Al$_2$O$_3$ 为润滑剂，分别制备 Al$_2$O$_3$/TiC/CaF$_2$@ Al$_2$O$_3$ 和 Al$_2$O$_3$/Ti（C，N）/CaF$_2$@ Al$_2$O$_3$ 两类核壳包覆自润滑陶瓷刀具材料。刀具材料各组分的性能参数如表 2-1 所示。

表 2-1　　　　核壳包覆自润滑陶瓷刀具材料各组分性能参数

组分	导热系数 $k/\mathrm{W \cdot (mK)^{-1}}$	密度 $\rho/\mathrm{g \cdot cm^{-3}}$	弹性模量 E/GPa	泊松比 ν	热膨胀系数 $\alpha/10^{-6}\mathrm{K^{-1}}$
Al$_2$O$_3$	40.37	3.99	380.0	0.26	8.5
TiC	24.28	4.93	450.0	0.19	7.6
Ti(C,N)	21.26	5.15	521	0.21	8.61
CaF$_2$	9.71	3.18	75.8	0.26	18.85
MgO	36	3.58	250	0.36	13.8

2.1.4　组分间化学物理相容性分析

对于复相陶瓷材料设计，各相间的化学相容性和物理相容性对材料的综合机械性能具有直接影响。各组分间的化学相容性和物理相容性问题既是材料设计的重要内容，也是后续材料制备的前提和基础。因此，在复相陶瓷材料设计时，必须计算、分析各相间的化学物理相容性。

核壳包覆自润滑陶瓷刀具材料作为由多相物质在高温高压下烧结而成的复相陶瓷材料，其化学相容性主要包括以下两个方面：一是在高温下各相间是否发生化学反应；二是在高速切削加工时刀具材料是否与工件材料发生化学反应。

复相陶瓷材料一般采用吉布斯自由能函数法进行化学相容性分析。对 Al$_2$O$_3$/TiC/CaF$_2$@ Al$_2$O$_3$ 刀具材料各相进行化学相容性分析得到各组分间的热力学计算结果（2000K 时）如表 2-2 所示；对 Al$_2$O$_3$/Ti（C，N）/CaF$_2$@ Al$_2$O$_3$

刀具材料各相进行化学相容性分析得到各组分间的热力学计算结果（2000K 时）如表 2-3 所示。此外，由于某些化合物的热力学数据无据可查，以及某些生成多元化合物的化学反应不完全，可能会造成热力学计算结果与实际情况不符，导致出现漏判。在此情况下，可在后续工作中通过 XRD 进一步检测刀具表面材料成分的变化，确定刀具材料各相之间的化学相容性。

表 2-2　$Al_2O_3/TiC/CaF_2@Al_2O_3$ 刀具材料各组分间热力学计算结果（2000K）

相	Al_2O_3	TiC	CaF_2	MgO
Al_2O_3	N	N	N	Y
TiC	N	N	N	#
CaF_2	N	N	N	#
MgO	Y	#	#	N

注：Y 表示发生反应，N 表示不发生反应，#表示缺少相应的热力学数据或化学反应式。

表 2-3　$Al_2O_3/Ti（C，N）/CaF_2@Al_2O_3$ 刀具材料各组分间热力学
计算结果（2000K）

相	Al_2O_3	Ti(C,N)	CaF_2	MgO
Al_2O_3	N	N	N	Y
Ti(C,N)	N	N	N	N
CaF_2	N	N	N	#
MgO	Y	#	#	N

注：Y 表示发生反应，N 表示不发生反应，#表示缺少相应的热力学数据或化学反应式。

关于在高速切削加工中刀具是否与工件材料发生化学反应的问题，说明陶瓷刀具材料与工件材料之间的化学共存也十分重要。考虑到陶瓷刀具材料多用于高速切削难加工材料，刀具与工件材料接触区域的压力和温度高，两者发生化学反应的可能性较大，因此，可以将工件材料作为单独的"相"，通过热力学计算，分析其与刀具材料各组分之间的化学相容性，确保刀具材料与工件材料的合理匹配。以选用 40Cr 淬火钢为工件材料为例，其主要化学成分为：Fe、C、Si、Mn、Cr、Ni、P、S、Cu，提取以上元素与陶瓷各组分进行热力学相容性计算，计算结果情况如表 2-4 所示。

从表 2-4 中可以看出，在 2000 K 温度范围内，$Al_2O_3/TiC/CaF_2@Al_2O_3$ 和 $Al_2O_3/Ti（C，N）/CaF_2@Al_2O_3$ 刀具材料中各组成相均不与工件材料中的元素发生化学反应，由此可推断，使用该类刀具加工 40Cr 淬火钢工件材料，在热力学上是匹配的。

表 2-4 刀具材料与工件材料热力学计算结果（2000K）

刀具组分	工件材料								
	Fe	C	Si	Mn	Cr	Ni	P	S	Cu
Al$_2$O$_3$	N	N	N	N	N	N	N	N	N
TiC	N	N	N	N	N	N	N	N	N
Ti(C,N)	N	N	N	N	N	N	N	N	N
CaF$_2$	N	N	N	N	N	N	N	N	N
MgO	N	N	N	N	N	N	N	N	N

注：Y 表示发生反应，N 表示不发生反应。

对于复相陶瓷刀具材料而言，不同相之间的物理性能匹配对其界面应力、载荷传递等力学性能具有重要影响，其中尤以各相之间弹性模量差异和热膨胀系数匹配程度的影响最为明显。因此，在核壳包覆自润滑陶瓷刀具材料的组分设计时，要充分考虑各相之间的物理性能匹配。在复相陶瓷刀具材料中，由于弹性模量和热胀失配程度的不同，在刀具材料内部将形成大小及分布不同的残余应力场，这些残余应力场对材料的性能将产生重要影响。根据断裂力学理论，作为脆性材料，Al$_2$O$_3$基陶瓷材料的强韧性本质上取决于裂纹的扩展性质。一方面，从提高材料强度的角度看，应降低残余应力，使基体与增强相之间的热膨胀系数应接近且弹性模量差较小；另一方面，从提高材料断裂韧性的角度看，由于残余应力和微裂纹具有增韧作用，所以使材料内部适当存在残余应力是必要的，而且较大的弹性模量可使增强相分担更大的载荷，从而提高材料强度。综合以上两方面分析可知，增强相体积含量必然存在一个最优值，可使材料的强度和韧性同时得到提高，此含量已在第 2.1.2 节中进行了分析。

在 Al$_2$O$_3$ 基体中添加与其粒度相近或略小的 TiC 或 Ti(C, N) 颗粒可提高陶瓷材料的强韧性，其强韧效果主要由基体与添加相之间的热膨胀系数和弹性模量差异决定。若二者发生热膨胀失配则会在第二相粒子周围的基体中产生残余热应力，从而影响裂纹的扩展，这是复相陶瓷材料强韧性提高的主因。对于 Al$_2$O$_3$/TiC/CaF$_2$@Al$_2$O$_3$ 包覆型自润滑陶瓷刀具材料，由于 Al$_2$O$_3$ 基体的热膨胀系数大于增强相 TiC，这就导致 TiC 颗粒受压应力为主，因此，其 Al$_2$O$_3$ 基体裂纹扩展将起到阻碍作用。而 CaF$_2$@Al$_2$O$_3$ 复合颗粒作为单独一相，其物理特性主要以 Al$_2$O$_3$ 外壳为主，但由于包覆层内部 CaF$_2$ 的热膨胀系数大于 Al$_2$O$_3$，则又会对 Al$_2$O$_3$ 产生压应力，与 TiC 颗粒综合作用的结果，将会对材料起到强韧化的效果作用。Al$_2$O$_3$Ti(C, N)/CaF$_2$@Al$_2$O$_3$ 包覆型自润滑陶瓷刀具材料的物理相容性与此类似。

2.2　CaF₂ 系其他核壳自润滑陶瓷刀具材料设计

2.2.1　纳米 CaF₂@Al₂O₃ 多层核壳自润滑金属陶瓷刀具材料设计

针对 Ti(C，N) 基金属陶瓷刀具材料的内应力异常问题，提出基于多层核壳结构的金属陶瓷刀具的设计方法。选择 Ti(C，N) 为基体材料，金属 Mo、Co、Ni 为黏结相，Al₂O₃ 包覆 CaF₂ 核壳结构纳米复合粉体为添加相。为有效改善 Ti(C，N) 基自润滑金属陶瓷刀具材料的力学性能，将 Al₂O₃ 包覆 CaF₂（CaF₂@Al₂O₃）纳米包覆粉体引入 Ti(C，N) 基金属陶瓷材料体系中，采用真空热压烧结工艺研制出一种具有多层核壳微观结构的 Ti(C，N) 基金属陶瓷刀具材料。通过实验研究 CaF₂@Al₂O₃ 核壳结构纳米复合粉体含量和多层核壳微观结构对 Ti(C，N) 基金属陶瓷刀具材料力学性能的影响，根据纳米 CaF₂ 包覆粉体的含量分为未添加包覆粉体、只添加纳米 CaF₂、添加包覆粉体 5%、10%、15%、20% 六组组分，分别制备六组 Ti(C，N) 基金属陶瓷刀具材料，对各组分刀具材料进行力学性能测试并辅以显微观察，进而得出 CaF₂@Al₂O₃ 核壳结构固体润滑剂的最优组分，最终研制出一种具有优异性能的多层核壳微观结构 Ti(C，N) 基金属陶瓷刀具，并揭示其增韧机理。

2.2.2　纳米 CaF₂@Al₂O₃ 与 ZrO₂ 晶须复合改性自润滑陶瓷刀具材料设计

以设计添加包覆型纳米 CaF₂ 与 ZrO₂ 晶须复合改性的自润滑陶瓷刀具为核心，首先制备出纳米 CaF₂，对纳米颗粒的制备工艺进行研究，通过化学反应，得到粒径在 10nm 左右的 CaF₂ 颗粒，并控制工艺参数使纳米颗粒具有较好的分散性。保证纳米 CaF₂ 颗粒具有良好的分散效果的前提下，采用非均匀形核对纳米颗粒 Al(OH)₃ 进行包覆，加热脱水即可获得 CaF₂@Al₂O₃。对添加包覆粉体的 Al₂O₃/Ti(C，N) 基陶瓷刀具材料进行烧结制备，并研究包覆粉体的添加量对陶瓷材料的微观结构和性能的影响，确定具有最佳综合力学性能的陶瓷刀具的各组分的含量。对 ZrO₂ 晶须进行处理，并加入 Al₂O₃/Ti(C，N) 基陶瓷刀具中，确定晶须的最佳处理工艺，包括球磨时间、晶须含量等，进行热压烧结并进行力学性能测试和微观结构的观察，并分析 ZrO₂ 晶须增韧陶瓷刀具的增韧机理，获得具有最优综合力学性能的陶瓷刀具。

2.2.3　CaF₂@Ni-B 核壳自润滑陶瓷刀具材料设计

Ni-B 合金是现代比较常用的合金镀层，其热稳定性好，硬度高，耐磨性高，韧性强，将 Ni-B 合金镀层引入陶瓷材料中，可有效地改善陶瓷刀具材料的断裂韧性及抗弯强度，其熔点最高能达到 1500℃，Ni-B 合金镀层的加入能有效减少陶瓷材料中的气孔缺陷等问题。因此，将 Ni-B 合金通过超声波化学镀法包覆在固体润滑剂上，在保持其自润滑性能的情况下，提高其力学性能。

实验选择 CaF$_2$@Ni-B 作为固体润滑剂，由于 CaF$_2$ 在较宽的温度范围内（250~750℃）具有很好的润滑性能，并且在温度超过 1000℃时仍然具有优良的润滑性能，合金 Ni-B 可在烧结的过程中形成骨架贯穿整个材料体系，在维持材料的力学性能的同时，也可提高材料自润滑性能。为探究添加 CaF$_2$@Ni-B 复合粉体与陶瓷刀具材料力学性能及微观形貌的关系，实验固定 Al$_2$O$_3$ 与 TiB$_2$ 的体积比为 7∶3，CaF$_2$@Ni-B 的体积含量分别从 0~15% 变化，制备自润滑陶瓷刀具材料。同时，为了探究添加 CaF$_2$@Ni-B 与添加未包覆 CaF$_2$ 之间的力学性能差异，实验制备了含 CaF$_2$@Ni-B 与含 CaF$_2$ 的自润滑陶瓷刀具材料。

2.2.4 CaF$_2$@SiO$_2$ 核壳与 SiC 晶须协同改性自润滑陶瓷刀具材料设计

SiC 晶须具有耐高温性、抗高温氧化性、较高的抗拉强度等优良特性而备受关注。目前，SiC 晶须增强增韧的复合材料已经广泛应用于众多领域，其中，在陶瓷材料增韧方面，SiC 晶须增韧的陶瓷材料表现出优异的性能。晶须增韧的增韧机理主要有裂纹偏转、裂纹桥连、拔出效应等，晶须的增韧效果与晶须和基体的相容性，尺寸和含量等许多方面都有关联。在纳米颗粒表面包覆改性方面，SiO$_2$ 因其化学稳定性好、无毒性以及制备方法简单等特点，使得 SiO$_2$ 成为常用的包覆材料。本书通过对 Stöber 法的改进来实现 SiO$_2$ 的包覆，利用 TEOS 的水解缩合反应在纳米 CaF$_2$ 颗粒表面生成 SiO$_2$ 包覆层，制备了 Al$_2$O$_3$/TiC/SiC/CaF$_2$@SiO$_2$ 自润滑陶瓷刀具材料。

第3章　CaF₂系核壳结构固体润滑剂微粒的制备与表征

本章基于非均匀成核理论，分析探讨 $CaF_2@Al_2O_3$ 核壳包覆改性固体润滑剂的包覆机理，并使用 Material Studio 软件对 $CaF_2@SiO_2$ 和 $CaF_2@Al_2O_3$ 包覆过程进行模拟分析。实验制备了微米 $CaF_2@Al_2O_3$、纳米 $CaF_2@Al_2O_3$、$CaF_2@Ni-B$、$CaF_2@SiO_2$ 核壳包覆型固体润滑剂，研究包覆工艺参数对包覆过程和包覆效果的影响，并对其微观结构与物相进行表征与评价。

3.1　CaF₂系核壳包覆微粒的形成机理

3.1.1　非均匀成核的理论基础

经典成核理论最早是由 Volmer、Weber、Buker、Doring 等学者在研究液滴模型气相成核的基础上建立起来的，而非均匀成核理论是在均匀成核的理论基础上发展起来的。Volmer 将以上研究进一步扩展到外来基底表面成核领域中，逐步形成了非均匀成核的经典理论。一般认为，在体系中驱动力的作用下，亚稳相终究要转变为稳定相。如果亚稳相系统中空间各点出现稳定相的概率都是相同的，则为均匀成核；若稳定相优先出现在系统中的某些局部区域，则为非均匀成核。从内容来看，非均匀成核理论一般研究临界核形成速度，但"成核"的含意应该包括"成核–生长–聚集"整个过程。

在恒温恒压下，晶体的产生和生长过程，实际上是"晶体–溶液"界面向溶液中推进的过程，这个过程之所以会自发地进行，是因为溶液为亚稳相，其自由能较高。假设在亚稳态溶液相 F 中存在异相 C，异相和溶液的界面为平面（图3–1），此时若有球冠状的晶核 S 成核于异相上，此球冠的曲率半径为 r（即为 S–F 界面的

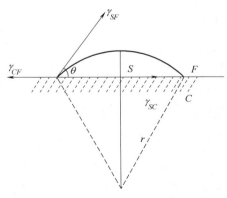

图3–1　非均匀成核示意图

曲率半径），三相（C、F、S）交接处的接触角为 θ，则有：

$$\cos\theta = \frac{\gamma_{CF} - \gamma_{SC}}{\gamma_{SF}} \qquad (3-1)$$

式中，γ_{CF}、γ_{SC}、γ_{SF} 分别为相应界面的界面能。

若球冠状的晶核成核于异相上（图 3-1），根据非均匀成核经典理论，在过饱和溶液中生成核的总吉布斯形核能由两部分组成：一是由于目标产物的分子或原子从溶液中转移到新相所引起的吉布斯体积自由能的改变，用 ΔG_V 表示；二是由于新相（固体颗粒）形成固液界面引起吉布斯表面能的改变，用 ΔG_S 表示。若不考虑应变能，则此系统的自由能变化为体积自由能变化 ΔG_V 与表面自由能变化 ΔG_S 之和，即为

$$\Delta G = V_S \Delta G_V + \Delta G_S = \frac{V_S}{\Omega_S} \Delta g + (A_{SF} \cdot \gamma_{SF} + A_{SC} \cdot \gamma_{SC} - A_{SC} \cdot \gamma_{CF}) \qquad (3-2)$$

式中，V_S 是晶核的体积；Ω_S 为晶体中单个原子或分子的体积；A_{SF} 是晶核与溶液的界面面积；A_{SC} 是晶核与异相的界面面积。

在式（3-2）中的第一项是体自由能的变化，第二项（括号中部分）是此晶核形成时所引起的表面能的变化。在此过程中产生了两个表面，即晶核与溶液相的界面 A_{SF} 和晶核与异相的界面 A_{SC}，同时也消灭了一个界面，即异相与溶液相的界面 A_{CF}。

$$A_{SF} \cdot \gamma_{SF} + A_{SC} \cdot \gamma_{SC} \leqslant A_{SC} \cdot \gamma_{CF} \qquad (3-3)$$

上式说明晶体在异相上成核时，表面能降低了，此过程引起的自由能变化 ΔG 的表达式中第一项和第二项都是负的，于是成核过程中表面能位垒被消除，该过程自发进行，这是一种极端情况，下面讨论较为一般的情况。

参考图 3-1，用初等几何的知识就可求得晶核与溶液、晶核与异相的界面面积 A_{SF}、A_{SC} 以及晶核的体积 V_S。

$$\left.\begin{array}{l} A_{SF} = 2\pi r^2 2(1-\cos\theta) \\[2mm] A_{SC} = \pi r^2 (1-\cos\theta^2) \\[2mm] V_S = \dfrac{\pi r^3}{3}(2+\cos\theta)(1-\cos\theta)^2 \end{array}\right\} \qquad (3-4)$$

将式（3-4）代入式（3-2），即可得球冠状晶核在异相上形成时所引起的系统吉布斯自由能的变化为

$$\Delta G(r)_{He} = \left(\frac{\pi}{3}r^3 \frac{\Delta g}{\Omega_S} + \pi r^2 \gamma_{SF}\right)(1-\cos\theta)^2(2+\cos\theta) \qquad (3-5)$$

式（3-5）对应的非均匀成核过程中自由能变化曲线如图 3-2 所示。在图 3-2 中的 ΔG-r 曲线上，ΔG^* 的最大值即为成核活化能。若生成物分子间的作用力能克服该成核活化能时，成核过程才能发生。对于形成相同粒径的核，

溶液的过饱和比（$S=C/C^*$）越大，所需成核活化能越小，成核过程越容易发生。根据能量最低原理，比临界核大的晶粒会进一步生长，以便减小其自由能，形成新相晶粒。而比临界核小的晶胚为了减小其自由能，便会溶解（或湮灭）掉。

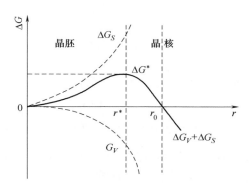

图 3-2　成核过程中自由能与晶核半径关系示意图

对式（3-5）求极大值，即令 $\dfrac{\partial \Delta G(r)}{\partial r}=0$，可求出球冠状晶核的临界半径为

$$r^* = -\frac{2\Omega_S \gamma_{SF}}{\Delta g} \tag{3-6}$$

令：

$$f(\theta) = \left[\frac{(2+\cos\theta)(1-\cos\theta)^2}{4}\right] \tag{3-7}$$

再将式（3-6）、式（3-7）代入式（3-5），可得临界晶核的形成能为

$$\Delta G(r^*)_{He} = \frac{16\pi \Omega_S^2 r_{SF}^3}{3\Delta g^2} f(\theta) \tag{3-8}$$

与均匀成核情况下形成能的表达式进行比较可知，式（3-8）只差一个因子 $f(\theta)$，$f(\theta)$ 与接触角 θ 的关系如图 3-3 所示，下面分三种情况分析 $f(\theta)$ 与成核的关系。

（1）当 $\theta=0°$ 时，$f(\theta)=0$，$\Delta G(r^*)_{He}=0$，此时不需要能量，液体可直接转变成晶体。

（2）当 $\theta=180°$ 时，$f(\theta)=1$，$\Delta G(r^*)_{He}=\Delta G(r^*)_{Ho}$，此时异相对成核没有贡献。

（3）当 $0°<\theta<180°$ 时，$0<f(\theta)<1$，由图 3-3 可见接触角越小，越有利于核的生成，所以非均匀成核比均匀成核的位垒低，析晶过程较容易进行。而润

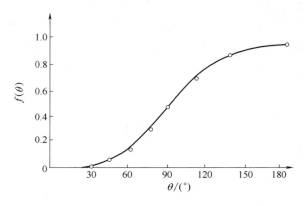

图 3-3 $f(\theta)$ 与接触角 θ 的关系

湿的非均匀成核又比不润湿的位垒更低，更易形成晶核；也就是说，当晶核和包覆材料有相似的原子排列时，界面间有较强的吸引力，这将为成核提供有利条件。

单位体积的溶液内单位时间产生的晶核数称为成核率。非均匀成核的成核率表达式与均匀成核的成核率的表达式在形式上完全相同。根据液相的单体颗粒的均匀核化理论，在异相上非均匀成核的成核率可用下式表示：

$$I_N = \Omega_S \cdot \exp\left[-16\pi\gamma_{SF}^3 V_S^2 / (3k^3T^3\ln^2S)\right] \qquad (3-9)$$

式中，k 为玻尔兹曼常数，T 为体系热力学温度，V_S 为分子体积，S 为过饱和比（$S = C/C^*$）。若令 $A = 16\pi\gamma_{SF}^3 V_S^2 / (3k^3T^3)$，则（3-9）式可表示为：

$$I_N = \Omega_S \cdot \exp\left[-\frac{A}{\ln^2S}\right] \text{或} I_N = \Omega_S \cdot \left\{\exp\left[-\frac{1}{\ln^2S}\right]\right\}^A \qquad (3-10)$$

这样 I_N 就直接成为 S 的函数，与溶液中结晶物质的过饱和度、结晶物质的振动频率及液固界面的激活能有关。当反应条件一定时，生成物的过饱和度、反应温度、表面能等因素将通过影响成核过程推动力、介面张力及成核活化能而影响成核率。除此之外，机械搅拌速度、超声振荡频率等实验工艺条件等其他因素也有可能加速晶体成核，从而间接影响成核率。

3.1.2 Al(OH)₃ 结晶沉淀条件

制备 CaF₂@Al(OH)₃ 核壳包覆微粒，首先需要通过无机酸盐 Al(NO₃)·9H₂O 与 OH⁻ 反应生成无机化合物 Al(OH)₃。因为 Al(OH)₃ 为难溶化合物，在溶液中存在沉淀-溶解平衡，当 Al³⁺ 达到一定的过饱和浓度后，就从溶液中析晶形成 Al(OH)₃ 胶体。该过程的化学反应方程式为：

$$\text{Al}^{3+}(\text{aq}) + 3\text{NH}_3\text{H}_2\text{O}(\text{aq}) \rightarrow \text{Al(OH)}_3(\text{S}) + 3\text{NH}_4^-(\text{aq}) \qquad (3-11)$$

$$Al(OH)_3(S) \leftrightarrow Al^{3+}(aq) + 3OH^-(aq) \tag{3-12}$$

由于 Al(OH)₃ 为难溶化合物，其溶解度等于溶液中铝离子的浓度 $C(Al^{3+})$，即

$$S = C(Al^{3+}) = \frac{K_{sp}^{\theta}[Al(OH)_3]}{\{C(OH^-)\}^3} \, mol \cdot L^{-1} \tag{3-13}$$

因此，Al(OH)₃ 开始沉淀时，OH⁻ 的最低浓度为

$$C(OH^-) = \sqrt[3]{\frac{K_{sp}^{\theta}[Al(OH)_3]}{\{C(Al^{3+})\}}} \, mol \cdot L^{-1} \tag{3-14}$$

若以 $C(Al^{3+}) \leqslant 1.0 \times 10^{-5} mol \cdot L^{-1}$ 为 Al³⁺ 被沉淀完全的浓度，则 OH⁻ 的最低浓度为

$$C(OH^-) = \sqrt[3]{\frac{K_{sp}^{\theta}[Al(OH)_3]}{1.0 \times 10^{-5}}} \, mol \cdot L^{-1} \tag{3-15}$$

因此，确定 Al(OH)₃ 在不同温度下的溶度积常数后，即可得到该温度下 Al(OH)₃ 被沉淀完全时溶液对应的 pH。

3.1.3　Al(OH)₃ 析晶推动力

在制备 CaF₂@ Al(OH)₃ 复合粒子过程中，CaF₂ 作为成核基体，需通过控制 Al(OH)₃ 成核过程所需的浓度值取值范围，使其处于非均匀成核的临界值范围之内，才可实现 Al(OH)₃ 最终在 CaF₂ 颗粒表面完成成核与生长。按照 Van't Hoff 方程式：

$$\Delta G = -RT\ln K + RT\ln Q \tag{3-16}$$

式中，R 为气体常数；T 为绝对温度；K 为平衡常数，表示平衡时产物与反应物的活度比；Q 为未平衡时产物与反应物的活度比。

对于 Al(OH)₃ 溶液析晶来说，因为该溶液为稀溶液，故可用浓度代替活度，因此上式可写为：

$$\Delta G = RT\ln\left(1 - \frac{C - C_e}{C}\right) = RT\ln\left(1 - \frac{\Delta C}{C}\right) \tag{3-17}$$

式中，$\Delta C = C - C_e$，称为过饱和度。由于 $\frac{\Delta C}{C} < 1$，引入 $\ln(1-x)$ 函数幂级数的展开式，并忽略高次项得：

$$\Delta G \approx -RT\frac{\Delta C}{C} \tag{3-18}$$

由上式可得，因 $\Delta G < 0$，故 Al(OH)₃ 在 CaF₂ 颗粒表面的非均匀成核析晶反应将自发进行，Al(OH)₃ 将最终在 CaF₂ 颗粒表面完成成核与生长。

因此，当 $C>C_e$，即析出物的浓度大于其在该条件的溶解度时，$\Delta C>0$，此时 $\Delta G<0$，析晶将自发进行。因此过饱和度 ΔC 为溶液析晶过程的推动力，且过饱和度 ΔC 越大，非均匀成核势垒越小，越有利于 Al(OH)$_3$ 溶液的析晶。

3.1.4 成核过程

为了从液相析出形态均匀的 Al(OH)$_3$ 固体颗粒包覆在 CaF$_2$ 表面，必须使成核和生长两个过程分开，以便使 Al(OH)$_3$ 晶体在 CaF$_2$ 表面迅速且稳定成核，并在生长过程中不再有新核产生。溶液中 Al(OH)$_3$ 晶体成核、生长过程可用沉淀组分浓度随时间变化曲线来解释，如图 3-4 所示。

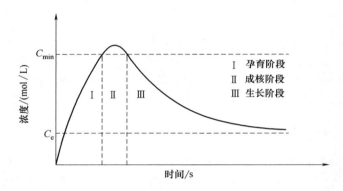

图 3-4 液相中析出固相对溶质的浓度变化

由图 3-4 可见，当 Al(OH)$_3$ 浓度尚未达到成核所要求的最低过饱和浓度 C_{min} 时（阶段 I），在 CaF$_2$ 表面无 Al(OH)$_3$ 晶体产生。只有当液相中溶质浓度超过 C_{min} 后，成核开始（阶段 II），此时大量 Al(OH)$_3$ 晶体包覆在 CaF$_2$ 表面。阶段 III 是生长阶段，此阶段因为大量 Al(OH)$_3$ 晶体已非均匀成核于 CaF$_2$ 表面，使得沉淀组分浓度迅速跌至 C_{min} 以下，成核阶段便告终结。因此，为了使 Al(OH)$_3$ 晶体非均匀成核与生长过程尽可能分开，必须使 Al(OH)$_3$ 晶体非均匀成核速率尽可能高（即尽量压缩阶段 II），同时使其生长速率适当地慢。若阶段 II 过宽，则在该阶段不仅成核，而且伴随生长。而在生长阶段，需保持溶液浓度在饱和浓度 C_e 以上，同时必须使浓度始终低于 C_{min}，以免引起新核的生成，直到生长过程结束。Al(OH)$_3$ 包覆在 CaF$_2$ 表面的基本过程如图 3-5 所示。

3.1.5 包覆层生长

Al(OH)$_3$ 包覆层的生长过程，可以看作是 Al(OH)$_3$ 颗粒在已包覆微粒上

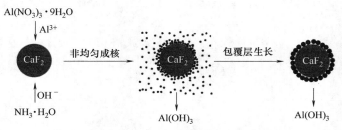

图 3-5　CaF₂@ Al₂O₃ 复合粒子包覆过程示意图

重新形核长大。由于新形成的颗粒与已形成的包覆层为同一种物质，该过程可以看作 Al(OH)₃ 同相间的均匀形核。此时核与基体之间不存在异相形核的界面能，所以其可达到完全润湿状态，即润湿角为零，此时，$\theta = 0$，$\cos\theta = 1$，故

$$\Delta G(r)_{均匀} = \left(\frac{\pi}{3} r^3 \frac{\Delta g}{\Omega_S} + \pi r^2 \gamma_{SF} \right) (1 - \cos\theta)^2 (2 + \cos\theta) = 0 \qquad (3-19)$$

因此，CaF₂@ Al(OH)₃ 包覆微粒包覆层的生长过程中不存在核化位垒，即溶液中一旦有新的 Al(OH)₃ 晶体析出就会优先在包覆层表面吸附，包覆层也将随之加厚。

从以上热力学分析可以看出：Al³⁺ 在悬浊液中的初始过饱和度对包覆效果起到了决定作用，这也为试验过程中工艺参数选择和包覆质量控制等提供了理论基础。

3.2　CaF₂ 系核壳包覆微粒的形成过程仿真

3.2.1　CaF₂@Al(OH)₃ 系核壳包覆微粒的形成过程仿真

经过以上分析，从理论上说明了 Al(OH)₃ 包覆 CaF₂ 并在颗粒表面形成核壳结构 CaF₂@ Al(OH)₃ 包覆微粒的基本机理。为了进一步验证该包覆过程，本节利用分子模拟软件 Material Studio 对 CaF₂、Al(NO₃)·9H₂O、Al(OH)₃ 等构成的悬浊液体系进行仿真，分析体系中 Al(OH)₃ 分子在 CaF₂ 表面吸附的形成和演化过程，构建相关结构模型，建立 Al(OH)₃ 在 CaF₂ 表面非均匀成核形成 CaF₂@ Al(OH)₃ 包覆微粒的模型。

3.2.1.1　Al(OH)₃ 分子在 CaF₂ 表面吸附过程模拟

根据第 3.1.2 节中 Al(OH)₃ 结晶沉淀条件，使用 Material Studio 软件绘制 Al(OH)₃ 分子，并建立体系中 CaF₂ 晶体晶胞模型，得到 Al(OH)₃ 分子和 CaF₂ 晶胞模型如图 3-6 所示。

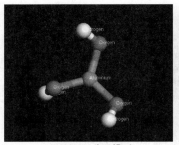 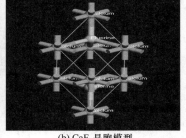

(a) Al(OH)₃分子模型　　　　　　(b) CaF₂晶胞模型

图 3-6　Al(OH)₃ 分子和 CaF₂ 晶胞模型

利用分子动力学在不固定 CaF₂ 表面原子的条件下，对被吸附 Al(OH)₃ 分子过程进行模拟。设置系统 pH 为 7.5，温度为 75℃，溶液中铝离子的浓度 C（Al^{3+}）为 0.15mol/mL，模拟过程和结果如下。

选取 CaF₂ 原胞切面（100），设置层厚为 2；并建厚度为 20A 的真空层，将以上整体作为一个吸附模板，其中 Al(OH)₃ 分子作为吸附剂。在初始状态下，系统模型如图 3-7（a）所示。

首先将体系中 CaF₂ 晶胞固定，将 Al(OH)₃ 分子置于真空层中任意位置，选取力场为 Universal，用软件 Forcite 的 Geometry Optimization 模块分别进行表面原子和分子的能量计算。此时，为了降低系统能量，Al(OH)₃ 分子自发吸附到 CaF₂ 颗粒表面，但是由于 CaF₂ 表面固定，此时 Al(OH)₃ 分子只能黏结在 CaF₂ 表面，系统模拟结果如图 3-7（b）所示。

将 CaF₂ 晶胞解除固定后，重复以上操作进行模拟和运算，模拟结果如图 3-7（c）所示。由图可见，在 CaF₂ 晶胞解除固定后，表层的 CaF₂ 分子与 Al(OH)₃ 分子产生了反应并生成了新的化学键，此时氧化铝分子已经与 CaF₂ 晶胞建立稳定的吸附关系。

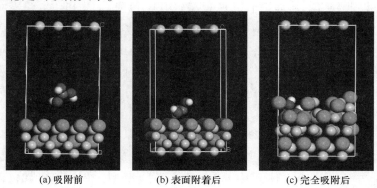

(a) 吸附前　　　　　　(b) 表面附着后　　　　　　(c) 完全吸附后

图 3-7　Al(OH)₃ 分子在 CaF₂ 表面的吸附过程

以上吸附过程系统的能量变化如图 3-8 所示。由图 3-8（a）可见，在 Al(OH)$_3$ 分子向 CaF$_2$ 表面附着的过程中，系统的熵值持续减小，表示此时系统逐渐趋于有序状态。以上运算说明 Al(OH)$_3$ 分子向 CaF$_2$ 表面附着的反应为自发反应。由图 3-8（b）可见，当 CaF$_2$ 晶胞解除固定后，Al(OH)$_3$ 分子与 CaF$_2$ 晶胞表面发生反应过程中，系统的熵值由开始逐渐减小。

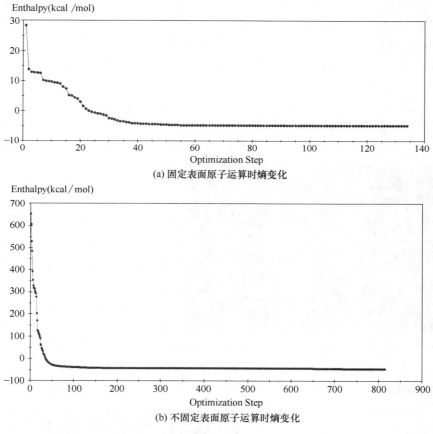

(a) 固定表面原子运算时熵变化

(b) 不固定表面原子运算时熵变化

图 3-8　吸附过程系统熵的变化

Enthalpy—热量值；Optimization Step—优化步骤

对比图 3-8（a）和图 3-8（b）可见，与固定表面原子运算时的熵变化相比，CaF$_2$ 晶胞解除固定后系统能量转化更为剧烈，反应时间更短，说明该反应驱动力更大，因此吸附后的界面更稳定。与整个反应进行之前相比，系统的熵变化表现为逐渐减少。

使用 Material Studio 软件 Forcite 模块中的 Energy 单元分别对吸附后体系的总能量进行运算，其计算公式为：

$$E_b = E_T - (E_S + E_M) \qquad (3-20)$$

式中，E_b 为吸附界面的结合能；E_T 为体系的总能量；E_S 为体系的总表面能；E_M 为各分子的总分子能。

由第 3.1 节的分析可知，$Al(OH)_3$ 在 CaF$_2$ 表面的包覆过程为在 $Al(OH)_3$ 分子逐步吸附到 CaF$_2$ 固体表面过程时，若系统吉布斯自由能为负值，表示反应为放热过程，则吸附是稳定的，析晶将自发进行；若吸附能为正值，表示吸附过程为吸热过程，则吸附是不稳定的，析晶不能自发进行。在以上对 CaF$_2$-$Al(OH)_3$ 体系进行 MS 运算，最终求得吸附能为负值，说明吸附后的体系是热力学稳定的，即该体系能够实现自发稳定吸附。因此，$Al(OH)_3$ 可以稳定地吸附在 CaF$_2$ 表面。

3.2.1.2 悬浮液吸附界面模拟

使用 Material Studio 软件的 Forcite 模块中分子动力学模拟实验进行悬浮液吸附界面模拟，设置系统 pH 为 7.5，温度为 75℃，溶液中 Al^{3+} 的浓度为 0.15mol/mL，模拟过程和结果如下。

首先建立一个 CaF$_2$ 晶胞截面，该晶胞与含 $Al(OH)_3$ 的水溶液建立层状联结，模拟切面在溶液中吸附 $Al(OH)_3$ 的情况。选取力场为 Compass，进行 MS 软件的分子动力学运算，模拟 $Al(OH)_3$ 的运动及在 CaF$_2$ 切面的结合与包覆情况。选取 CaF$_2$ 原胞截面（110），厚度为 3，

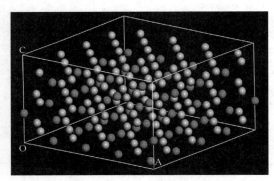

图 3-9　CaF$_2$ 晶胞截面图

以此来建立 CaF$_2$ 的晶胞截面，如图 3-9 所示。同时，在体系中建立 $C(Al^{3+})$ 为 0.15mol/mL 的 $Al(OH)_3$ 胶体水合物模型，如图 3-10 所示。

在运算过程中建立二者链接并进行动力学运算，可得悬浮液中 $Al(OH)_3$ 胶体吸附到 CaF$_2$ 原胞前后结果如图 3-11（a）和图 3-11（b）所示。由图可见，与图 3-7 中的 $Al(OH)_3$ 自由单分子吸附类似，大量的 $Al(OH)_3$ 胶体分子吸附在 CaF$_2$ 表面，同时与

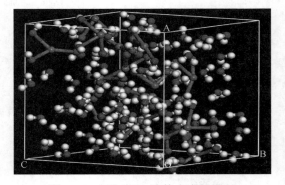

图 3-10　$Al(OH)_3$ 胶体水合物模型

H₂O 分子发生分离，此时溶液产生分层，吸附后的 Al(OH)₃ 与 CaF₂ 形成沉淀。使用 Density Field 对 Al(OH)₃-CaF₂ 悬浮液体系进行密度场分析，可以清楚地观察到悬浮液体系的密度场发生了层状分离，这是由于体系内产生了不同的物质。具体结构为：顶层为 H₂O 层，中层为 Al(OH)₃ 和 CaF₂ 的结合物层，底层为 CaF₂ 层，如图 3-11（c）所示。

(a) 吸附前(胶体)　　　　　(b) 吸附后(沉淀)　　　　　(c) 体系的密度场分析

图 3-11　Al(OH)₃-CaF₂ 悬浮液吸附过程

图 3-12 是在仿真过程中 CaF₂-Al(OH)₃ 悬浮液体系的能量随时间迭代次数的变化过程。由图可见，体系中势能、界面分离能及总能量经运算后最终都收敛到各自稳定负值，直到整个反应完成。而体系中总动能稳定后趋于零，说明系统反应后大量 Al(OH)₃ 分子已经停止运动，即系统已经建立了稳定的吸附关系。以上计算进一步验证了在本书设定实验条件下，Al(OH)₃ 胶体分子能够稳定地包覆在 CaF₂ 表面。

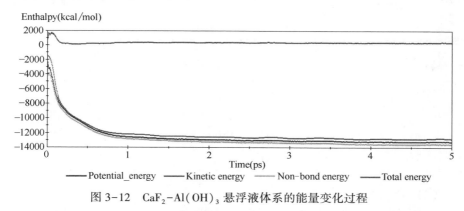

图 3-12　CaF₂-Al(OH)₃ 悬浮液体系的能量变化过程

以上包覆过程的仿真实验和计算，验证了第 3.1 节的理论分析，说明在设定试验条件下，Al(OH)$_3$ 胶体分子能够稳定地吸附在 CaF$_2$ 表面，并通过形成新的化学键建立稳定的吸附界面，进而形成核壳包覆型 CaF$_2$@Al(OH)$_3$ 包覆微粒。本仿真对核壳包覆型 CaF$_2$@Al(OH)$_3$ 包覆微粒制备实验起到了很好的技术支撑，后续试验也证明了上述分析，得到了性能良好的核壳结构 CaF$_2$@Al(OH)$_3$ 包覆微粒。

3.2.2 CaF$_2$@SiO$_2$ 核壳包覆微粒的工艺参数仿真

3.2.2.1 CaF$_2$@SiO$_2$ 模拟体系建立及分子动力学模拟

（1）模拟体系的建立

一个 CaF$_2$ 原胞模型包括 12 个原子，其中有 4 个 Ca 原子和 8 个 F 原子。CaF$_2$ 晶格常数的初始值设为 $a=b=c=5.46$Å，$\alpha=\beta=\gamma=90.00°$。

为了研究 SiO$_2$ 在不同 CaF$_2$ 晶面的包覆情况，建立了四种不同原子表面的 CaF$_2$ 晶面。模型的体积通过以下公式计算：

$$V_{box} = V_{CaF_2} + V_{SiO_2+H_2O} \tag{3-21}$$

式（3-21）中，V_{box}、V_{CaF_2} 和 $V_{SiO_2+H_2O}$ 分别代表模拟盒子、CaF$_2$、SiO$_2$ 和 H$_2$O 的实际体积。体系中的 CaF$_2$ 都是半径为 25Å 的纳米球。CaF$_2$ 纳米球被放置在盒子中央，与盒子四壁保持一定距离。本书以 CaF$_2$ 纳米球为研究对象。表 3-1 给出了四种模拟盒子中所有的相关细节。图 3-13 为四种不同 CaF$_2$ 晶面的模拟盒子，其中本章节模型的构建采用 Amorphous Cell 模块进行，精度选 Fine，Density 选 1.0g/cm^3，Output frames 选 1，Forcefield 选 COMPASS II，各原子力场选 calculate，电荷选 Forcefield assigned，Electrostic 项求和方法选 Ewald，van der Waals 项求和方法选 Atom based。H$_2$O 采用简单的点电荷（SPC）模型。在体系 1 中，H$_2$O 和 SiO$_2$ 的质量比为 1:1，即 SiO$_2$ 的浓度为 1g/mL。

表 3-1   体系 1 分子动力学模拟细节

体系（M1）	盒子大小 $a×b×c$（Å^3）	CaF$_2$		H$_2$O 个数	SiO$_2$ 纳米球个数	初始状态
		Ca	F			
M1(111)	60×60×78	1828	3184	1000	50	图 3-13（a）
M1(110)	66×66×79	2163	3684	1000	50	图 3-13（b）
M1(100)	67×67×67	1841	3681	1000	50	图 3-13（c）
M1(311)	70×70×70	1841	4285	1000	50	图 3-13（d）

（2）分子动力学模拟

本章节中的模拟均由 Materials Studio 软件完成，其中动力学计算采用 Forcite 模块进行计算。为了便于比较各模型的包覆效果，分子动力学计算的步骤

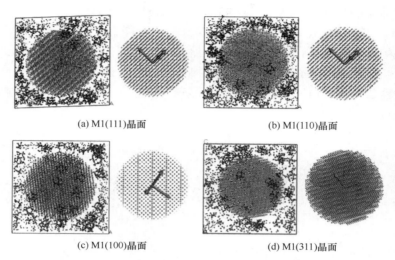

(a) M1(111)晶面　　　　　　　　　　(b) M1(110)晶面

(c) M1(100)晶面　　　　　　　　　　(d) M1(311)晶面

图 3-13　体系 M1 初始结构

和参数均相同。

　　首先在 Forcite 模块中对模型进行结构优化，Algorithm 选 Smart，Energy 选 1.0e-4 kcal/mol，Force 选 0.005 kcal/mol/Å，精度选 Fine，Max iterations 选 5000000，在 Materials Studio 软件中，支持的力场有 DREIDING、Universal、COMPASS 和 COMPASS Ⅱ 等，本书中力场选 COMPASS Ⅱ，各原子力场选 calculate，电荷选 Forcefield assigned，Electrostic 项求和方法选 Ewald，van der Waals 项求和方法选 Atom based。其次对模型进行正则系综（NVT）条件下的分子动力学计算，时间长度为 100ps；再次对模型进行微正则系综（NVE）条件下的分子动力学计算，进行 100fs；从次对模型 NVT 条件下进行 200ps 的分子动力学计算。温度取 293K（20℃）、313K（40℃）、333K（60℃）、353K（80℃）和 373K（100℃），时间步长为 1fs，温度采用 Nose 方法控制；最后对分子动力学结果进行分析。

3.2.2.2　CaF₂@SiO₂ 模拟体系结果分析

　　（1）动力学轨迹的初步分析

　　在研究模型的性质之前，需要通过一定的方法来判断模型是否已经达到平衡，从结构的势能分析模型的稳定性。如果势能随时间的延续具有较小的波动，则终止模拟。从轨迹文件中的能量文件分析可知，能量很快趋于稳定值，表明各模型已处于平衡状态。

　　（2）模型晶格参数

　　通过分子动力学计算在温度为 333K 时得到包覆后的模型如图 3-14 所示。模型受到温度的作用，使得模型各点发生相对位移产生形变。计算得到的 M1

（111）的晶格参数为 $a=57\text{Å}$，$b=49\text{Å}$，比之前的 a、b 方向模型低。与（110）和（100）晶面相比，晶格参数 a 和 b 分别出现降低。（111）、（110）和（100）的 c 全部出现下降。原子的运动使结构变形，会使得模型的稳定性降低，不可避免地影响晶格参数和晶体性质。由图 3-14（d）可知，分子动力学计算后 CaF₂（311）晶面结构模型变形较为严重，因此在接下来的讨论中排除此晶面。

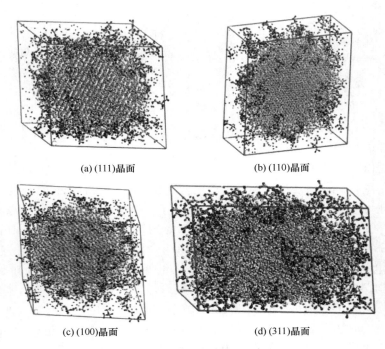

(a) (111)晶面　　　　　　　　　　　　(b) (110)晶面

(c) (100)晶面　　　　　　　　　　　　(d) (311)晶面

图 3-14　M1 各模型的最终结构

（3）温度对 CaF₂@SiO₂ 各晶面包覆效果的影响

对 SiO₂ 的结构特征进行了讨论，径向分布函数通常是指在某一个体系中，某一粒子坐标是已知量，模拟体系中其他粒子的分布情况。因此，径向分布函数可以用来描述电子的相关关系。径向分布函数定义为：

$$g_{ij}(r)=\frac{\langle N_{ij}(r)\rangle/V(r)}{\rho_{j,bulk}} \tag{3-22}$$

式（3-22）中 $N_{ij}(r)$ 为某一时刻在一个 i 原子体积为 $V(r)$ 的球壳中的 j 原子的系综平均值；$\rho_{j,bulk}$ 为原子的密度。

径向分布函数还可看作是区域密度与平均密度的比。观察图 3-15 可知，同种浓度中三种不同初始状态下的径向分布函数基本相同，径向分布函数在 $r < 0.85$Å 时，径向分布函数为 0，这也说明在模型中分子与分子最近的距离不会小于 0.85Å。

图 3-15 为 SiO_2 在 293~373K 温度下的短程结构。一般来说，如果第一个峰又高又尖，说明此处出现其他分子的概率最大，区域密度最大，原子之间的相互作用紧密，周围原子的排列相对规则，第一层配位原子与中心原子之间的距离较短。径向分布函数清楚地反映了温度升高时的结构损失。RDF 的第一个峰值随着温度的升高而变宽变小。RDF 的不同相随温度的变化而变化，说明表面原子对包覆结果有影响。从（c）中观察到（100）晶面的第一个峰值是最低的，表明此晶面与 SiO_2 原子结合较弱。由图 3-15 可知，在不同的 CaF_2 晶面，RDF 的第一个峰的高低也不同，在 CaF_2（111）晶面的数值最高，表明此晶面与 SiO_2 的相互作用紧密。

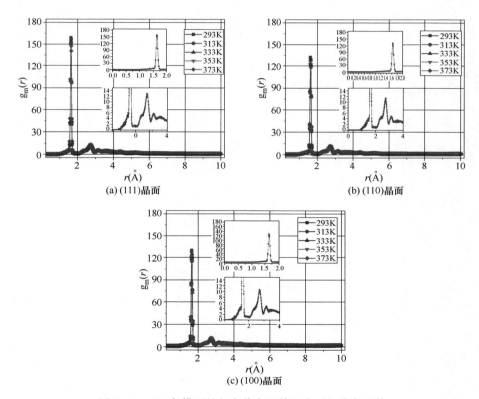

图 3-15　M1 各模型的径向分布函数和分子间分布函数

自扩散系数反映了分子布朗运动的强度。本书利用 Einstein 理论计算了自扩散系数。根据 Einstein 自扩散定律，自扩散系数的计算公式如下：

$$D = 1/6 \lim_{t \to \infty} \frac{d}{d_t} <\Delta r(t)^2> \tag{3-23}$$

式（3-23）中 D 为自扩散系数，而 $<\Delta r(t)^2>$ 为均方位移偏差，表明均方位移与扩散系数在时间上成正比。

在 293~373K 的温度范围内测定了 SiO_2 的自扩散系数。三种模型的结果如图 3-16 所示。SiO_2 的自扩散系数随温度的升高而升高。当温度较高时，SiO_2 处于过热状态，其密度极低。在这种情况下，流体很容易被压缩，分子的平均自由程很大，因此自扩散系数很高。当时间为 0~100ps 时，自扩散系数对温度变化敏感，而当温度高于临界温度时，自扩散系数对温度变化不敏感。CaF_2（111）晶面中，在 333~373K 时，自扩散系数变化不大，数值在 $0.5 Å^2/ps$ 左右，由此可确定最佳包覆温度为 60℃。

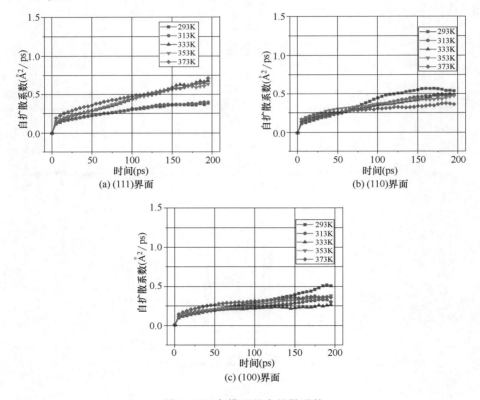

图 3-16　各模型的自扩散系数

从图 3-17 可以清楚地看出，相互作用的驱动力主要是静电作用和范德华作用，SiO_2 与 CaF_2 晶面的静电相互作用大于 SiO_2 与 CaF_2 晶面的范德华相互作用，因此可知，静电力显然在包覆过程中起着主要作用。这些数据证实了

Azzopardi 等人和 Shang 等人关于相互作用的研究。这主要是由靠近表面的带正电荷的残基造成的。CaF₂ 晶面带电残渣的分布对 CaF₂ 与 SiO₂ 之间的静电相互作用也有重要影响。

从图 3-17 可以看出，各模型的相互作用能为负，说明包覆是可以发生的。数值越低，系统越稳定。（111）晶面的相互作用能最低，表明该晶面最稳定。随后是（100）和（110）。晶体的范德华能均为正值，其中（110）晶面范德华能最高，依次为（100）和（110）晶面。

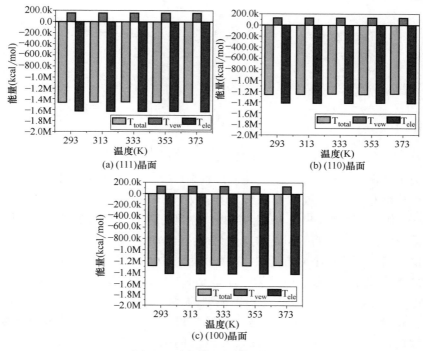

图 3-17　各模型的相互作用能

吸附能的计算公式如下所示：

$$E_{ads} = E_{complex} - E_{CaF_2} - E_{SiO_2+H_2O} \tag{3-24}$$

式（3-24）中，$E_{complex}$ 为经过分子动力学模拟的复杂模型的总能；E_{CaF_2} 为同一模型的 SiO₂ 和 H₂O 移除后的势能；$E_{SiO_2+H_2O}$ 为模型在 CaF₂ 表面移除后的势能。吸附能（E_{ads}）值反映了包覆体系的稳定性。负相互作用能数值越高，表明 CaF₂ 晶面与 SiO₂ 的相互作用越好；正相互作用能数值越高，表明 SiO₂ 在 CaF₂ 晶面的包覆越差。体系 1 在不同温度梯度下的吸附能如图 3-18 所示。结果表明，CaF₂ 晶面和 SiO₂ 的吸附能均为负，有利于包覆。不同晶面组成的模型使吸附能表现出不同的变化趋势。SiO_2 和 CaF_2（111）晶面的吸附能高于 SiO_2 和 CaF_2（100）与 SiO_2 和 CaF_2（110）晶面。随着温度的升高，吸附能数值呈先升高后降低的趋势，吸附能在 333 K 时取得最小值。

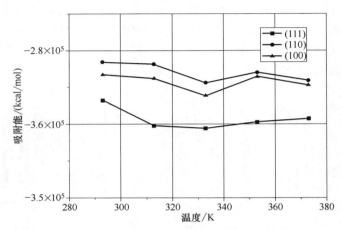

图 3-18　体系 1 在不同温度梯度下的吸附能

为了定量研究相对浓度的变化，分别在 273~373 K 的温度下进行了仿真。将相对浓度视为 Z 位置的函数，下面显示了不同温度下每个模型的结果。图 3-19 为三种模型中 SiO_2 的相对浓度。精度可以通过增加或减少分子总数和仿真系统的大小来控制，但是增加仿真系统会增加仿真的时间成本，所以在保证精度的前提下选择小型仿真系统。在模型的中间位置，温度对密度的影响较大，分析导致此种现象的原因为：球型 CaF_2 晶面在运动过程中不断长大，球型 CaF_2 晶面模型的大小大致与整体模型的尺寸一致，可发现在图 3-19（b）中，在 0~10Å 和 50~57Å 处，浓度偏高，可知这两段区域对应模型的两端，从而导致在模型中间即 CaF_2 晶面处的 SiO_2 的浓度偏低，这种现象表明在 CaF_2（110）晶面模型中，包覆效果不好。而在图 3-19（a）、（c）中，SiO_2 较均匀地分散在模型的各个区域，这种现象表明在 CaF_2（111）晶面和 CaF_2（100）晶面包覆效果较好。

通过这些不同温度下的相对浓度，可以画出曲线，如图 3-19 所示。从图 3-19 可以看出，不同的晶面对温度的敏感性不同。例如相对浓度随着距离的增加波动较大，如图 3-19（b）所示，SiO_2 相对浓度随温度变化的曲线较明显。

（4）浓度对 $CaF_2@SiO_2$ 包覆效果的影响

为了研究浓度对 $CaF_2@SiO_2$ 包覆效果的影响，构建了 CaF_2（111）晶面其他三种不同浓度的模型，各体系具体构建信息如表 3-2 所示。在体系 2、3 和 4 中，H_2O 和 SiO_2 的质量比分别为 2∶1、1∶1.5 和 1∶2，即浓度为 0.5g/mL、

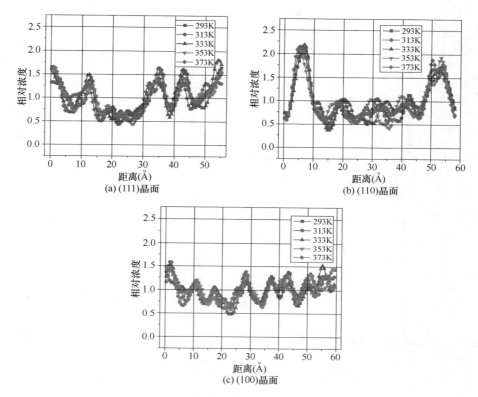

图 3-19　各模型中 SiO₂ 的相对浓度

1.5g/mL 和 2g/mL。为保证计算的可比较性，模拟参数保持一致。

表 3-2　　　　　　　　　　　　各体系构建信息

体系	$a \times b \times c(\text{Å}^3)$	$n(\text{H}_2\text{O})$	$n(\text{SiO}_2)$
M1	$60 \times 60 \times 78$	1000	50
M2	$68 \times 68 \times 68$	1000	25
M3	$71 \times 71 \times 71$	1000	75
M4	$72 \times 72 \times 72$	1000	100

　　图 3-20 为不同浓度的 SiO₂ 在 293~373 K 温度下各体系的径向分布函数。结果表明：不同体系之间的径向分布函数还是有一定的差异的，SiO₂ 的第一个峰出现在 1.6Å 处，第一个谷出现在 1.8Å 处。各体系均显示出径向分布函数的第一个峰值随着温度的升高而变宽变小。不同浓度的径向分布函数随温度的变化而变化，说明浓度对包覆结果有影响。也可以从图 3-20（d）中观察到模型中含有 100 个 SiO₂ 时，第一个峰值是最低的，表明此浓度与 SiO₂ 原子结合较弱。

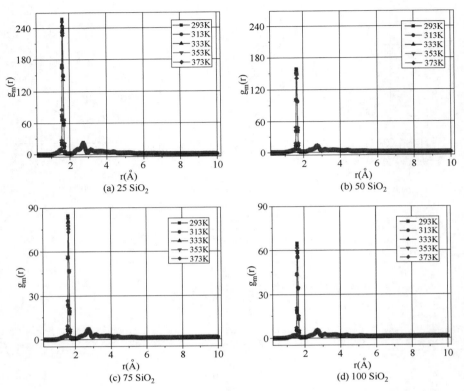

图 3-20　不同浓度的 SiO_2 在 293~373K 温度下各体系的径向分布函数

　　观察图 3-21（a）可知，当体系中包含 25 个 SiO_2 纳米球时，自扩散系数随着模拟的进行，当温度为 293K 和 313K 时自扩散系数呈现线性关系，而当温度为 333K、353K 和 373K 时，自扩散系数曲线起伏较大。分析原因为：各体系中设置的 H_2O 的个数是一定的，当 SiO_2 纳米球的个数较少时，H_2O 会阻碍 SiO_2 纳米球包覆到 CaF_2 晶面上，模型中存在竞争包覆，H_2O 会优先包覆在 SiO_2 纳米球表面上，还可形成氢键，H_2O 和 H_2O 间的氢键数目较多，当温度较低时，温度对 H_2O 的自扩散系数的影响不明显，使得 SiO_2 的自扩散系数在 293K 和 313K 时，呈现线性关系；而当温度较高时，H_2O 比较活跃，H_2O 的自扩散系数明显高于较低温度下的自扩散系数，因此使得 SiO_2 的自扩散系数随着模拟的进行变化较大；当体系中包含 25 个 SiO_2 时，只有少量的 SiO_2 包覆在 CaF_2 晶面上。当体系中包含 75 个和 100 个 SiO_2 纳米球时，各体系的自扩散系数随着时间的推移呈现简单的线性关系；0~20ps 在 373K 的自扩散系数明显高于其他温度；在 20~200ps 区间内，温度为 333K 的自扩散系数高于其他温度，其原因是：浓度过高会降低模拟体系的自扩散系数，当浓度较高时，温

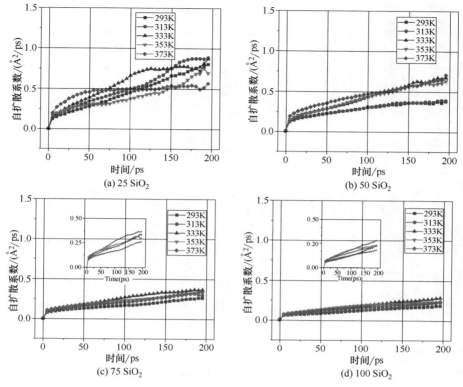

图 3-21　各体系的自扩散系数

度对 H₂O 的自扩散系数减弱，此时 H₂O 与 SiO₂ 纳米球的相互作用会减弱，H₂O 的自扩散系数明显低于同等温度下浓度较低的体系中 H₂O 的自扩散系数，而除包覆在 CaF₂ 晶面上的 SiO₂ 纳米球外，剩余的 SiO₂ 纳米球会产生团聚，阻碍 SiO₂ 纳米球在模型中的包覆与扩散，因此，当体系中包含 75 个和 100 个 SiO₂ 纳米球时，浓度过高，使得溶液中发生团聚现象，影响扩散。由以上分析可得，SiO₂ 的最佳浓度为 1g/mL。

分子动力学计算后，体系 2、体系 3 和体系 4 尺寸均发生了变化。从图 3-22 可以清楚地看出，在不同 SiO₂ 浓度的模型中，SiO₂ 与 CaF₂ 晶面的静电相互作用仍然大于 SiO₂ 与 CaF₂ 晶面的范德华相互作用，因此可知，静电力显然在包覆过程中起着主要作用。从图 3-22 可以看出，各体系的相互作用能为负，说明包覆是可以发生的。数值越低，系统越稳定。由图 3-22（b）可知，该体系的相互作用能最低，表明该模型最稳定。

随着浓度的升高，吸附能数值出现随之升高的状态，体系 1、体系 2 和体系 4 的吸附能数值均在 333K 时取得最高值，体系 3 的吸附能数值最高值在

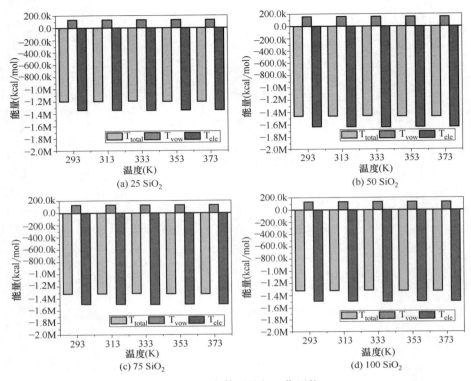

图 3-22　各体系的相互作用能

353K 处取得，综合分析结果得出在 333K 时，取得包覆最稳定的构象。因此，模拟得出的最优包覆温度为 60℃。

　　通过对 SiO$_2$ 在 CaF$_2$（111）、（110）和（100）晶面的计算可知，晶面不同，动力学计算得到的结果也随之不同；在 CaF$_2$（111）晶面径向分布函数的数值最高，表明此晶面与 SiO$_2$ 的相互作用紧密，各模型的相互作用能为负，说明包覆是可以发生的，（111）晶面的相互作用能最低，表明该晶面相对最稳定，静电力作用在包覆过程中起着主要作用；模拟得出的最优包覆温度为 60℃，最优 SiO$_2$ 浓度为 1g/mL。

3.3　微米 CaF$_2$@Al$_2$O$_3$ 核壳包覆微粒的制备及表征

3.3.1　CaF$_2$@Al$_2$O$_3$ 微米核壳包覆微粒的制备

3.3.1.1　实验原料

　　实验所用的化学试剂有九水硝酸铝 Al（NO$_3$）$_3$·9H$_2$O（纯度为99%）、乙酸-乙酸钠 NaAc-Hac（分析纯）、氨水 NH₃H₂O（分析纯）、无水乙醇 CH₃CH₂OH（分析纯）、氟化钙 CaF₂（纯度为 99%）。实验所用的设备有离心机 TD104 型、干燥箱 ZK-35 型、磁力搅拌器 DF-101S 型、电动搅拌器 JJ-1 型。

3.3.1.2　制备工艺

将一定量的 CaF₂ 粉体先用酸洗进行预处理，并用蒸馏水清洗直至上层清液显弱酸性。然后在处理后的 CaF₂ 粉体中加入蒸馏水，以聚乙二醇（PEG）为分散剂，充分搅拌并经超声波分散，配成一定浓度的稀悬浮液。

加入指定浓度的 Al(NO₃)₃·9H₂O（分析纯）溶液，然后加入 HAc（分析纯）与 NaAc（化学纯）配制成的缓冲溶液控制悬浮液 pH，随后对混合后的悬浮液进行超声波分散 20min。

将前述悬浮液置于 DF-101S 型集热式恒温加热磁力搅拌器中加热并剧烈搅拌，加热到指定温度后缓慢滴加氨水调节悬浮液 pH 到指定值，保温 30min，使生成物 Al(OH)₃ 以沉淀的形式均匀包覆在 CaF₂ 微粒表面，可得 CaF₂@ Al(OH)₃ 包覆微粒。

将上述悬浮液静置陈化 2h 后用高速离心机进行分离，为防止 CaF₂@ Al(OH)₃ 包覆微粒团聚，用无水酒精反复清洗，然后将清洗后的复合微粒在 110℃经 24h 烘干，得到 CaF₂@ Al(OH)₃ 核壳型包覆微粒。

将烘干后的 CaF₂@ Al(OH)₃ 核壳型粉体置于管式气氛炉中，在氮气气氛保护下经 800℃煅烧，最终制得 CaF₂@ Al₂O₃ 核壳型包覆微粒。该方法的制备工艺流程如图 3-23 所示。

3.3.1.3　CaF₂@Al (OH)₃ 核壳包覆微粒的表征

使用日本电子株式会社生产的 JEM-1400 型透射电子显微镜观察 CaF₂@ Al(OH)₃ 和 CaF₂@ Al₂O₃ 复合粒子的表面形貌。采用 SUPRA™ 55 热场发射扫描电子显微镜及其附带的能谱仪观察 CaF₂@ Al(OH)₃ 和 CaF₂@ Al₂O₃ 复合微粒的包覆形态和元素组成。使用日本岛津公司生产的 IRPrestige-21 傅立叶变换红外光谱仪进行红外光谱分析。使用德国布鲁克 AXS 公司生产的 D8 AD-VANCE 型 X 射线衍射仪分析 CaF₂@ Al(OH)₃ 包覆微粒的物相组成，采用的测试条件为：Cu 靶，电压 40kV，电流 40mA，扫描速度 0.4°/min，扫描角度范围 20°~80°。

（1）XRD 物相组成

图 3-24 为实验制备 [制备工艺 pH 为 7.5，$C(Al^{3+}) = 0.15mol/L$，$T = 75℃$，氨水滴定速度 3mL/min，下同] 的 CaF₂@ Al(OH)₃ 核壳型包覆微粒与相同原料的未包覆 CaF₂ 粉体的 X 射线衍射图谱（XRD）。

由图可见，图 3-24（b）中包覆后 CaF₂@ Al(OH)₃ 包覆微粒的 XRD 图谱与图 3-24（a）中未包覆 CaF₂ 的 XRD 图谱比对变化明显。从图 3-24（a）中

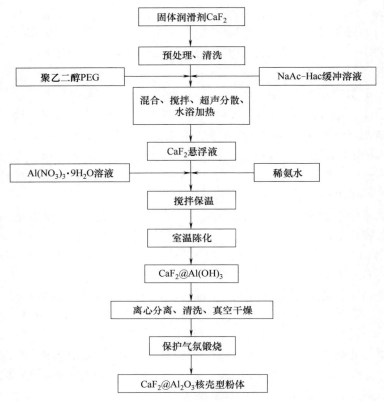

图 3-23　CaF$_2$@ Al$_2$O$_3$ 核壳型粉体制备工艺流程

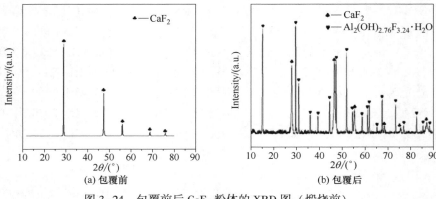

图 3-24　包覆前后 CaF$_2$ 粉体的 XRD 图（煅烧前）

可以看到，试验所用的 CaF$_2$ 纯度较高，无杂质相存在。从图 3-24（b）可以看到，因 Al（OH）$_3$ 为胶体，在 XRD 图谱中无衍射峰，但是有 CaF$_2$ 和 Al（OH）$_3$ 包覆反应后生成物 Al$_2$（OH）$_{2.76}$F$_{3.24}$·H$_2$O，此物质在 350℃ 即转化成

Al_2O_3。此物质的存在也证明了包覆后 CaF_2@ $Al(OH)_3$ 包覆微粒中 CaF_2 与 $Al(OH)_3$ 界面处发生了化学反应，界面间以化学键结合。对比 CaF_2 标准图谱，可以看到 CaF_2@ $Al(OH)_3$ 包覆微粒的衍射峰与 CaF_2 的标准图谱十分吻合，且图谱中 CaF_2 峰形尖锐，结构完整，没有发现其他相的衍射峰或杂峰。

图 3-25 为不同温度煅烧后的 CaF_2@ Al_2O_3 核壳型包覆微粒 XRD 图。图 3-25（a）显示，在 800℃煅烧后的 CaF_2@ Al_2O_3 核壳型包覆微粒主要为 CaF_2、Al_2O_3 和 Ca_2AlF_7 等，其中 Ca_2AlF_7 为包覆界面过渡转化物。当煅烧温度达到 1200℃以后，该物质消失，包覆微粒中只剩 CaF_2、Al_2O_3 两种物质，如图 3-25（b）所示，且包覆微粒中 CaF_2 含量较高，Al_2O_3 含量较低。

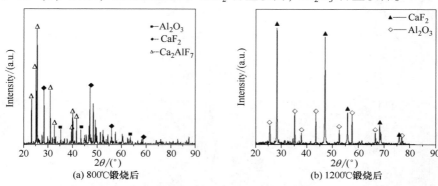

(a) 800℃煅烧后　　　　　(b) 1200℃煅烧后

图 3-25　煅烧后的 CaF_2@ Al_2O_3 核壳型包覆微粒 XRD 图

（2）IR 分析

图 3-26 为 CaF_2@ $Al(OH)_3$ 包覆微粒的 FT-IR 图谱。由图可见，CaF_2@ $Al(OH)_3$ 包覆微粒在 $400\sim900\text{cm}^{-1}$ 和 $3200\sim3700\text{cm}^{-1}$ 范围内，出现了两个相对较宽的吸收带。吸收带的宽化归因于超细颗粒或无定型结构中键长的连续分布，这表

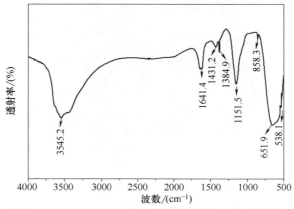

图 3-26　CaF_2@ $Al(OH)_3$ 包覆微粒的 FT-IR 图谱

明 CaF$_2$@ Al(OH)$_3$ 包覆微粒的结构是超细晶粒或非晶态特征。在 3545.2cm^{-1} 处宽的吸收峰为吸附水和 O–H 的伸缩振动吸收峰，1641.4cm^{-1} 处的吸收峰对应吸附水的变形振动，1384.9cm^{-1} 处的吸收峰对应 O–H 的面内弯曲振动，538.1cm^{-1} 处的吸收峰对应着宽 Al–O 键的伸缩振动峰。这些特征峰的出现，证实 CaF$_2$@ Al(OH)$_3$ 包覆微粒中包含有超细的晶粒或无定形结构的氢氧化铝。此外，在 1431.2cm^{-1} 的高频峰对应与 Ca^{2+} 相关的键（Ca–F）的振动；858.3cm^{-1} 肩峰对应 Al–F 键的振动。以上结构说明，CaF$_2$@ Al(OH)$_3$ 包覆微粒是由 O–H、Al–F、Ca–F 等多种化学键结合而成的复杂结构，这与 CaF$_2$@ Al(OH)$_3$ 包覆微粒的 XRD 测试结果是一致的。

（3）形貌表征

图 3–27（a）、（b）、（c）分别显示了包覆前 CaF$_2$ 粉体与包覆后的 CaF$_2$@ Al(OH)$_3$ 粉体及煅烧后 CaF$_2$@ Al$_2$O$_3$ 粉体（1200℃）的扫描电镜（SEM）照片，图中直观地显示了各粉体颗粒表面的形貌。

(a) CaF$_2$粉体SEM照片

(b) CaF$_2$@Al(OH)$_3$包覆微粒SEM照片

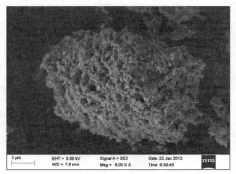

(c) 煅烧后CaF$_2$@Al(OH)$_3$包覆微粒SEM照片

图 3–27　包覆前后 CaF$_2$ 粉体的 SEM 形貌

由图 3–27 可见，CaF$_2$ 在包覆前后形貌差异很大，图 3–27（a）中未处理

CaF₂ 片状形态明显，其表面并不十分平整；图 3-27 （b） 中可很清楚地看到包覆后 CaF₂ 表面包覆了一层颗粒状物质 Al（OH）₃，形成了均匀致密的包覆层。此包覆微粒经高温 （1200℃） 煅烧后，表面形成了一层致密的 α-Al₂O₃ 壳体，如图 3-27 （c） 所示。

　　图 3-28 显示为以上包覆微粒的透射电镜 （TEM） 照片。图 3-28 （a） 为未包覆 CaF₂ 的透射电镜照片，图 3-28 （b） 为包覆后 CaF₂@ Al（OH）₃ 包覆微粒的透射电镜照片。对比两张照片可见，包覆前后颗粒形貌变化很大。图 3-28 （a） 显示未包覆 CaF₂ 为片状，而由图 3-28 （b） 可以看出 CaF₂ 表面及边缘附着了一层粒径在 50~100nm 的球状颗粒。由前述分析可知，这些包覆在 CaF₂ 表面的球状颗粒就是 Al（OH）₃。

(a) CaF₂粉体TEM照片　　　　　　　　(b) CaF₂@Al(OH)₃包覆微粒TEM照片

图 3-28　包覆前后粉体的 TEM 形貌

　　将制备的 CaF₂@ Al（OH）₃ 包覆微粒经 EDS 面扫描测试，可直观地观察到复合颗粒表面的各组成元素，如图 3-29 所示。由图 3-29 （a） 可见，对比未包覆

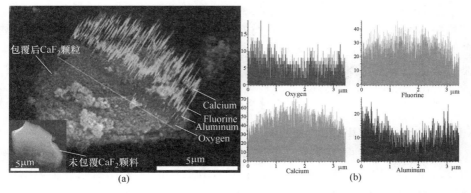

图 3-29　CaF₂@ Al（OH）₃ 包覆微粒 EDS 照片

Calcium—钙原子；Fluorine—氟原子；Oxygen—氧原子；Aluminum—铝原子

CaF$_2$ 颗粒，包覆后 CaF$_2$ 表面附着了一层厚度均匀的颗粒状物质。对图 3-29 （b）中的元素分析发现，此包覆层主要为 Al 和 O 元素，且含量分布均匀。

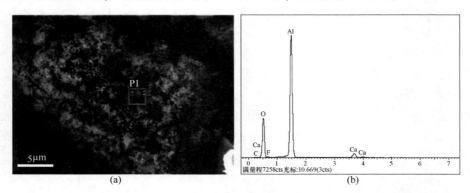

图 3-30　CaF$_2$@ Al$_2$O$_3$ 复合微粒 EDS 照片

图 3-30 为制备的 CaF$_2$@ Al$_2$O$_3$ 复合微粒的 EDS 能谱分析图，图 3-30 （a）中在复合微粒任一点测得各组成元素分布如图 3-30 （b） 所示。图 3-30 （b） 中 P1 处的能谱中 Al、O、Ca 和 F 元素同时存在，说明谱图中此处同时存在 CaF$_2$ 和 Al$_2$O$_3$，且 Al 元素与 O 元素的含量都很高，进一步说明了 CaF$_2$ 表面包覆的物质为 Al$_2$O$_3$。

综合以上分析可知，利用非均匀成核原理，Al$_2$O$_3$ 成功包覆在 CaF$_2$ 表面，并形成了一层致密、均匀的包覆层，包覆层由 Al$_2$O$_3$ 颗粒相互堆积、连接而成，包覆效果良好。

3.3.2　工艺参数对 CaF$_2$@Al$_2$O$_3$ 微米核壳包覆微粒的影响

3.3.2.1　工艺参数对包覆微粒形态的影响

由 Lamer 成核理论可知，非均匀成核包覆的必要条件为：首先对非均匀成核势垒与均匀成核势垒的临界值进行有效定义，然后对成核推动力予以精确的控制，使其处于所定义的临界值变化范围之内。换言之，就是判断成核推动力是否满足关系式：

$$\frac{2000\pi\gamma_{SF}^3}{81\Delta G_V^2}f(\theta) \leqslant RT\ln\frac{C_0}{C} \leqslant \frac{2000\pi\gamma_{SF}^3}{81\Delta G_V^2} \tag{3-25}$$

式中各参数同第 3.1 节所述。

由式（3-25）可知，因为 R 为常数，故 T、C 为非均匀成核的主要影响因素，即只有将溶液中 Al(OH)$_3$ 的浓度 C 和反应温度 T 控制在一定范围内，才能使包覆层颗粒 Al(OH)$_3$ 在被包覆 CaF$_2$ 颗粒表面非均匀成核生长。而溶液中的 Al(OH)$_3$ 浓度 C 受到溶液中的 Al^{3+} 浓度和溶液 pH 的影响，溶液 pH 又受到氨水的滴加速度的影响。因此，综合以上分析可以确定，溶液中 Al³⁺ 浓度、溶液 pH、反应温度以及氨水的滴定速度是影响包覆效果的关键因素。

（1）pH 的影响

试验条件分别选取 pH 为 6.5、7.5、8.5，反应温度为 75℃，Al³⁺ 浓度为 0.15mol/L，氨水滴定速度为 3mL/min，得到的包覆微粒 SEM 形貌如图 3-31 所示。由图 3-31（a）可见，在 pH 为 6.5 时，CaF₂ 颗粒表面仅有少许絮状沉淀，表面比较光滑，没有形成有效包覆层。当 pH 增大到 7.5 时，在图 3-31（b）中可以明显观察到 CaF₂ 颗粒表面均匀地包覆了一层 Al(OH)₃ 微粒，包覆效果良好。但当 pH 为 8.5 时，CaF₂ 颗粒在形成 Al(OH)₃ 包覆层的同时，周围有大量絮状 Al(OH)₃ 沉淀物，如图 3-31（c）所示，说明此时 Al(OH)₃ 发生了自身均匀成核。

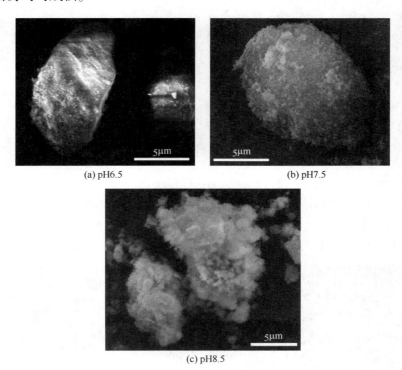

(a) pH6.5　　　　　　　　　　(b) pH7.5

(c) pH8.5

图 3-31　不同 pH 时 CaF₂@ Al(OH)₃ 包覆微粒 SEM 照片

（2）Al³⁺ 浓度的影响

试验条件分别选取 Al³⁺ 浓度值为 0.10mol/L、0.15mol/L、0.20mol/L，反应温度为 75℃，pH 为 7.5，氨水滴定速度为 3mL/min，得到的包覆微粒 SEM 形貌分别如图 3-32（a）、图 3-31（b）、图 3-32（b）所示。在图 3-32（a）

中，当 Al³⁺浓度为 0.1mol/L 时，由于 Al³⁺离子较少，全部沉淀后未能实现对 CaF₂颗粒的完全包覆，导致部分 CaF₂裸露在外。当 Al³⁺浓度为 0.15mol/L 时，CaF₂颗粒表面包覆了一层均匀的 Al(OH)₃微粒，如图 3-31（b）所示，包覆效果良好。在图 3-32（b）中，在 Al³⁺浓度为 0.20mol/L 时，大量多余 Al³⁺离子在已成核表面外成核并生长，导致大量 Al(OH)₃微粒散布在 CaF₂颗粒表面之外。

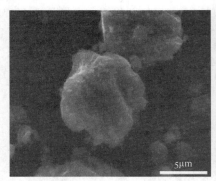 

(a) Al³⁺浓度0.10mol/L　　　　　　　(b) Al³⁺浓度0.20mol/L

图 3-32　不同 Al³⁺浓度时 CaF₂@ Al(OH)₃包覆微粒 SEM 照片

（3）反应温度的影响

试验条件分别选取反应温度为 65℃、75℃和 85℃，pH 为 7.5，Al³⁺浓度为 0.15mol/L，氨水滴定速度为 3mL/min，得到的包覆微粒 SEM 形貌分别如图 3-33（a）、图 3-31（b）、图 3-33（b）所示。当反应温度为 75℃时［图 3-31（b）］，CaF₂颗粒表面的包覆效果明显优于 65℃时［图 3-33（a）］和 85℃时［图 3-33（b）］。试验说明反应温度与 Al(OH)₃胶体/沉淀的水解成正比，随

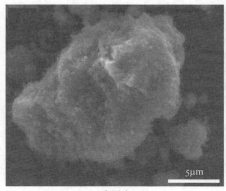 

(a) 反应温度65℃　　　　　　　　(b) 反应温度85℃

图 3-33　不同反应温度时 CaF₂@ Al(OH)₃包覆微粒 SEM 照片

着反应温度的升高，Al(OH)₃ 水解速度加快，增加了其过饱和浓度，成核推动力也随之增大。但是如果反应温度继续增加，则会导致 Al(OH)₃ 越过非均匀成核势垒发生均匀成核，图 3-33（b）即为 85℃ 时 Al(OH)₃ 在 CaF₂ 颗粒表面非均匀成核包覆后又在其周围发生均匀成核。

（4）氨水滴定速度的影响

试验条件分别选取氨水滴定速度为 1mL/min、3mL/min、6mL/min，反应温度为 75℃，pH 为 7.5，Al^{3+} 浓度为 0.15mol/L，得到的包覆微粒 SEM 形貌分别如图 3-34（a）、图 3-31（b）、图 3-34（b）所示。

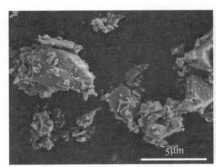 

(a) 滴定速度1mL/min　　　　　　　(b) 滴定速度6mL/min

图 3-34　不同氨水滴定速度时 CaF_2@ $Al(OH)_3$ 包覆微粒 SEM 照片

当氨水滴定速度为 3mL/min 时［图 3-31（b）］，CaF₂ 颗粒表面的包覆效果明显优于 1mL/min 时［图 3-34（a）］和 6mL/min 时［图 3-34（b）］的包覆效果。试验表明，氨水滴定速度对悬浮液局部 pH 影响较大，对 Al(OH)₃ 胶体沉淀、水解的速度有直接影响。当氨水滴定速度较慢（1mL/min）时，生成的 Al(OH)₃ 胶体量较少，当沉积在 CaF₂ 颗粒表面时，生成 Al(OH)₃ 的量无法在 CaF₂ 表面形成完整包覆膜，仅仅形成一些 Al(OH)₃ 包覆点，如图 3-34（a）所示。但是当氨水滴定速度较快（6mL/min）时，导致局部 pH 上升较快，在悬浮液局部大量 Al(OH)₃ 聚集，自身成核产生大量絮状沉淀，如图 3-34（b）所示。

3.3.2.2　工艺参数对包覆率的影响

以包覆率作为衡量包覆效果的主要指标，衡量对比各种工艺参数下实验得到的包覆率情况。包覆率定义为表面改性剂分子在粉体（颗粒）表面的覆盖面积占粉体（颗粒）总表面积的百分比。设包覆层分子在粉体表面单层包覆，一般来说，可以根据包覆量和包覆层分子的断面积来计算表面包覆率，即

$$n = \frac{M}{q} \cdot N_A \cdot a_0 / S_W \tag{3-26}$$

式中，n 为包覆率，%；M 为包覆层质量，g；q 为包覆层分子的分子量；N_A 为阿伏伽德罗常数，其值为 6.023×10^{23}；a_0 为包覆层分子的截面积；S_w 为被包覆微粒的比表面积。

Al(OH)$_3$ 分子在 CaF$_2$ 表面的包覆率测定过程如下：先测定干燥后的 CaF$_2$ @ Al(OH)$_3$ 包覆微粒的总质量，然后将 Al(OH)$_3$ 完全溶解，称量干燥后 CaF$_2$ 粉体质量。根据包覆微粒总质量和溶解完全后的 CaF$_2$ 重量计算单位质量样品的包覆量，再用式（3-26）计算 Al(OH)$_3$ 在 CaF$_2$ 表面的包覆率。

（1）pH 对包覆率的影响

当溶液中 Al^{3+} 浓度、氨水滴定速度以及反应温度一定时，溶液 pH 对包覆率的影响，如图 3-35 所示。

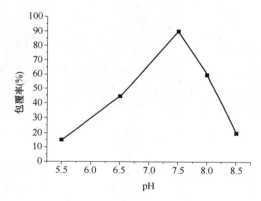

图 3-35　溶液 pH 对包覆率的影响

$[C(\text{Al}^{3+}) = 0.15\text{mol/L}, T = 75℃，$氨水滴定速度 $3\text{mL/min}]$

由图 3-35 可见，包覆率随 pH 的增大而逐渐提高，包覆率在 pH 为 7.5 时达到最大。但当溶液 pH 超过 7.5 以后，大量 Al(OH)$_3$ 将发生均匀成核形成沉淀，导致包覆率急剧降低。pH 对包覆效果的影响表现在两方面：一是 pH 对 CaF$_2$ 悬浊液中 Al(OH)$_3$ 胶体稳定分散性能的影响，即只有在一定的 pH 范围内 Al(OH)$_3$ 胶体表面电位才能达到使其稳定存在；二是 pH 对 Al(OH)$_3$ 的成核推动力的影响，即随着 pH 的增大，Al^{3+} 与 OH$^-$ 反应生成 Al(OH)$_3$ 的成核推动力随之增加，当其被控制在非均匀成核和均匀成核势垒之间时，Al(OH)$_3$ 在 CaF$_2$ 颗粒表面以非均匀成核方式生长包覆于 CaF$_2$ 表面；但若 pH 过大，使成核推动力超过非均匀成核势垒而达到均匀成核势垒，则会导致 Al(OH)$_3$ 自身成核形成沉淀，从而降低了包覆率。

（2）Al³⁺浓度对包覆率的影响

当反应溶液 pH、氨水滴定速度以及反应温度一定时，溶液中 Al³⁺浓度对包覆率的影响如图 3－36 所示。

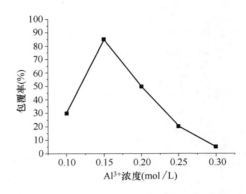

图 3-36　溶液 Al³⁺的浓度对包覆率的影响
（pH 为 7.5，$T=75℃$，氨水滴定速度为 3mL/min）

由图中曲线可以看出，粉体的包覆率随溶液中 Al³⁺浓度增加呈现先显著升高后缓慢下降的趋势，当溶液中 Al³⁺浓度为 0.1mol/L 时，得到较低包覆率的粉体；当浓度升高到 0.15mol/L 时，就得到了试验设定浓度的最佳包覆率；但当溶液中Al³⁺浓度再提高时，粉体的包覆率逐渐降低，当溶液浓度到达 0.3mol/L 时，包覆率仅为 5%，粉体颗粒的表面几乎没有包覆效果，其原因是在碱性条件下，若 Al³⁺浓度太小，Al³⁺和 OH⁻反应的驱动力太小，使达到平衡时体系中单独存在的 Al³⁺浓度降低，相应的包覆率也就会降低。当溶液中 Al³⁺浓度高于非均匀成核临界浓度时，Al³⁺和 OH⁻反应较快，在短时间内发生均匀成核，大量生成的 Al(OH)₃因扩散条件较差最终沉淀方式产生。只有当溶液中 Al³⁺浓度被控制在非均匀成核和均匀成核之间的临界值时，Al(OH)₃首先以 CaF₂ 颗粒表面成核，从而实现对 CaF₂ 粉体的包覆。

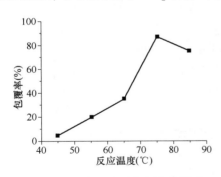

图 3-37　反应温度对包覆率的影响
[pH 为 7.5，C（Al³⁺）= 0.15mol/L，氨水滴定速度为 3mL/min]

（3）反应温度对包覆率的影响

当溶液中 Al³⁺浓度、pH 以及氨水滴定速度一定时，反应温度对包覆率的影响如图 3-37 所示。

温度对 Al(OH)₃ 沉淀的溶解度有很大作用，即对其过饱和度有很大影响。从图中我们可以看到，当反应温度为 45℃时，包覆率很低；随着反应温度的升高可以得到较好包覆率，反应温度为 75℃时，包覆率达到最优，而当反应温度超过 75℃后，包覆率又呈现下降的趋势。这是因为在实验条件下，随着温度的升高，Al(OH)₃ 的过饱和浓度升高，同时溶液中离子运动加速，其成核的推动力也随之增大，直到越过均匀成核势垒，在 CaF₂ 颗粒之外的区域产生较为细小的沉淀。

（4）氨水滴定速度对包覆率的影响

当溶液中 Al^{3+}浓度、pH 以及反应温度一定时，氨水的滴定速度对包覆率的影响如图 3-38 所示。

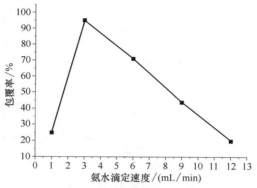

图 3-38　氨水的滴定速度对包覆率的影响

$[$pH 为 7.5，$C($Al$^{3+})$ = 0.1 5mol/L，T=75℃$]$

图 3-38 显示了不同滴定速度对包覆率的影响。从图中可看出，滴定速度较慢时可得到较高的包覆率，这是因为搅拌速度一定的情况下，滴定速度较快时，在 CaF$_2$ 悬浮液中会出现局部 Al^{3+}浓度较大，从而在 CaF$_2$ 悬浮液中某个局部产生较大反应推动力，使其越过非均匀成核势垒而达到均匀成核条件，导致在 CaF$_2$ 颗粒表面之外产生沉淀，只有极少部分溶液发生非均匀成核，所以 CaF$_2$ 表面只有少量 Al（OH）$_3$ 包覆层，降低了包覆率。当滴定速度较慢时，溶液中局部 Al^{3+}浓度较低，容易在 CaF$_2$ 颗粒表面发生非均匀成核，从而形成较理想的核壳结构。但滴定速度太慢会导致生成的 Al（OH）$_3$ 与 CaF$_2$ 产生化学反应，消耗掉大量 CaF$_2$，同时又导致制备效率太低，综合考虑包覆效果和制备效率，取滴定速度为 3mL/min 较为合适。

3.4　纳米 CaF$_2$@Al$_2$O$_3$ 核壳包覆微粒的制备及表征

3.4.1　纳米 CaF$_2$ 颗粒的制备

采用直接沉淀法制备出纳米 CaF$_2$ 颗粒，后采用非均匀形核法在其表面包覆一层 Al（OH）$_3$，经过加热脱水获得 Al$_2$O$_3$ 包覆 CaF$_2$ 的纳米复合颗粒，将其添加到陶瓷刀具中可以制备出添加包覆型纳米颗粒的自润滑陶瓷刀具。

3.4.1.1　制备工艺

纳米粒子因表面能大，扩散率高，受范德华力影响较为显著，其制备的工艺一般分为物理和化学两部分。

物理制备工艺不仅包括高性能球磨、粉碎、溅射，也包括惰性气体蒸发等方法。常用的球磨法是在球磨机的作用下，物料受到一定时间研磨，破碎而形成纳米尺度的细微颗粒，这种工艺具有成本优势，工艺也相对简单。另有粉碎法，指的是颗粒在电火花爆炸作用下分裂来使颗粒达到纳米尺度。惰性气体蒸发工艺则依赖于原子雾和惰性气体在真空环境下碰撞，降温沉积，因此而完成制备，此条件下粉体团聚性可以得到较好的控制，并且颗粒的半径较小，此工艺稳定性较好。

湿化学法制备主要是分步沉淀或者共沉淀来制备粉体。通过在金属盐溶液加入沉淀剂，反应沉淀后干燥或者热分解来制备得到纳米尺度的颗粒。另外诸如水热法的快速反应，这种工艺能完成一些常温下很慢或者难以进行的反应，通过在一定条件下的流体中合成，后分离便可以取得所需纳米材料。溶胶凝胶法主要是指经过材料的水解和缩聚，凝胶化后烧结处理来获得纳米材料。

又如化学气相反应和化学气相冷凝，前者主要是利用衬板加热，致使气态元素经过反应过程来生成纳米颗粒，后者通过热解高分子，在惰性气体的氛围中，经过化学反应获得前驱体，后经冷凝得到所需的纳米材料。

考虑到制备纳米 CaF₂ 颗粒工艺的可靠性、经济性，本章节采用直接沉淀法进行制备，具有工艺简单、成本较低等优点。

3.4.1.2　不同粒径纳米 CaF₂ 颗粒的制备

（1）实验原料

本实验所采用的原料如表 3-3 所示。

表 3-3　　　　　　　　　　　实验原料

名称	规格	生产厂商	备注
氟化铵	分析纯	天津市科盟化工工业有限公司	NH_4F
硝酸钙	分析纯	上海广诺化学科技有限公司	$Ca(NO_3)_2$
二甲苯	分析纯	国药集团化学试剂有限公司	C_8H_{10}
聚乙烯吡咯烷酮	化学纯	国药集团化学试剂有限公司	PVP

在此需要指出的是，实验过程中所用的溶剂包括：二甲苯、蒸馏水和乙醇，其化学参数如表 3-4 所示。

表 3-4　　　　　　　　　　溶剂的物理化学参数

溶剂种类	溶剂性质	介电常数
蒸馏水	质子性溶剂	78.54
乙醇	质子性溶剂	24.30
二甲苯	质子惰性溶剂	2.27

（2）制备方法

采用化学法制备纳米 CaF_2 颗粒，具体制备工艺流程如下：

以纯水溶液为溶剂，乙醇与水的体积比 1：1，乙醇、苯、水的体积比 6：2：1 配制混合溶剂；

取 NH_4F 材料分别溶于各溶剂配制成 0.22mol/L 的 NH_4F 溶液，取 $Ca(NO_3)_2$，溶解于各溶剂配置成 0.1mol/L 的 $Ca(NO_3)_2$ 溶液（为保证反应充分，在配制溶液时选用的氟化铵过量 10%）；

将各组溶液分别搅拌均匀，快速倒入同一烧杯反应 5 分钟，二者反应化学方程式如下：

$$Ca(NO_3)_2 + 2NH_4F \rightarrow CaF_2 \downarrow + 2NH_4NO_3 \tag{3-27}$$

将反应产物经过 10000r/min 的速度离心，以去离子水和无水乙醇交替清洗数次。

取实验产物，利用透射电镜和 $SUPRA^{TM}$ 55 热场发射扫描电子显微镜观察所制备的纳米颗粒的粒径和分散情况，利用 X 射线衍射仪 Bruker D8 AD-VANCE 测试制备的 CaF_2 物相组成。

（3）溶剂体系对纳米颗粒的影响

晶粒在液相环境下的成核和生长受其溶解度影响很大，用 Ostwald-Freundlich 方程表示如下：

$$\ln S = \ln \frac{K_{sp}}{K_{sp0}} = \frac{2\sigma \bar{V}}{RTr} \tag{3-28}$$

式中，K_{sp0} 为溶度积常数，K_{sp} 为沉淀开始产生时的溶度积，σ 为固体与溶剂之间的界面张力，$\bar{V}$ 为固体摩尔体积，R 为摩尔气体常数，T 为热力学温度，r 为临界晶核半径。

根据上述公式可知，临界晶核的尺寸随着过饱和度的增加而降低，同时，通过调控反应的液相环境，改变固体与溶剂的表面张力，也会对临界晶核尺寸有所影响。当沉淀发生，溶解液过饱和度急剧下降，又会导致极小的纳米晶溶解度变大。但反应产物溶解度非常低时，其溶度积常数又决定了物质在反应物浓度过低时，仍然有着较高的过饱和度，因此通过反应仍可得到极小的临界晶核，因而获得小粒径的纳米颗粒。

实验制备 CaF_2 颗粒经 TEM 检测结果如图 3-39（a）、（b）、（c）所示。图 3-39（a）为在纯水溶液中经沉淀法制备的 CaF_2，颗粒粒径不均，存在粒径大于 100nm 的颗粒。对比图 3-39（b）可见，随着液相中乙醇含量的增加，CaF_2 颗粒粒径明显趋向减小，平均粒径分别为 30~50nm，随着纳米颗粒的减小，颗粒有了明显的团聚，这主要是因为随着纳米颗粒减小，比表面积更大，颗粒表面能高，纳米颗粒表现出更强的小尺寸效应和表面效应，因而呈现出更

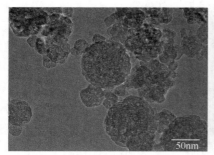
(a) 为纯水溶剂

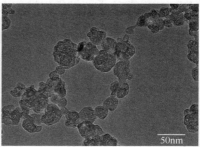
(b) 乙醇和水体积比1:1

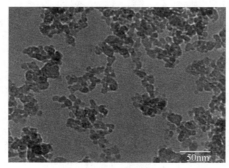
(c) 水、苯、醇体积比1:2:6

图 3-39　不同溶剂条件下制备的纳米 CaF₂ 颗粒

明显的团聚。在图 3-39（c）中可见，以一定比例的乙醇、水和二甲苯组成的混合溶剂作为液相体系，生成 CaF₂ 的平均粒径最小可达 5～10nm，且分散性较好。

有学者研究了溶液中颗粒半径 r 与溶液的介电常数 ε 的关系，其可简化为：

$$\frac{1}{r} = A + \frac{B}{\varepsilon} \tag{3-29}$$

其中：

$$A = \frac{kT\rho}{2m\gamma}\ln C \tag{3-30}$$

$$B = \frac{\rho z + z - e^2}{8\pi m\gamma\varepsilon_0(r^- + r^+)}\ln C \tag{3-31}$$

式中，ρ 为固体颗粒的真实密度，ε_0 为真空中的介电常数，ε 为溶液介电常数。符号 r^+ 和 r^- 分别代表电荷离子半径，e 表示基本电荷（$e = 1.602 \times 10^{-19}$C），$C$ 为溶质浓度，m 为溶质分子重量，γ 为溶质和溶液之间的界面能。

从式（3-29）可以看出，当溶液体系固定时，A、B 可视为常数，随着介电常数的减小，晶核尺寸呈现出减小的趋势。这如实验结果所述，采用纯水溶液，不同配比的乙醇和水复合溶剂，和乙醇、二甲苯、水混合溶剂作为反应溶剂进行实验的过程中，由于纳米颗粒在不同溶剂中溶解度的变化，以及溶液介电常数的变化，导致反应产物粒径逐渐减小，在复合溶剂中制备的 CaF_2 颗粒呈现出圆形，这也可能归因于不同溶剂体系对晶粒晶面的生长产生不同影响。

考虑不同的混合溶剂对纳米颗粒粒径以及分散性的影响，如图 3-39（a）所示，在纯水溶液制备的 CaF_2 颗粒，粒径不均，存在一定的团聚现象。以乙醇和水作为反应溶剂，如图 3-39（b）所示，在纳米颗粒较大时分散性表现良好，颗粒粒径相对均一。以乙醇、二甲苯和水混合溶剂为反应介质，如图 3-39（c）所示，制取的 CaF_2 颗粒有着相对较好的分散效果，颗粒粒径分布较为均匀，这主要是由于在此混合溶剂体系下，纳米颗粒有着较高的过饱和度，而介电常数、溶解度的不同引起的颗粒形核时的动力学和热力学状态的改变，在此条件下 CaF_2 的制备过程更趋向于均匀成核。总的来说，纳米颗粒的粒径受到的影响是多因素共同造成的结果，在实验和分析过程中，无论是多组分液相介质的选择，或是初始浓度的设计等条件发生改变，都可能造成纳米颗粒的制备过程中的热力学和动力学等状态的改变，影响纳米颗粒在不同介质中的生成、团聚或者长大。

如图 3-40 所示，（a）、（b）两个条件下所制备的粉体材料的特征峰均属于 CaF_2，没有产生杂质相，分析其特征峰表明，制备的 CaF_2 的结构为立方钙钛矿，晶体结晶度较好。（a）图和（b）图比较表明，在复合溶剂中制备的

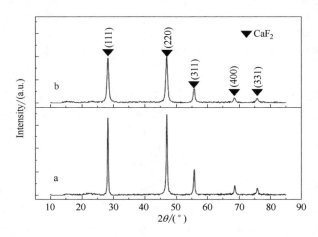

图 3-40　两个条件下制备的纳米颗粒 XRD 图
（a）纯水溶剂制备的 CaF_2 沉淀的 XRD 图；
（b）醇、苯、水混合溶剂中制备的 CaF_2 沉淀的 XRD 图

CaF₂ 的衍射峰呈现明显的宽化。根据 Scherrer 公式计算 CaF₂ 颗粒粒径：

$$d = \frac{k\lambda}{\beta \cos\theta} \tag{3-32}$$

式中，k 取值为 0.89；d 为晶粒粒径；β 为半宽高，取 (111) 晶面计算；λ 是 X 射线波长。

由公式可知，晶粒大小和半高宽之间存在反比的关系，经计算，在复相溶剂中制取的纳米颗粒平均粒径与图 3-39 透射电镜观察结果基本一致。

3.4.1.3　纳米 CaF₂ 颗粒的分散

（1）液相环境对纳米颗粒分散的影响

纳米颗粒的分散性直接关乎着纳米颗粒的应用效果，在液相环境中，纳米颗粒容易发生团聚和生长，研究表明胶体中纳米颗粒的团聚所需要克服的能量势垒可由 DLVO 理论来进行计算：

$$V_b = -\frac{Aka}{12} + 2\pi\varepsilon_0\varepsilon_r a\psi^2 \tag{3-33}$$

$$k = \left(\frac{2e^2 Z^2 N_0}{\varepsilon_0\varepsilon_r k_b T}\right)^{\frac{1}{2}} \tag{3-34}$$

式中，k 为 Debye-Hückle 常数表达式；k_b 为 Boltzmann 常数；ε_0 为真空中的介电常数；ε_r 为液体的介电常数；Z 为粒子电荷；e 为基本电荷；N_0 为浓度；ψ 为液体的表面张力；A 为 Hamaker 常数；a 为粒径。

由式 (3-33) 可以看出，在胶体形成后，也就是本实验制备出纳米颗粒，那么将主要由 Hamaker 常数以及液相环境也就是介质的物理化学特性来最终决定颗粒的团聚势垒。经公式推算，在混合溶剂中颗粒的团聚将有着更高的能量势垒，因此而取得相对较好的分散效果。在前文实验中也证实了，在制备纳米颗粒的过程中，颗粒分散性明显地受到了分散介质的影响，混合溶剂的介电常数以及表面张力的不同，影响着纳米颗粒最终的分散效果。

（2）分散剂对纳米颗粒分散的影响

纳米颗粒在液相环境中由于其本身比表面积大，表面能高，容易发生团聚。纳米颗粒的团聚又分为软团聚和硬团聚两种，需要采取适当的工艺处理，诸如超声、分散剂对纳米粉体处理等。如在纳米复合陶瓷的制备过程中采用聚乙二醇对 Al₂O₃ 和 Ti(C，N) 材料进行分散。本研究过程中常采用有机分散剂对纳米颗粒进行分散。

在纳米 CaF₂ 颗粒的制备过程中，PVP 作为一种高分子化合物，对 pH 不敏感，本文采用 PVP 作为分散剂进行分散性试验。试验选取的实验方案和实验过程同上述制备纳米 CaF₂ 颗粒的过程相一致，为便于结果观察，分析纳米颗粒在混合溶剂中的分散效果，因此将反应物浓度提高 1.5 倍。通过在液相介质中预先加入不同浓度的 PVP，取制备出的纳米颗粒放置于透射电镜下进行观察。

由图 3-41 可以看出，在没有添加分散剂时，纳米颗粒的团聚严重，无论是从透射电镜［图 3-41（a）］还是扫描电镜观察［图 3-41（b）］，纳米 CaF₂ 出现严重的团聚，而随着 PVP 的添加，在图 3-41（c）、（d）中，分别从透射电镜观察和扫描电镜来看，纳米颗粒的分散有着明显的改进，当 PVP

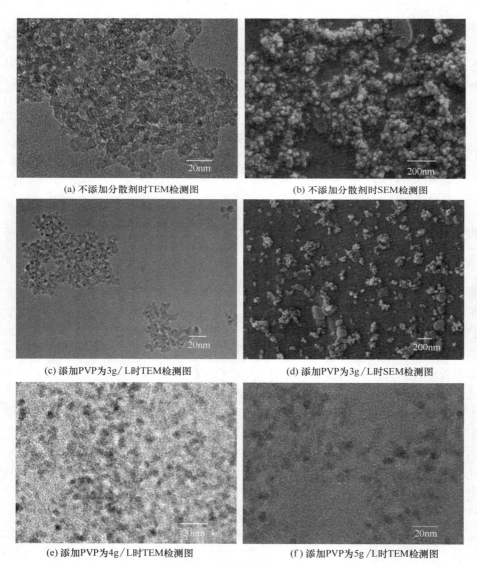

(a) 不添加分散剂时TEM检测图 　　　　　　(b) 不添加分散剂时SEM检测图

(c) 添加PVP为3g／L时TEM检测图 　　　　(d) 添加PVP为3g／L时SEM检测图

(e) 添加PVP为4g／L时TEM检测图 　　　　(f) 添加PVP为5g／L时TEM检测图

图 3-41　在溶液中添加不同浓度的 PVP 制备出的纳米 CaF₂ 颗粒

含量达到 5g/L 时，纳米颗粒的分散效果较好，虽然有少量颗粒出现连接，但整体分散效果良好，实验表明在超声作用和有机分散剂复合作用下，当 PVP含量达到 5g/L 时，实验制备的纳米 CaF₂ 颗粒达到了预期的分散效果。但随着有机分散剂浓度的进一步增加，颗粒分散效果反而有所下降，这可能是由于过多的有机分散剂造成溶液黏度等其他因素的变化，或者过量有机分散剂彼此之间产生的相互作用导致分散效果略有下降。

3.4.2　CaF₂@Al(OH)₃ 纳米核壳包覆微粒的制备

3.4.2.1　实验原料

本实验所采用的原料见表 3-5。

表 3-5　　　　　　　　　　　　　　　实验原料

名称	规格	生产厂商	备注
九水硝酸铝	纯度 99%	上海精细化工有限公司	$Al(NO_3)_3 \cdot 9H_2O$
氨水	分析纯	天津化学试剂厂	$Ca(NO_3)_2$
CaF₂	自制	自制	CaF_2

本实验采用 $Al(NO_3)_3 \cdot 9H_2O$ 为实验原材料制备 $Al(OH)_3$。利用 $Al(NO_3)_3$ 在溶液中水解生成 Al^{3+}，再通过在溶液中滴加氨水，控制 OH^- 生成量来完成中和反应，最终在溶液中反应生成 $Al(OH)_3$，生成的 $Al(OH)_3$ 以纳米 CaF₂ 为基底非均匀形核，获得包覆型纳米固体润滑剂。

3.4.2.2　包覆粉体 CaF₂@Al(OH)₃ 制备工艺

采用前 3.4.1 节所制备的纳米 CaF₂ 颗粒，对其表面进行包覆处理，具体的制备工艺流程如下。

（1）以醇、苯、水体积比 6∶2∶1 为溶剂材料加入适量 PVP，配制成为含 PVP 0.5mol/L 的溶液。

（2）以此为溶剂，加入前述制备的纳米 CaF₂ 配制出 CaF₂ 浓度为 0.1mol/L的悬浮液，超声 40min，同时配制一定浓度的硝酸铝溶液，配制稀氨水（酒精和氨水体积比为 5∶1）。

（3）将 CaF₂ 悬浮液在 DF-101S 集热式恒温加热磁力搅拌器中搅拌，将硝酸铝溶液缓慢倒入 CaF₂ 悬浮液中，经过 20min 持续搅拌混合均匀。

（4）以一定速度滴加稀释后的氨水，调定悬浮液 pH，使反应产物 $Al(OH)_3$ 在纳米 CaF₂ 表面非均匀形核形成包覆层，反应化学方程式如下：

$$Al^{3+} + 3NH_3H_2O = Al(OH)_3 \downarrow + 3NH_4^+ \tag{3-35}$$

将所制备的 CaF₂@Al(OH)₃ 经过离心、清洗、烧结后可获得包覆型纳米颗粒 CaF₂@Al₂O₃。

取实验产物，利用透射电镜和扫描电子显微镜观察所制备的 Al（OH）₃ 包覆 CaF₂ 颗粒的形貌和分散情况，利用 X 射线衍射仪测试所制备的包覆型纳米粉体脱水后的物相组成。

采用非均匀形核法实现 Al（OH）₃ 包覆 CaF₂ 复合纳米颗粒的制备，其制备流程图见图 3-42，实验制备出的复合纳米颗粒将作为纳米固体润滑剂，是后续制备纳米复合自润滑陶瓷刀具的原材料。

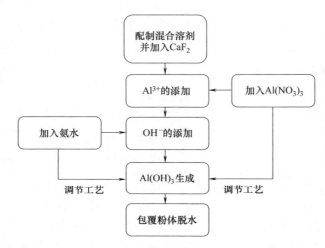

图 3-42　纳米颗粒的包覆层制备流程示意图

3.4.2.3　包覆产物 SEM、XRD 检测与分析

采取工艺条件（铝离子浓度为 0.04mol/L，pH 调节至 7.0，温度为 20℃，硝酸铝溶液的滴定速度为 2mL/min）制备 Al（OH）₃ 包覆 CaF₂ 纳米复合微粒。

取反应后的母液在温度为 80℃ 真空干燥，所得产物经 SEM 观察，如图 3-43 所示，可以发现颗粒有着较好的分散效果。同时经 XRD 测试，结果如图 3-43 （b）中的 b 图，观察其特征峰，分析其物相组成为 CaF₂ 晶体和 NH₄NO₃ 晶体，结晶度良好，无杂质峰出现，从该 XRD 监测结果来看，并无 Al（OH）₃ 的特征峰出现，说明 Al（OH）₃ 在此工艺条件下处于非晶态。

将其置于马弗炉中加热到 850℃，保温两小时。在加热过程中 NH₄NO₃ 会充分分解，Al（OH）₃ 在加热过程中分解如下：

$$Al（OH）_3 \xrightarrow{200\sim300℃} \alpha\text{-}AlOOH + H_2O \tag{3-36}$$

$$2\alpha\text{-}AlOOH + H_2O \xrightarrow{200\sim300℃} Al_2O_3 + H_2O \tag{3-37}$$

取反应产物经 XRD 检测结果如图 3-43 所示，其特征峰属于 Al₂O₃ 和 CaF₂，表明 Al（OH）₃ 在脱水后完全形成 Al₂O₃，最终可制备出 Al₂O₃ 包覆 CaF₂

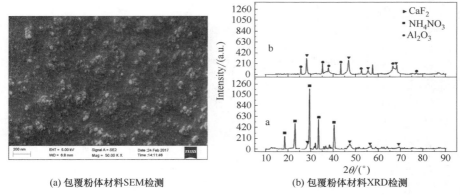

(a) 包覆粉体材料SEM检测　　　　　(b) 包覆粉体材料XRD检测

图 3-43　CaF₂@ Al(OH)₃ 的 SEM 和 XRD 图片

复合粉体。

3.4.3　工艺参数对 CaF₂@Al₂O₃ 纳米核壳包覆微粒的影响

3.4.3.1　包覆层物质 Al(OH)₃ 的生长

为了实现 Al(OH)₃ 对纳米 CaF₂ 颗粒的完整包覆，首先以混合溶剂作为液相介质，通过氨水来调节 pH，来研究不同 pH 条件下对 Al(OH)₃ 生成的影响。

在室温条件下配制出与上文相一致的混合溶剂，在其中溶解定量的硝酸铝，并加入 PVP，使其完全溶解，后保持超声和搅拌，通过滴加稀释后的氨水（氨水采用乙醇稀释，其中乙醇和氨水的体积比为 3∶1）来调节 pH，控制反应温度为 25℃，重复实验。

选取 pH 分别为 6、7、8 和 12 时，取反应产物，经过离心、清洗、室温真空干燥后，进行检测并做 XRD 分析。

Al(OH)₃ 除了包括非晶态的 Al(OH)₃ 之外，其结晶态的晶体结构不仅包括水铝石 γ-Al(OH)₃、拜耳石 α1-Al(OH)₃，还包括诺铝石 α2-Al(OH)₃ 等，如图 3-44 所示（a，b，c，d 的 pH 依次为 12，8，7，6），经过检测，在 pH 为 6 时，可以看到有硝酸铵的存在，这主要是由于没有清洗原材料的原因，同时也说明了实验过程中除了 Al(OH)₃ 和 NH₄NO₃ 之外无其他杂质相的生成。可判断出在 pH 较低时，Al(OH)₃ 没有典型的特征峰，在 pH 高于 8 时，逐渐有其特征峰出现，当溶剂的 pH 为 12 时，特征峰明显，表明在此时 Al(OH)₃ 处于晶态。

图 3-45 为 pH8.5 时制备出的 Al(OH)₃ 的 TEM 图片，经过观察可以发现，颗粒粒径超过 50nm，而且呈现出了典型的片状特征，从分散角度看，制备样品的分散性良好，因此在进行化学法制备 Al(OH)₃ 包覆 CaF₂ 的实验过程中需

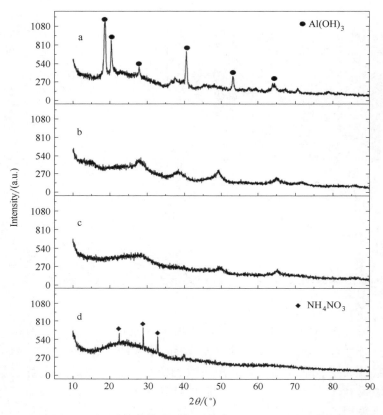

图 3-44 不同 pH 条件下的 Al(OH)$_3$ 的 XRD 检测图

控制实验 pH, 使其低于该值, 才能获得小粒径的包覆型纳米粉体材料。总而言之, 控制 pH 使其在合理范围内, 才能获得单颗粒包覆的复合纳米材料。

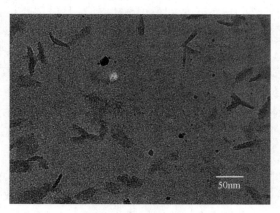

图 3-45 制备出的 Al(OH)$_3$ 的 TEM 图片

3.4.3.2　不同工艺对 CaF₂@Al(OH)₃ 纳米微粒形态影响及分析

（1）Al³⁺浓度对 CaF₂@Al(OH)₃ 纳米复合微粒制备的影响

实验条件选择 Al³⁺浓度分别为 0.1mol/L，0.3mol/L，0.5mol/L，pH 调节至7.0，温度恒定为 20℃，Al(NO₃)₃ 溶液的滴定速度为 2mL/min，进行 CaF₂@Al(OH)₃ 纳米复合微粒制备。如图 3-46（a）所示，当 Al³⁺浓度为 0.1mol/L 时，存在大量 CaF₂ 颗粒周围并无非晶态 Al(OH)₃ 的包覆层。当 Al³⁺浓度为0.3mol/L 时，如图 3-46（b）所示，可以明显看到 CaF₂ 颗粒表面包覆有一层非晶态的 Al(OH)₃，其厚度较为均匀，观察晶格条纹，纳米 CaF₂ 颗粒粒径适中，包覆层物质的厚度较好。此时包覆层厚度均匀，包覆效果较好。

而当 Al³⁺浓度为 0.5mol/L 时，如图 3-46（c）所示，在纳米 CaF₂ 颗粒之间有大量非晶物质，离子浓度高，生成物过饱和度大，非晶态 Al(OH)₃ 过量生长，导致大量被包覆的 CaF₂ 颗粒团聚为一个整体。

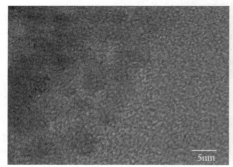
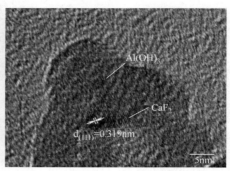

（a）Al³⁺浓度为 0.1mol/L　　　　　　（b）Al³⁺浓度为 0.3mol/L

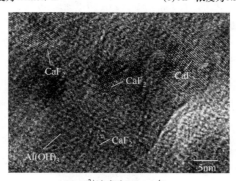

（c）Al³⁺浓度为 0.5mol/L

图 3-46　不同 Al³⁺浓度制备 CaF₂@Al(OH)₃ 的 HRTEM 图片

（2）滴定速度对 CaF₂@Al(OH)₃ 纳米复合微粒制备的影响

实验条件选择 Al(NO₃)₃ 溶液的滴定速度为 2mL/min（图 3-46）和 4mL/min

（图 3-47），pH 调节至 7.0，温度为 20℃ 进行复合粉体的制备，图 3-47 为 CaF$_2$@ Al（OH）$_3$ 包覆纳米复合微粒 TEM 图片。可以发现，在部分纳米 CaF$_2$ 周围有一层超细絮状物包覆，但由于滴加速度过快，反应剧烈，导致局部饱和度过高，非晶 Al（OH）$_3$ 生长过快，跨越了非均匀形核势垒，致使包覆不均匀，部分颗粒实现了完全包覆，部分颗粒的表面没有实现完全包覆，并出现了 Al（OH）$_3$ 的不均匀生长。整体来讲对颗粒的包覆效果差，部分纳米颗粒未能实现 Al（OH）$_3$ 包覆。

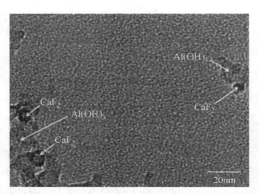

图 3-47　滴定速度为 4mL/min 制备的 CaF$_2$@ Al（OH）$_3$ 的 TEM 图片

（3）pH 对 CaF$_2$@ Al（OH）$_3$ 纳米复合微粒制备的影响

溶液 pH 对 Al（OH）$_3$ 的形态结构有着重要的影响，本书主要研究 Al（OH）$_3$ 对纳米 CaF$_2$ 的包覆，在一定 pH 区间以非晶态形式存在，如前文所述，倘若 pH 过高，Al（OH）$_3$ 将逐渐由非晶态转换为晶态，即勃姆石（γ-AlOOH）甚至拜耳石 [α-Al（OH）$_3$]。此时晶粒经过充分结晶和生长，已经不适用于对此纳米颗粒的表面包覆。因此本书采用较低 pH 时，控制纳米非晶态 Al（OH）$_3$ 的非均匀形核生长，在纳米颗粒的表面实现较好的包覆效果。如图 3-48（a）所示，在 pH 为 6.5 的时候，部分纳米颗粒的表面没有明显的非晶态 Al（OH）$_3$ 包覆，而在 pH 为 7.5 和 8 的时候，分别如图 3-48（b）和图 3-48（c）所示，可以看到，纳米 CaF$_2$ 颗粒的周围明显存在一层非晶态 Al（OH）$_3$，但当 pH 增大，包覆层厚度加大，部分颗粒的包覆层之间出现连接，导致包覆颗粒的分散效果较差。当 pH 达到 8 时，如图 3-48（c）所示，聚集的纳米颗粒与周围物质出现结合、团聚。这主要是由于随着溶液 pH 的提高，数量不断增加的 OH$^-$ 与 Al^{3+} 结合，大量 Al（OH）$_3$ 非均匀形核生长甚至发生均匀形核，同时可以明显看到在此时部分纳米颗粒甚至出现了聚集。

如图 3-48（d）所示，进一步增加液相环境中的 Al^{3+} 浓度，当 CaF$_2$ 的浓度为 0.2mol/L 和 0.3mol/L，Al^{3+} 浓度为 0.8mol/L 时，滴定速度为 4mL/min，

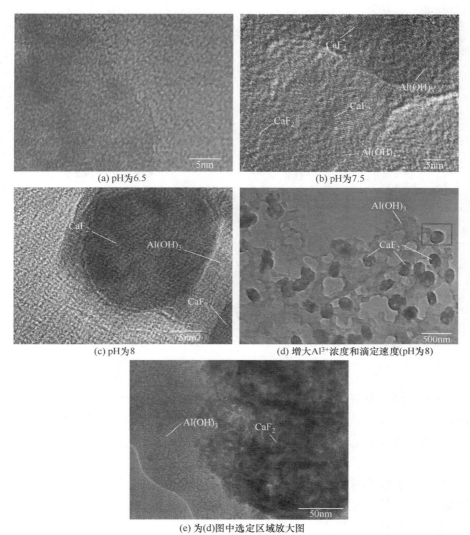

(a) pH 为 6.5

(b) pH 为 7.5

(c) pH 为 8

(d) 增大 Al^{3+} 浓度和滴定速度(pH 为 8)

(e) 为 (d) 图中选定区域放大图

图 3-48　不同 pH 时制备 CaF$_2$@Al(OH)$_3$ 的 TEM 图片

经过透射电镜的观察可以发现，包覆层内部的纳米粒子呈现出一定的聚集现象。当 CaF$_2$ 的浓度大，溶液中 Al^{3+} 的含量较高，观察发现聚集生长的 CaF$_2$ 颗粒尺寸最大能够达到 100nm，此时纳米颗粒具有相对较好的分散效果，如图 3-48（e）所示。

3.4.4　纳米 CaF$_2$@Al$_2$O$_3$ 核壳包覆微粒的包覆机理分析

纳米颗粒的生长机制一直是人们研究的热点。一般认为，纳米颗粒的生长由奥斯特瓦尔德熟化机制 Ostwald-ripening（OR）和取向附生晶机 Oriented-attachment（OA）共同控制，如图 3-49 所示，同时对于 Aggregative Growth 理论，该理论指出纳米颗粒之间可以通过直接融合的方式形成大粒子。Aggregative Growth 理论生长机制可见示意图 3-49 的 a₂。

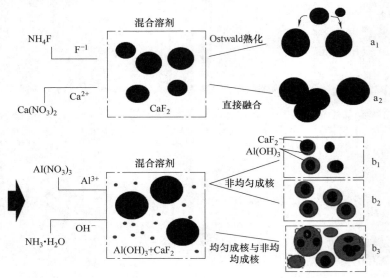

图 3-49　纳米的颗粒成核和生长及其表面包覆改性的理论示意图

而对于纳米颗粒表面的包覆改性研究表明，非晶态 Al(OH)₃ 对纳米 CaF₂ 的表面包覆主要是靠 Al(NO₃)₃ 与 OH⁻ 反应生成的 Al(OH)₃ 通过非均匀形核生长的方式在纳米 CaF₂ 的表面生长。根据 Van't Hoff 方程：

$$\Delta G = -RT\ln k + RT\ln Q \qquad (3-38)$$

式中，k 为平衡常数，即平衡状态时反应物与产物活度比；Q 为未平衡时产物与反应物的活度比。

成核自发进行，自由能 ΔG 应为负值，对于 Al(OH)₃ 在混合溶剂中的成核过程中：

$$k = \alpha_e^{-1}, \ Q = \alpha^{-1} \qquad (3-39)$$

式中，α 为 Al(OH)₃ 的浓度。

进一步考虑，忽略活度和浓度的差异，则有

$$\Delta G = RT\ln(C_e/C) \qquad (3-40)$$

式中，ΔC（即为 $C-C_e$）为过饱和度，即为纳米 Al(OH)₃ 成核过程的推动力。

在混合溶剂作为制备纳米 Al(OH)₃ 的反应溶剂中，Al(OH)₃ 有着较高的过饱和度，通过控制实验条件（如滴定速度，Al³⁺ 的浓度，以及溶液的 pH 等条件），进而控制作为 Al（OH）₃ 成核生长推动力的过饱和度 ΔC，使非晶 Al（OH）₃ 的生长处于非均匀成核而不是均匀成核状态来实现对纳米颗粒的完全包覆。

同时也应看到，在通过非均匀形核法实现 Al（OH）₃ 包覆 CaF₂ 颗粒的制备过程中，控制成核势垒处于均匀形核和非均匀形核之间，才能实现单颗粒包覆，其理论计算可见 3.3.2 节式（3-25）。

通过控制试验过程中硝酸铝溶液的滴定速度和 pH 等实验条件，可以最终决定制备过程中 Al（OH）₃ 的生成速率。如图 3-49 所示，当溶液环境中的 Al³⁺ 浓度和 pH 过低，虽然在此时发生的成核过程属于非均匀成核，颗粒表面却不能形成完整的包覆层 ［图 3-49 中 b₁，前文实验结果中图 3-46（a）和图 3-47］。进一步考虑，当液相环境中 Al³⁺ 和 pH 过高时，溶液中会发生大量的均匀形核，进而生成大量 Al（OH）₃，这将会导致不同的纳米 CaF₂ 颗粒包覆层之间发生接触、融合（图 3-49 中的 b₃），甚至导致相成核生成大量的 Al（OH）₃。同时，实验研究表明，当氨水滴定速度太快，溶液中 Al³⁺ 和 CaF₂ 的浓度都较高时，包覆层内部的 CaF₂ 纳米颗粒会出现聚集生长（图 3-49 中 b₃）。如前文所述，CaF₂ 的颗粒尺寸甚至可以达到几百纳米 ［图 3-48（d）］。

3.5　CaF₂@Ni-B 核壳包覆微粒的制备及表征

3.5.1　CaF₂@Ni-B 核壳包覆微粒的制备

3.5.1.1　实验原料

实验过程中所用实验原料有 CaF₂，平均粒径为 3～5μm，为科密欧试剂，天津科密欧试剂公司生产，分析纯；五水硫酸镍，无水乙二胺，硼氢化钠，氢氧化钠，氯化亚锡，蒸馏水，盐酸及氯化钯，均为三鑫集团制造公司提供，分析纯。

实验主要器具有离心机（TD4 台式离心机）、电子天平（0.0001G）、真空干燥箱（DZF-6050）、超声波清洗机（KQ3200B）。

实验采用扫描电子显微镜（SEM，Quanta 200）对复合粉体的微观形貌进行分析，并使用能谱仪（EDS）对粉体的表面化学成分进行表征与分析。

3.5.1.2　工艺分析及预处理

（1）包覆工艺分析

粉体化学镀合金 Ni-B 与块体化学镀金属的原理一样，两者都是将粉体与块体置于镀液中进行化学镀，而且所发生的化学反应均为氧化还原反应，两者的区别在于在对粉体化学镀前，要对粉体进行敏化、活化处理。Pd 元素吸附在 CaF₂ 颗粒表面，成为活化点，这种完整的催化壳为 Ni 颗粒沉积到粉体表面而形成 Ni-B 壳提供了条件，以下为反应式：

$$Pd^{2+}+Sn^{2+}\rightarrow Pd+Sn^{4+} \qquad (3-41)$$

超声波化学镀合金 Ni-B 过程中，硼氢化钠可有效地将 Ni 离子还原，使 Ni 沉积到粉体的表面。硼氢化钠也发生自分解反应使硼原子与镍一起沉积成催化壳。在超声波化学镀中，主要化学反应式如下所示：

$$BH_4^-+2Ni^{2+}+4H_2O\rightarrow 2Ni+B(OH)_4^-+2H_2+4H^+ \qquad (3-42)$$

$$BH_4^-+H^+\rightarrow BH_3+H_2\rightarrow B+5/2H_2 \qquad (3-43)$$

总反应式为：

$$2Ni^{2+}+4H_2O+2BH_4^-\rightarrow 2Ni+B+B(OH)_4^-+3H^++9/2H_2 \qquad (3-44)$$

其超声波化学镀镍硼的反应流程如下所示：

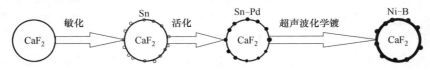

图 3-50　超声波化学镀 Ni-B 流程图

（2）CaF$_2$ 预处理

粉体的粗化：粉体粗化的主要目的在于将粉体表面腐蚀成凹坑，凹坑的形成有助于 Pd 原子的吸附，使 CaF$_2$ 的活化性能更好，现配制粗化液如表 3-6 所示。

表 3-6　　　　　　　　　　　粗化液配制参数

名称	配制参数	名称	配制参数
蒸馏水	100mL	NaOH	100g/L
CaF$_2$	20g	温度	室温
放置时间	48h		

取 20g CaF$_2$ 并置于含有 10g NaOH 的 100mL 溶液中，利用玻璃棒进行搅拌，搅拌需要在超声波的条件下进行，超声波加入，更好地使 CaF$_2$ 分散，超声半个小时后，结束搅拌与超声，将其静置；待 CaF$_2$ 完全沉淀后，将上层溶液倒去，继续补进蒸馏水，直到溶液的 pH 为 7 为止。过滤其上层溶液，然后进行真空干燥处理。图 3-51 为粗化后的 CaF$_2$ 粉体高倍与低倍图，高倍下粗化后的 CaF$_2$ 粉体表面有裂纹，裂纹的出现可以很好地吸附活化过程中的 Pd 原子，并为超声波化学镀 Ni-B 提供了先决条件。

CaF$_2$ 的敏化：现配制敏化液如表 3-7 所示。CaF$_2$ 的敏化目的是吸附 Sn^{2+} 离子，Sn^{2+} 离子的吸附可将活化液中的 Pd$^+$ 离子还原，使 Pd 原子吸附在 CaF$_2$ 表面，敏化液中的 SnCl$_2$ 的浓度不宜过大，过量的 SnCl$_2$ 使粉体表面吸附过多

图 3-51　粗化后的 CaF_2 表面高倍与低倍 SEM 形貌图

的 Sn^{2+} 离子，造成 Pd 的浪费，同时也使 $SnCl_2$ 过度浪费。

表 3-7　　　　　　　　　　　　敏化液配制参数

名称	配制参数	名称	配制参数
浓盐酸	20ml/L	搅拌时间	15min
温度	室温	$SnCl_2 \cdot H_2O$	12.5g/L

室温下配制含有 $SnCl_2$ 浓度 12.5g/L 的敏化液 200mL，其中浓盐酸 20ml/L。将粗化后的 CaF_2 粉体加入敏化液中，并超声搅拌 10min，然后将其倒入离心管中，并在离心机中进行离心，离心后，将离心管中的上层溶液去除，然后补进蒸馏水，继续离心，离心转数约为 2000r/min，连续离心约 10 次后，将敏化的 CaF_2 进行封存处理，等待下次进行活化。

CaF_2 的活化：粉体的化学镀中，将粉体活化后进行超声波化学镀。由于粉体表面缺少活性金属，将 Pd 离子还原成 Pd 原子以使其包覆在粉体表面完成活化，配制活化液如表 3-8 所示。

表 3-8　　　　　　　　　　　　活化液配制参数

名称	配制参数	名称	配制参数
$PdCl_2$	0.5g/L	温度	室温
浓盐酸	10mL/L	搅拌时间	10min
蒸馏水	200mL		

室温下将封装后已敏化的 CaF_2 置于烧杯中，搅拌均匀，用量筒量取 2mL 浓盐酸并将其倒入烧杯中，加入少量蒸馏水并搅拌均匀。然后取 0.01g 氯化钯加入烧杯中搅拌均匀，继续加入蒸馏水至溶液的体积为 150mL，取敏化的 50mL CaF_2 悬浊液。然后将其加入烧杯中，并放置在超声波清洗机中进行超声搅拌，搅拌约十分钟后，待粉体完全变为棕黄色后停止搅拌，并将其倒入离心

管中进行离心。每离心一次后将上层溶液倒出，并补进蒸馏水继续离心，离心约 8 次后，将其置于干燥箱中进行真空干燥处理，干燥箱的温度不宜太高，以防止粉体结块，一般干燥温度约为 45℃，真空干燥时间 36h。

图 3-52 为活化后 CaF$_2$ 粉体的高倍与低倍 SEM 图。由图发现，低倍下，CaF$_2$ 颗粒表面被 Pd 覆盖，包覆较为紧密、工整。图 3-53 为对活化后 CaF$_2$ 颗粒表面进行 EDS 能谱区域检测，通过检测发现，区域内均含有 Ca，F，Sn 及 Pd 四种元素（图 3-54），说明 CaF$_2$ 颗粒表面覆盖有 Sn 与 Pd 两种元素。其中 Pd 元素在图谱中显示较少，而 Ca 与 F 元素则含量相对较多。这与在活化中活化液中的 Pd 元素含量过少有关。同时在对此进行能谱分析的过程中，Sn-Pd 壳过薄，使大量的 Ca 与 F 两种元素显示在图中，Ca 与 F 两种元素显示较为密集。

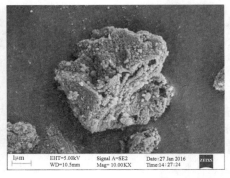

图 3-52　活化后的 CaF$_2$ 表面高倍与低倍 SEM 图

3.5.1.3　超声波化学镀 Ni-B 包覆 CaF$_2$ 粉体流程

实验对所需的硫酸镍溶液、乙二胺溶液，以及氢氧化钠溶液进行制备并将这些溶液放置于预定温度中；然后实验将硫酸镍溶液倒入乙二胺中，并对其进行均匀搅拌，得到的溶液记为 A 液；随后取一定量的硼氢化钠粉末并将其加入氢氧化钠溶液中，慢速搅拌，得到的溶液记为 B 液；实验将 B 液缓慢倒入 A 液，并加入微量的稳定剂，慢速搅拌均

图 3-53　活化后 CaF$_2$ 表面
EDS 能谱面扫描区域检测

匀，得到的镍硼化学镀液置于恒定的温度中。实验取定量的活化后的 CaF$_2$ 粉体并用蒸馏水搅拌成悬浊液，调节好镀液的温度至稳定值，将镀液置于超声波

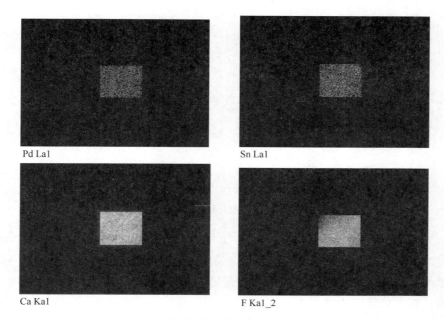

图 3-54　EDS 能谱区域中各个元素的含量图

的环境中，并将已活化后的 CaF₂ 粉体的悬浊液加入镀液中，计时施镀。施镀过程中不断用玻璃棒对镀液进行搅拌，直到镀液不再出现气泡，停止施镀，干燥处理称重与记录反应时间。

3.5.2　工艺参数对超 CaF₂@Ni-B 核壳包覆微粒的影响

3.5.2.1　镀液中主盐浓度对超声波化学镀的影响

实验对不同浓度的硫酸镍溶液分别进行配制并进行超声波化学镀合金 Ni-B，沉积速率情况如图 3-55 所示。在其他条件不变的情况下，硫酸镍溶液的浓度越低，则沉积速率越慢，提高硫酸镍的浓度则相应地提高沉积速率，而且反应的现象剧烈，粉体表面有大量的气泡冒出。若硫酸镍的浓度过低，当硫酸镍的浓度在 5g/L 时，反应速率过小，Ni 离子与乙二胺络合过为紧密，使其在反应中难以离解出 Ni 离子而降低沉积速率，Ni 离子的浓度过小造成粉体的表面镀覆不完全。当硫酸镍的浓度为 15g/L 时，则反应速率达到最大值，但是硫酸镍的浓度过大易使镀液发生分解，当硫酸镍的浓度超过 20g/L 时，镀液出现离解趋势，粉体间出现杂质。在节约原材料及避免产生杂质的基础上，实验将硫酸镍的浓度设定为 18g/L。

3.5.2.2　硼氢化钠含量对增重率的影响

硼氢化钠含量的多少影响粉体的增重率，增重率的大小变化如图 3-56 所

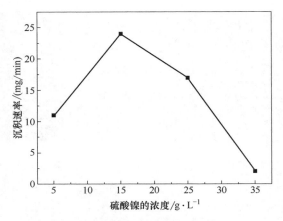

图 3-55　硫酸镍的浓度与沉积速率之间的关系

示。当硼氢化钠的含量为 0.5g/L 时，反应现象不是很明显，增重率仅为 5%，增重率过低，少量的硼氢化钠无法使充足的 Ni 离子被还原，并造成硫酸镍的浪费；硼氢化钠的浓度为 1.5g/L 时，反应平稳，气体均匀排出；硼氢化钠的浓度为 2g/L 时，反应变得愈发剧烈，粉体的表面出现大量气泡，但镀液变得不再稳定。过大的硼氢化钠浓度，在 Ni 离子被还原的同时，部分 BH_4^- 会发生水解反应，造成硼氢化钠的浪费，并且同时影响包覆的效果。综上可得，实验宜将硼氢化钠的浓度定为 1.3g/L。

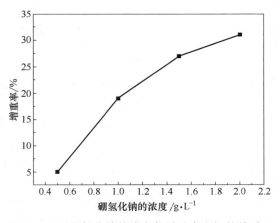

图 3-56　硼氢化钠的浓度与增重率之间的关系

3.5.2.3　络合剂乙二胺的影响

络合剂乙二胺能有效地与溶液中 Ni 离子进行络合，产生络合物离子 $[Ni(H_2NCH_2CH_2NH_2)_3]^{2+}$，并阻止 Ni 离子与 OH^- 离子发生反应生成 $Ni(OH)_2$

而产生沉淀。乙二胺含量的多少对镀液的稳定性产生重要的影响。乙二胺的浓度为 20mL/L 时，镀液中多余的 Ni 离子无法被有效地络合，致使多余的 Ni 离子与溶液中的 OH^- 离子发生反应生成 $Ni(OH)_2$ 沉淀；当镀液中乙二胺的浓度为 100mL/L 时，乙二胺与 Ni 离子络合过度，高温下析出白色絮状物质，影响镀液的稳定性，同时降低沉积速率，大量杂质的产生使包覆效果变得不理想；乙二胺为 60mL/L 时，镀液稳定，无杂质生成，包覆效果良好且规则。实验将络合剂设定为 60mL/L。

3.5.2.4　施镀温度的影响

实验在其他条件不变的情况下，温度对沉积速率起着重要的作用，提高镀液温度可以增加离子的活性及扩散的速度，使硼氢化钠的氧化电位及主盐 Ni 离子的还原电位提高，使反应的自由能变化趋向负值方向，提升沉积速率，但温度过高会导致镀液的稳定性下降，严重会导致镀液的自发分解。图 3-57 为温度与反应速率之间的关系。实验中，当温度在 50℃ 时，反应极为缓慢，反应现象不明显；70℃ 时，反应稳定，并出现大量气泡；超过 80℃ 后，镀液变得不稳定，出现离解趋势。实验将温度设定在 65~75℃ 进行超声化学镀。

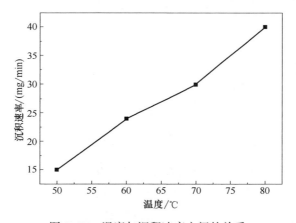

图 3-57　温度与沉积速率之间的关系

3.5.2.5　酸碱度值的影响

由于还原剂硼氢化钠只适合存在于碱性的环境中，在酸性与中性条件下会迅速自发分解，所以 pH 必须保持在 11 以上。溶液中 pH 为 12 时，镀层中 B 原子过多，镀液不稳定，不利于形成金属 Ni 层；提高镀液中的 pH，会促使反应向右进行，使粉体表面容易形成晶态的金属镀层；pH 大于 14 时，镀层产生杂质，杂质一般以 NiB_3，NiB_2 居多。由上可得，实验将 pH 调节为 14。

3.5.2.6　超声搅拌的影响

利用超声波法进行化学镀 Ni-B，可以极大地提高反应速率，降低反应温度。由于超声波可以在镀液中产生"超声空化"现象，导致大量活性自由基产生，增强了分子间的碰撞，其产生的氢气可以快速排出，使镀层变得紧致细密，为化学反应提供了有利的外部环境。在超声波化学镀过程中，搅拌可以使反应更加充分，使气体更均匀排出。搅拌速率为 15r/min 时，搅拌过于缓慢，造成部分粉体沉淀，使反应不均匀；当搅拌速率为 45r/min 时，粉体均匀悬浮在镀液中，氢气均匀排除；但当搅拌速率在 75r/min 及以上时，反应速率提升的同时，颗粒之间碰撞加剧，使原本的镀层又被碰掉，所以搅拌速度需要适宜，一般以 45r/min 为宜。

3.5.2.7　CaF₂ 粉末加入量对增重与稳定性的影响

实验分别将 0.2g, 0.5g 与 0.8gCaF₂ 粉末加入 100mL 的镀液中进行超声波化学镀，发现伴随着 CaF₂ 粉末加入量的增加，反应速率也相应地提升，当将 0.2gCaF₂ 粉末加入镀液中时，反应现象不明显，只有少量的气泡在粉体表面冒出，反应时间超过了 6min；将 0.5gCaF₂ 粉体加入镀液时，反应平稳，气泡均匀冒出，反应时间在 3min 左右；当将 0.8g 粉体加入镀液中时，反应快速进行，粉体表面有大量的气泡冒出，反应时间不到 1min 便结束，粉体的加入量过多，反应速率相应加快，但这会造成部分粉体出现漏包情况，不利于包覆的进行。

对镀后的粉末进行清洗，干燥称重发现，三类粉体都有微量的流失，但流失量在误差允许的范围内，不影响实验观测，实验显示 0.5g 的粉体增重量最高，0.2g 次之，0.8g 最少。根据增重量与稳定性对实验的影响得出，在 1L 的镀液中，实验将粉体的值设定为 5g 为宜。

3.5.3　CaF₂@Ni-B 核壳包覆微粒的微观形貌与镀层成分的影响

3.5.3.1　CaF₂@Ni-B 复合粉体的微观形貌影响

实验通过扫描电子显微镜对未包覆的 CaF₂ 表面进行微观扫描得出，[图 3-58（a）与图 3-58（b）]未包覆的 CaF₂ 呈现条状，颗粒的边缘出现明显尖棱，颗粒表面光滑，形状不规则。通过对包覆后的粉体适当研磨后得出，部分粉体表面的壳被剥离。图 3-59（a）显示颗粒表面被一层壳包裹，且颗粒外层的分布规整紧凑，并未出现明显的棱角，包覆效果好。由于在超声波化学镀的过程中，实验通过借助超声振荡的作用，极高的振动频率将 CaF₂ 表面生成的气泡及时地排出去，并使反应生成的物质 Ni-B 金属紧密地贴附在粉体的表面，形成壳状形态包覆在 CaF₂ 粉体表面。通过对大粒径的粉体表面观察发现［图 3-59（b）]，其中，表面与未包覆的表面相比，粗糙而且不是很平整，外壳紧密地贴在粉体的表面，形成核壳结构。此外，颗粒表面所吸附的一些细小颗粒是在对包覆后的粉体进行研磨处理中形成的。由于包覆后的粉体在干燥后容易结成块体，需要对其进行研磨，在研磨的过程中，部分粉体的外壳崩碎剥落而形成细小的颗粒，这些颗粒便附着在 CaF$_2$ 粉体的表面。

(a) 颗粒低倍形貌

图 3-58　超声波化学镀前的 CaF$_2$ 颗粒表面微观形貌

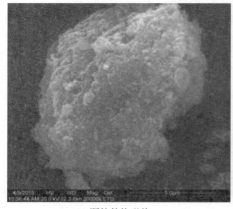

(a) 颗粒整体形貌

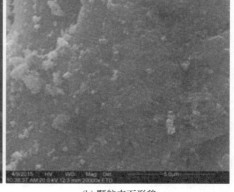

(b) 颗粒表面形貌

图 3-59　超声波化学镀后的 CaF$_2$ 颗粒表面微观形貌

3.5.3.2　超声波化学镀镀层成分测试

图 3-60 为对包覆后的 CaF$_2$ 复合粉体进行 EDS 面扫描能谱测试，方框内为颗粒表面能谱扫描测试区域。图 3-61 显示能谱中出现 Ni 与 B 的峰，说明包覆后的 CaF$_2$ 颗粒外壳主要由 Ni 与 B 两种元素组成。能谱分析发现在超声波化学镀过程中调节工艺参数使 Ni 元素占相对较大含量。能谱中除含 Ni 与 B 元素的峰以外，也含有 Ca 与 F 两种元素的峰。由于包覆后的 CaF$_2$ 外壳过薄，EDS 能谱射线能穿透镀层，使壳内大量 Ca 与 F 两种元素显现在图谱上，使 Ca

与 F 两种元素表现为强峰。

图 3-60　包覆后 CaF$_2$ 颗粒表面 EDS 面扫描区域

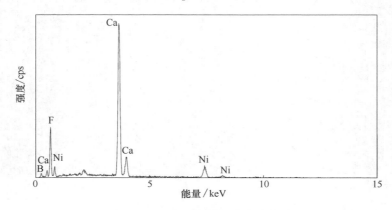

图 3-61　EDS 面扫描区域成分检测

3.6　CaF$_2$@SiO$_2$ 核壳包覆微粒的制备及表征

3.6.1　纳米 CaF$_2$ 的制备

3.6.1.1　实验原料

根据上述文献中对于纳米 CaF$_2$ 的制备和表面包覆改性的相关研究，及其作为固体润滑剂在自润滑陶瓷刀具领域的成功应用，本书选择以 CaF_2 为被包覆材料。本书通过沉淀法制备纳米 CaF_2 前驱体，并采用共沸蒸馏处理后获得纳米 CaF_2 颗粒。实验制备的纳米 CaF_2 颗粒所用原料如表 3-9 所示。

表 3-9　　　　　　　　　　　　　实验原料

名称	生产厂商	规格
氟化铵（NH_4F）	天津市科密欧化学试剂有限公司	分析纯
硝酸钙［$Ca(NO_3)_2$］	国药集团化学试剂有限公司	分析纯
聚乙二醇（PEG6000）	国药集团化学试剂有限公司	化学纯
正丁醇（$C_4H_{10}O$）	天津市富宇精细化工有限公司	分析纯
无水乙醇（CH_3CH_2OH）	国药集团化学试剂有限公司	分析纯
蒸馏水	自制	分析纯

3.6.1.2　制备工艺

① 称取一定量的 $Ca(NO_3)_2$ 和 NH_4F，分别置于两个烧杯中，然后溶解于等比例的水醇溶液中，配置 1mol/L 的 $Ca(NO_3)_2$ 溶液和 2.5mol/L 的 NH_4F 溶液。

② 另称取一定量的聚乙二醇，分别置于两个烧杯中，加入无水乙醇后超声分散 30~60min，制得等量含聚乙二醇的无水乙醇溶液。

③ 将分散后的含聚乙二醇的无水乙醇溶液分别加入配制好的 $Ca(NO_3)_2$ 溶液和 NH_4F 溶液中，超声分散并机械搅拌 20~30min，使其分散均匀，分别得到 $Ca(NO_3)_2$ 分散液和 NH_4F 分散液。

④ 将 $Ca(NO_3)_2$ 分散液通过分液漏斗缓慢加入 NH_4F 分散液中，过程中持续超声搅拌，反应 30~60min 后，静止陈化 2~3h。二者反应化学方程式如下：

$$Ca(NO_3)_2 + 2NH_4F \longrightarrow CaF_2\downarrow + 2NH_4NO_3 \tag{3-45}$$

⑤ 将反应产物在 4000r/min 条件下离心 30~60min，用蒸馏水清洗 3~5 次，得到纳米 CaF_2 前驱体。

⑥ 将制得的纳米 CaF_2 前驱体胶置于烧杯中，加入正丁醇和蒸馏水，超声搅拌 30min，再共沸蒸馏处理，干燥后得到具有片状结构的纳米 CaF_2。

3.6.1.3　粒径的控制机理

实验制备的纳米产物的形核和晶粒长大在液相环境中受多因素影响，具体关系可用 Ostwald-Freundlich 方程表示如 3.4.1 节式（3-28）所示。

临界晶核尺寸受平衡状态的溶度积和沉淀开始产生时的溶度积影响，也受过饱和度的影响。当过饱和度增大时，临界晶核半径会降低。过饱和度的提高可以通过增大 K_{sp} 的方式实现。表面张力也会对临界晶核半径产生影响，通过改变反应体系的液相环境，可以改变表面张力，达到改变临界晶核半径的目的。本书中通过调节 Ca(NO$_3$)$_2$ 和 NH$_4$F 的浓度来增大 K_{sp}，最终选择 Ca(NO$_3$)$_2$ 溶液的浓度为 1mol/L，NH$_4$F 溶液的浓度为 2.5mol/L。同时选择了水醇的液相环境制备晶核半径适中的纳米 CaF$_2$。

3.6.1.4 纳米颗粒的分散

对纳米颗粒而言，团聚现象是限制其广泛应用的关键因素之一。因此，实现纳米颗粒的均匀分散，对于纳米颗粒的制备有重要意义。相关研究结果表明，液相体系中制备的纳米颗粒的团聚所需要克服的能量势垒的计算公式见 3.4.1 节式（3-33）和式（3-34）。

从上述公式可以看出，反应体系中生成的纳米颗粒团聚所需要克服的能量势垒的影响因素有很多，其中 Hamaker 常数以及液相环境的物理化学特性起到决定性作用。选择不同的液相环境即反应体系的介质对纳米颗粒的团聚会产生较大的影响，许多学者采用了不用的液相环境来制备纳米 CaF$_2$，如水醇体系，水二甲苯体系等。本书选用水醇体系制备纳米 CaF$_2$ 来改善纳米颗粒的分散效果。

通过沉淀法合成的粉体中，团聚通常是通过沉淀的合成后处理来减少的，采用不同的脱水方法，通过共沉淀产生的粉末也会呈现不同的特性。目前常用的脱水方法中，共沸蒸馏法、乙醇洗涤和冷冻干燥法效果显著。粉体的制备过程中团聚一般分为软团聚和硬团聚，软团聚通过机械方法等就可以解决，但是有化学键作用产生的硬团聚难以分散。而制备纳米 CaF$_2$ 颗粒过程中，产生硬团聚的主要原因是制备的沉淀在干燥时，水分子的氢键与纳米 CaF$_2$ 颗粒的羟基作用，形成了 Ca-O-Ca 键，如下所示：

$$\text{Ca-OH+HO-Ca} \longrightarrow \text{Ca-O-Ca+H}_2\text{O} \tag{3-46}$$

采用共沸蒸馏法处理制备的纳米 CaF$_2$ 前驱体，其表面的水分与添加的正丁醇形成共沸物，实现了水分的脱离。同时纳米颗粒表面的羟基替换为丁氧基，可以有效降低颗粒的表面张力和表面能。丁氧基还可以起到空间位阻效应，能够阻止纳米颗粒的相互靠近。因此，通过共沸蒸馏干燥使得纳米颗粒达到比较好的分散效果。

另外，共沸蒸馏时选择合适的置换剂也十分重要，在制备纳米 CaF$_2$ 过程中硬团聚的产生主要是水的氢键作用导致的，置换剂需要能够与水形成共沸物，从而达到脱离水分的作用。能与水形成共沸混合物的有很多，如正丁醇、异丁醇、正戊醇等。置换剂还应符合一点，沸点高于水，这样在共沸过程中，水分优先于置换剂脱离出来。正丁醇的沸点高于水，且其具有表面张力小、毒性小等特点，是常用的置换剂，因此选择正丁醇为共沸蒸馏的置换剂。

图 3-62 是制备的纳米 CaF$_2$ 颗粒共沸前后的透射电镜（TEM）照片，其

中图 3-62（a）为未经过共沸蒸馏处理制备的纳米 CaF₂ 颗粒，可以看出共沸蒸馏处理之前的纳米 CaF₂ 颗粒形状不规则，且团聚现象比较严重。图 3-62（b）为共沸蒸馏处理后的纳米 CaF₂ 颗粒，从图中可以看出纳米 CaF₂ 的形貌和尺寸发生了很大的改变，相比于未共沸蒸馏前纳米 CaF₂ 颗粒的不定型的结构，共沸蒸馏处理后的纳米 CaF₂ 的形状转变为比较规则的片状结构。通过共沸蒸馏抑制了干燥过程中硬团聚的出现，阻止颗粒之间团聚，实现了优异的分散效果。通过沉淀法和共沸蒸馏处理，使得制备的纳米 CaF₂ 颗粒粒径均匀，分散效果优异，形状规则。

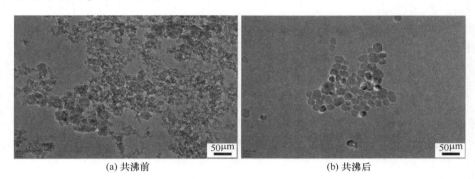

(a) 共沸前　　　　　　　　　　　　　(b) 共沸后

图 3-62　共沸前后纳米 CaF₂ 的 TEM 照片

3.6.2　CaF₂@SiO₂ 纳米核壳包覆微粒的制备

在纳米颗粒表面包覆改性方面，SiO₂ 因其化学稳定性好、无毒性以及制备方法简单等特点，使得 SiO₂ 成为常用的包覆材料。本书通过对 Stöber 法的改进来实现 SiO₂ 的包覆，利用 TEOS 的水解缩合反应在纳米 CaF₂ 颗粒的表面生成 SiO₂ 包覆层。

3.6.2.1　实验原料

CaF₂@SiO₂ 纳米包覆颗粒的制备过程简便，设备要求较低，是一种效率高、成本低的制备方法，表 3-10 中显示了制备过程中所用的原料。

表 3-10　　　　　　　　　　　　实验原料

名称	生产厂商	规格
氟化钙（CaF₂）	自制	—
无水乙醇（CH₃CH₂OH）	国药集团化学试剂有限公司	分析纯
聚乙二醇（PEG6000）	国药集团化学试剂有限公司	化学纯
TEOS	天津博迪化工有限公司	分析纯
正丁醇（C₄H₁₀O）	天津市富宇精细化工有限公司	分析纯

续表

名称	生产厂商	规格
氨水	西陇科学股份有限公司	分析纯
蒸馏水	自制	分析纯

3.6.2.2　制备工艺

① 称取制备的纳米 CaF$_2$ 粉体加入含分散剂的乙醇溶液中，超声分散 30～60min，使得制备的纳米 CaF$_2$ 粉体能较好地分散，然后将分散好的纳米 CaF$_2$ 悬浮液置于磁力搅拌器中水浴加热并快速搅拌，温度保持在 20～60℃。

② 向分散好的纳米 CaF$_2$ 悬浮液中添加适量蒸馏水，再加入适量氨水调节 pH 至 7.5～9.5。

③ 向上述混合悬浮液缓慢滴加正硅酸乙酯（TEOS），滴加完成后持续加热并快速搅拌 4h。

④ 将得到的悬浮液离心 10～30min，离心后用无水乙醇清洗，持续 3～5 次。

⑤ 将离心后的湿凝胶加入正丁醇和蒸馏水混合溶剂中，超声搅拌 30min 后，共沸蒸馏处理湿凝胶，将湿凝胶干燥后得到以纳米 CaF$_2$ 为核，SiO$_2$ 为壳的 CaF$_2$@SiO$_2$ 纳米包覆颗粒。

通过 TEOS 的水缩合反应实现 SiO$_2$ 包覆纳米 CaF$_2$ 的过程中，SiO$_2$ 的生成反应是由许多中间反应组成的，从水解生成硅醇（Si-OH）到聚合生成 SiO$_2$。这些中间反应通过官能团表示可分为以下四类：

$$\text{Si-}R\text{+HOH} \longrightarrow \text{Si-OH+}R\text{OH} \tag{3-47}$$

$$\text{Si-OH+HO-Si} \longrightarrow \text{Si-O-Si+HOH} \tag{3-48}$$

$$\text{Si-}R\text{+HO-Si} \longrightarrow \text{Si-O-Si+}R\text{OH} \tag{3-49}$$

$$x(\text{Si-O-Si}) \longrightarrow (\text{Si-O-Si})x \tag{3-50}$$

其中 R=C$_2$H$_5$。

SiO$_2$ 包覆层的生成受多个因素影响，其中 TEOS 的添加量和添加速度对 SiO$_2$ 包覆层的生成起到了重要作用，TEOS 的添加量过多，TEOS 水解生成絮状的 SiO$_2$，游离于纳米 CaF$_2$ 颗粒表面，同时纳米 CaF$_2$ 颗粒表面生成的 SiO$_2$ 包覆层厚度不均匀；而 TEOS 的添加量过少时，生成的 SiO$_2$ 较少，纳米 CaF$_2$ 表面的 SiO$_2$ 包覆层厚度较小且不连续，包覆效果较差。同样，滴加速度过快时，会出现单分散的 SiO$_2$ 小球，滴加速度过慢，也会对产物造成影响。采用合理的制备工艺才能保证纳米 CaF$_2$ 表面生成均匀连续的 SiO$_2$ 包覆层，后续试验中也验证了最佳的工艺参数。

3.6.2.3　CaF$_2$@SiO$_2$ 纳米包覆微粒的物相组成与表面形貌

通过德国布鲁克 AXS 公司生产的 D8-ADVANCE X 射线衍射仪对制备的

CaF₂@ SiO₂ 纳米包覆颗粒的物相分析；CaF₂@ SiO₂ 纳米包覆颗粒的表面形貌和微观结构通过日本电子株式会社（JEOL）提供的 200kV 场发散透射电子显微镜（JEM-2100F）进行观察。

实验制备的纳米 CaF₂ 颗粒和 CaF₂@ SiO₂ 纳米包覆颗粒的 XRD 谱图如图 3-63 所示。图 3-63（a）是通过共沸蒸馏处理的纳米 CaF₂ 颗粒的 XRD 谱图，所有可辨别的峰与纯立方 CaF₂ 晶体的数据一致（JPDS 35-0816）。CaF₂ 晶体的衍射峰狭窄而尖锐，表明制备的 CaF₂ 结晶度高，结构完整，没有发现其他相的衍射峰或杂峰。图 3-63（b）显示 CaF₂@ SiO₂ 纳米包覆颗粒的 XRD 谱图与纯立方 CaF₂ 晶体的 XRD 谱图相同，但在 $2\theta = 20° \sim 25°$ 处存在着宽而矮的峰包，这代表着生成了非晶态 SiO₂，在包覆过程中 SiO₂ 是以非晶态形式存在的。

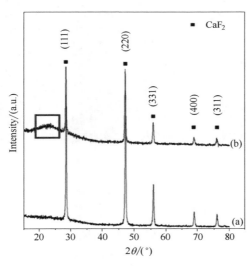

图 3-63　CaF₂@ SiO₂ 纳米包覆颗粒与纳米 CaF₂ 颗粒的 XRD 谱图

图 3-64 是制备的 CaF₂@ SiO₂ 纳米包覆颗粒的 TEM 照片和 EDS 照片，图 3-64（a）为 CaF₂@ SiO₂ 纳米包覆颗粒的透射电镜照片。TEM 照片清楚地表明，纳米 CaF₂ 颗粒的表面存在 SiO₂ 包覆层，纳米 CaF₂ 颗粒光滑的边缘与 SiO₂ 结合紧密，包覆效果较好，CaF₂@ SiO₂ 纳米包覆颗粒具有良好的分散性。图中所示的 CaF₂@ SiO₂ 纳米包覆颗粒的 SiO₂ 包覆层的平均厚度约为 3.6nm。图 3-64（b）显示了 CaF₂@ SiO₂ 纳米包覆颗粒的 EDS 照片，从图中可以看出检测出的元素有 Si，Ca，Cu，C，O，F 元素，其中 Si 和 Ca 是透射测试所用铜网中的主要元素，这说明，产物中没有其他杂质，且 Si 元素与 Ca 元素含量都很高，进一步说明了产物中只有 CaF₂ 和 SiO₂。

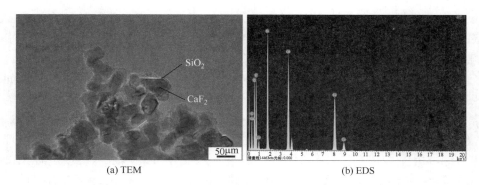

(a) TEM   (b) EDS

图 3-64   CaF$_2$@SiO$_2$ 纳米包覆颗粒的 TEM 照片和 EDS 照片

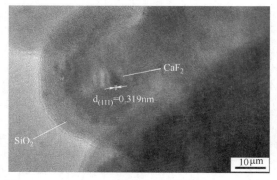

图 3-65   CaF$_2$@SiO$_2$ 纳米包覆颗粒的 HRTEM 照片

图 3-65 是 CaF$_2$@SiO$_2$ 纳米包覆颗粒的高分辨率透射电子显微镜（HRTEM）照片。如 HRTEM 照片所示，图片中的晶格间距约为 0.319nm，这对应于 CaF$_2$ 的（111）晶面，说明被包覆的物质正是纳米 CaF$_2$。从图中也可以看出，包覆在纳米 CaF$_2$ 表面的物质是非晶态的，这与 CaF$_2$@SiO$_2$ 纳米包覆颗粒的 XRD 谱图结果相对应。同时非晶态的 SiO$_2$ 均匀地包覆在纳米 CaF$_2$ 的边缘，SiO$_2$ 和纳米 CaF$_2$ 结合紧密。这表明利用 TEOS 的水解缩合反应成功地将 SiO$_2$ 包覆在纳米 CaF$_2$ 颗粒的表面。

通过以上分析可知，利用 TEOS 水解缩合，成功地在纳米 CaF$_2$ 表面包覆一层致密、均匀的 SiO$_2$ 包覆层，包覆在纳米 CaF$_2$ 表面的 SiO$_2$ 是非晶态的。SiO$_2$ 包覆层连续，且包覆效果较好。

3.6.3   工艺参数对 CaF$_2$@SiO$_2$ 纳米包覆微粒的影响

在实现 SiO$_2$ 包覆纳米 CaF$_2$ 的过程中，TEOS 的水解缩合反应因为众多中间反应的参与，使得许多反应条件都会对包覆的效果产生影响。目前已知的影响因素包括：TEOS 和水的添加量、反应温度、反应时间等，通过对这些影响因素的研究可以确定最佳的制备工艺参数。实验发现 TEOS 添加量、pH、TEOS 滴定速度、反应温度和共沸蒸馏处理都会对包覆效果产生影响，为了系统研究各参数对包覆效果的影响，进行了一系列对比实验来验证各参数对包覆效果的影响，同时也确定了最佳的包覆工艺。

3.6.3.1　TEOS 添加量对包覆效果的影响

本试验中主要利用 TEOS 水解缩合反应生成 SiO_2 包覆层，反应体系中水既是反应物也是反应产物，因此 TEOS 和水的添加量对实验的结果会产生很大的影响，因此本试验中固定水的添加量，通过改变 TEOS 的添加量确定合适的水和 TEOS 的比例，这对实现纳米 CaF_2 良好的包覆效果十分重要，通过试验发现改变 TEOS 的添加量可以起到控制和调节 SiO_2 包覆层厚度的作用。

试验条件选定 TEOS 的添加量分别为 1mL，2mL，3mL，4mL，pH 为 8.5，试验的反应温度为 40℃，TEOS 的滴定速度为 0.2mL/min，同时包覆后的纳米颗粒经过共沸蒸馏处理，试验中获得的 $CaF_2@SiO_2$ 纳米包覆颗粒形貌如图 3-66 所示。

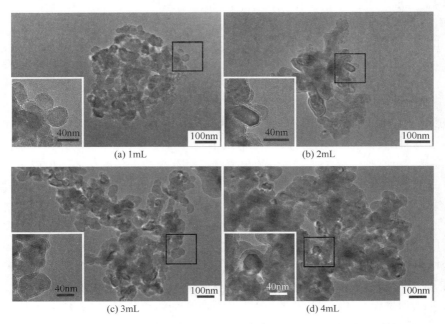

图 3-66　不同 TEOS 添加量下制备的 $CaF_2@SiO_2$ 纳米包覆颗粒的 TEM 照片

图 3-66 是不同 TEOS 添加量下制备的 $CaF_2@SiO_2$ 纳米包覆颗粒的 TEM 照片，图中的白框内是选区的局部放大视图。图 3-66（a）是当 TEOS 添加量为 1mL 时制备的 $CaF_2@SiO_2$ 纳米包覆颗粒，从图中可以看出，当 TEOS 添加量为

1mL 时，生成的 SiO$_2$ 较少，且 SiO$_2$ 包覆层不连续。图中纳米 CaF$_2$ 边缘的 SiO$_2$ 包覆层的厚度很小。试验中添加 1mL 的 TEOS 制备 CaF$_2$@SiO$_2$ 纳米包覆颗粒 SiO$_2$ 包覆层的厚度较小。SiO$_2$ 包覆层的厚度较小且不连续的原因是反应体系中 TEOS 的添加量小导致了 TEOS 的浓度较低，降低了 TEOS 的水解缩合反应的反应速率，生成的 SiO$_2$ 较少，所以在纳米 CaF$_2$ 表面形成的 SiO$_2$ 包覆层的厚度较小且不连续。当 TEOS 的添加量增加到 2mL 时，如图 3-66（b）所示，包覆在纳米 CaF$_2$ 表面上的 SiO$_2$ 包覆层厚度增大。试验中添加 2mL 的 TEOS 制备 CaF$_2$@SiO$_2$ 纳米包覆颗粒的 SiO$_2$ 包覆层。此时，部分纳米 CaF$_2$ 边缘出现了连续的 SiO$_2$ 包覆层，但是整体的包覆效果较差，纳米 CaF$_2$ 边缘的 SiO$_2$ 包覆层厚度不均匀。随着 TEOS 添加量的增加，TEOS 在体系中浓度开始变大，水与 TEOS 接触的概率增大，此时大部分纳米 CaF$_2$ 被生成的 SiO$_2$ 包覆，但是厚度不均匀，包覆效果差。

如图 3-66（c）所示，试验中添加 3mL 的 TEOS 制备 CaF$_2$@SiO$_2$ 纳米包覆颗粒的 SiO$_2$ 包覆层，从图中可以看出，纳米 CaF$_2$ 表面上的 SiO$_2$ 包覆层厚度均匀，包覆效果较好，但有轻微的团聚现象。由此可知，当 TEOS 的添加量为 3mL 时，体系中的水和 TEOS 含量适宜，可以使 TEOS 得到适合包覆的反应速率和较好的包覆效果。

图 3-66（d）是当 TEOS 添加量为 4mL 时制备的 CaF$_2$@SiO$_2$ 纳米包覆颗粒，图中 CaF$_2$@SiO$_2$ 纳米包覆颗粒的 SiO$_2$ 包覆层的厚度相对均匀，但团聚现象更加严重。试验中添加 4mL 的 TEOS 制备 CaF$_2$@SiO$_2$ 纳米包覆颗粒的 SiO$_2$ 包覆层，随着 TEOS 的添加量增加，在反应体系中 TEOS 的浓度变大，加速了 TEOS 水解缩合反应的反应速率，体系中均匀成核增多。从图中可以看到当 TEOS 的添加量为 4mL 时，制备的包覆颗粒中存在着更加严重的团聚现象。

随着 TEOS 添加量从 1mL 增加到 4mL，纳米 CaF$_2$ 表面上的 SiO$_2$ 包覆层厚度逐渐增大，但当 TEOS 添加量过大时，团聚问题更加严重。当 TEOS 添加量为 3mL 时，体系中的水和 TEOS 的含量适合纳米 CaF$_2$ 的包覆，此时包覆效果最佳。当 TEOS 添加量小于 3mL 时，反应体系中 TEOS 的浓度太低，影响了 TEOS 的水解缩合反应速率。此时生成的 SiO$_2$ 晶核在纳米 CaF$_2$ 颗粒的表面最先形成，但是后续聚合的速率较慢，形成的包覆层不连续或厚度较小；当 TEOS 添加量大于 3mL 时，反应体系中 TEOS 的浓度太高，TEOS 的水解缩合反应的反应速率太快，此时部分 SiO$_2$ 均匀成核，从而出现了游离于纳米 CaF$_2$ 颗粒的絮状的 SiO$_2$，同时包覆颗粒出现了严重的团聚现象。通过改变 TEOS 的添加量可以得到具有不同 SiO$_2$ 包覆厚度的 CaF$_2$@SiO$_2$ 纳米包覆颗粒。

3.6.3.2　pH 对包覆效果的影响

试验条件选定 pH 分别为 7.5，8.5，9.5，TEOS 的添加量为 3mL，试验的反应温度为 40℃，TEOS 的滴定速度为 0.2mL/min，同时包覆后的颗粒经过共沸蒸馏处理，试验中获得的 CaF$_2$@SiO$_2$ 纳米包覆颗粒形貌如图 3-67（a）、图 3-66（c）、图 3-67（b）所示。

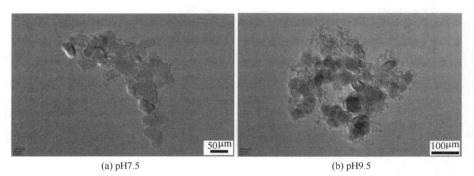

(a) pH7.5　　　　　　　　　　　　　　　(b) pH9.5

图 3-67　不同 pH 值下制备的 CaF$_2$@SiO$_2$ 纳米包覆颗粒的 TEM 照片

　　TEOS 的水解缩合反应在没有氨水的条件下，进行得非常缓慢，通过向反应体系中添加氨水，可以提高反应的速率，同时改善包覆效果。通过改变氨水的添加量可以调节 TEOS 的水解缩合反应速率，当反应速率过慢时，SiO$_2$ 晶核的聚合速率慢，生成的包覆层不连续并且厚度较小；当反应速率过快时，部分 SiO$_2$ 会均匀成核，影响包覆的效果。因此通过调节反应体系中的 pH，选取合适的氨水添加量，对于 CaF$_2$@SiO$_2$ 纳米包覆颗粒的制备是十分重要的。

　　图 3-67（a）为 pH7.5 时制备的 CaF$_2$@SiO$_2$ 纳米包覆颗粒，从图中可以看出，纳米 CaF$_2$ 边缘上 SiO$_2$ 包覆层的厚度很小，而且包覆层厚度不均匀、不连续，部分纳米 CaF$_2$ 边缘比较光滑，基本上看不到 SiO$_2$ 包覆层的痕迹。当 pH 比较低，反应体系中氨水浓度较低，对 TEOS 的水解缩合的促进作用不明显，导致反应体系中 TEOS 没有得到充分的反应，从而导致纳米 CaF$_2$ 表面上包覆的 SiO$_2$ 较少，包覆层厚度不均匀，不连续。图 3-66（c）所示为 pH8.5 时制备的 CaF$_2$@SiO$_2$ 纳米包覆颗粒形貌，可以看到 pH 为 8.5 时，包覆纳米 CaF$_2$ 表面上的 SiO$_2$ 包覆层连续且厚度均匀，包覆效果较好，这说明当 pH 为 8.5 时，体系中的氨水含量适宜，此时 TEOS 水解缩合反应速率适中，包覆效果最佳。

　　如图 3-67（b）所示，当 pH 达到 9.5 时，制备的 CaF$_2$@SiO$_2$ 纳米包覆颗粒中出现了许多絮状的 SiO$_2$，在纳米 CaF$_2$ 表面上 SiO$_2$ 包覆层厚度不均匀。此时，反应体系中 pH 过高，导致 TEOS 水解的速率加快，生成了许多絮状的 SiO$_2$，而不是在纳米 CaF$_2$ 表面上形成厚度均匀的包覆层，由此可见选择合适的 pH 对制备具有良好包覆效果的 CaF$_2$@SiO$_2$ 纳米包覆颗粒是十分重要的。

　　在 TEOS 的水解缩合反应中，氨水的参与使得半径较小的 OH$^-$ 将直接对硅原子核发动亲核进攻，会导致硅原子核带负电，电子云会向另一侧的 OR 基团偏移，最终实现 OR 的断裂脱离从而完成水解反应，这种亲核反应机理，中间过程少，能够加快 TEOS 的水解缩合的进程。但是氨水浓度过低会导致加快 TEOS 的水解缩合作用不明显，而氨水浓度过高，会使得反应速率过快，生成絮状物，导致 SiO_2 包覆层不均匀，影响包覆效果。试验表明：当 pH 为 8.5 时，反应体系中的氨水浓度比较适宜，制备的 $CaF_2@SiO_2$ 纳米包覆颗粒包覆效果最佳。

3.6.3.3　TEOS 滴定速度对包覆效果的影响

试验条件选定 TEOS 的滴定速度分别为 0.1mL/min，0.2mL/min，0.4mL/min，0.8mL/min，TEOS 的添加量为 3mL，pH 为 8.5，试验的反应温度为 40℃，同时包覆后的颗粒经过共沸蒸馏处理，试验中获得的 $CaF_2@SiO_2$ 纳米包覆颗粒形貌如图 3-68（a）、图 3-66（c）、图 3-68（b）、图 3-68（c）所示。

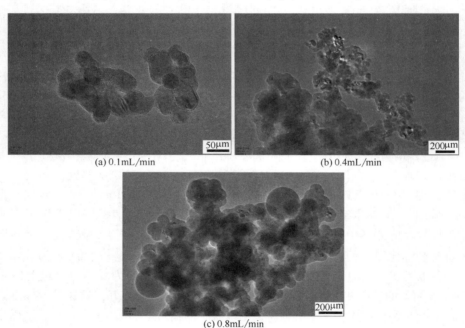

(a) 0.1mL/min　　　　　　　　　　　(b) 0.4mL/min

(c) 0.8mL/min

图 3-68　不同 TEOS 滴定速度下制备的 $CaF_2@SiO_2$ 纳米包覆颗粒的 TEM 照片

图 3-68（a）为 TEOS 的滴定速度为 0.1mL/min 时制备得到的包覆颗粒，从图中可以看出纳米 CaF_2 表面上出现了 SiO_2 包覆层，同时 SiO_2 包覆层的厚度较小，且纳米 CaF_2 表面上有部分点状物，此时形成的 SiO_2 包覆层比较均匀连续，但是纳米 CaF_2 表面包覆的 SiO_2 的量较少。这是因为 TEOS 在水解缩合时，首先在液相体系中生成 SiO_2 晶核，然后 SiO_2 晶核不断聚合，在一种短链交联

结构基础上形成了球形结构。TEOS 的滴定速度为 0.1mL/min 时，滴定速度过慢，反应体系中局部的 TEOS 的浓度升高，但整体的 TEOS 的浓度较低，影响了 TEOS 的水解缩合反应的反应速率。整体 SiO_2 晶核聚合长大的速率过慢，导致了整体的 SiO_2 粒径较小。纳米 CaF_2 表面上的点状物，就是 TEOS 在水解缩合时聚合长大速率过慢时生成的 SiO_2。TEOS 的滴定速度太慢会导致 TEOS 的水解和缩合反应进行得不充分。

如图 3-66（c）所示，当 TEOS 的滴定速度为 0.2mL/min 时，纳米 CaF_2 表面上的 SiO_2 包覆层连续且厚度均匀，包覆效果最佳。同时没有出现点状 SiO_2，说明 TEOS 的水解缩合反应的反应速率适中，SiO_2 晶核充分聚合长大。此时 TEOS 的滴定速度可以使 TEOS 得到适合包覆的反应速率，得到较好的包覆结果。图 3-68（b）为 TEOS 的滴定速度为 0.4mL/min 时制备的 $CaF_2@SiO_2$ 纳米包覆颗粒，纳米 CaF_2 表面上存在着连续的 SiO_2 包覆层，同时 SiO_2 包覆层的厚度较大，在透射照片的左侧可以看到，SiO_2 开始均匀成核，出现了许多折叠在一起的圆球状的 SiO_2，同时制备的包覆颗粒团聚现象较为严重。在反应体系中，随着 TEOS 的滴定速度增加，TEOS 水解缩合反应速率加快，生成的 SiO_2 均匀成核，不在纳米 CaF_2 表面成核，同时生成的 SiO_2 有堆积和相互连接的趋势。

随着 TEOS 的滴定速度增加至 0.8mL/min 时，此时制备的纳米包覆颗粒如图 3-68（c）所示，从图中可以看到生成了 SiO_2 小球，此时大部分 SiO_2 通过均匀成核生成，TEOS 水解缩合生成的 SiO_2 大部分没有包覆在纳米 CaF_2 表面上，而是游离于纳米 CaF_2，生成了纯 SiO_2 小球，制备的包覆颗粒包覆效果较差，同时 SiO_2 小球聚集在一起组成了团聚体，包覆颗粒出现了严重的团聚现象。当 TEOS 的滴定速度超过一定范围之后，由于反应体系中 TEOS 的含量过高，导致 TEOS 水解缩合反应速率过快，生成的 SiO_2 没有在纳米 CaF_2 表面成核，而是迅速地均匀成核，生成了 SiO_2 小球，同时生成的 SiO_2 在局部浓度很大，从而引起了严重的团聚现象与均匀成核。

因此，当 TEOS 的滴定速度为 0.2mL/min 时，此时 TEOS 水解与缩合反应的速率适中，TEOS 充分反应，制备的纳米包覆颗粒包覆效果最佳。当 TEOS 的滴定速度小于 0.2mL/min 时，TEOS 水解与缩合反应不充分，且反应速率慢，影响包覆效果；当 TEOS 的滴定速度大于 0.2mL/min 时，反应速率过快，SiO_2 均匀成核并生成球状的 SiO_2，团聚问题也更加严重。TEOS 的滴定速度为 0.2mL/min 时，获得最佳的包覆效果。

3.6.3.4　反应温度对包覆效果的影响

试验条件选定试验的反应温度分别为 20℃，40℃，60℃，TEOS 的添加量为 3mL，pH 为 8.5，TEOS 的滴定速度为 0.2mL/min，同时包覆后的颗粒经过共沸蒸馏处理，试验中获得的 CaF$_2$@SiO$_2$ 纳米包覆颗粒形貌如图 3-69（a）、图 3-66（c）、图 3-69（b）所示。

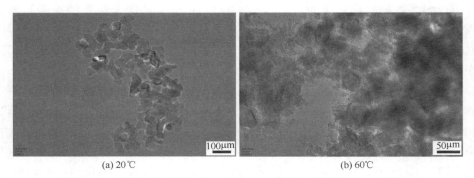

(a) 20℃   (b) 60℃

图 3-69　不同温度下制备的 CaF$_2$@SiO$_2$ 纳米包覆颗粒的 TEM 照片

图 3-69（a）为反应温度为 20℃时制备的 CaF$_2$@SiO$_2$ 纳米包覆颗粒，如图所示，纳米 CaF$_2$ 表面上的 SiO$_2$ 包覆层厚度较小，部分 CaF$_2$ 表面上没有出现 SiO$_2$ 包覆层。当反应体系中反应温度较低时，TEOS 的水解与缩合反应速率缓慢，TEOS 反应不充分，生成的 SiO$_2$ 的量较少。如图 3-66（c）所示，当反应温度增加至 40℃时，纳米 CaF$_2$ 表面上的 SiO$_2$ 包覆层连续且厚度均匀，包覆效果较好。当反应体系中反应温度升高时，TEOS 的水解缩合反应速率增加，TEOS 反应充分，生成的 SiO$_2$ 增多，从而形成了厚度均匀且连续的 SiO$_2$ 包覆层，达到了较好的包覆效果。

反应温度为 60℃时制备的 CaF$_2$@SiO$_2$ 纳米包覆颗粒如图 3-69（b）所示。从图中可以看出，在纳米 CaF$_2$ 颗粒的表面上存在着大量的 SiO$_2$，但 SiO$_2$ 包覆层不均匀，且大部分 SiO$_2$ 呈絮状。同时大部分絮状的 SiO$_2$ 包覆在纳米 CaF$_2$ 颗粒的表面，也存在部分絮状的 SiO$_2$ 游离于纳米 CaF$_2$ 颗粒，其堆积、连接出现了较为严重的团聚现象。当反应温度升高时，加速了 TEOS 的水解缩合反应速率。此时出现了絮状的 SiO$_2$，同时生成的 SiO$_2$ 较多，包覆在纳米 CaF$_2$ 颗粒表面上的 SiO$_2$ 包覆层厚度不均匀，团聚现象严重。

在 20℃，40℃，60℃下制备的 CaF$_2$@SiO$_2$ 纳米包覆颗粒，纳米 CaF$_2$ 表面上都存在着 SiO$_2$ 包覆层，随着反应温度的升高，SiO$_2$ 包覆层的厚度也在增大，但是温度持续增加，会出现絮状的 SiO$_2$，同时包覆层厚度不均匀。TEOS 的水解缩合反应速率受反应温度的影响，当反应温度过低时，在纳米 CaF$_2$ 颗粒生成的 SiO$_2$ 晶核聚合的速率较慢，导致生成的 SiO$_2$ 粒径较小。虽然纳米 CaF$_2$ 颗粒表面有 SiO$_2$ 包覆层，但是厚度较小且不连续，包覆效果较差；当反应温度过高时，SiO$_2$ 晶核聚合的速率较快，生成了絮状的 SiO$_2$，同时生成的 SiO$_2$ 较多，团聚现象严重。试验结果表明，40℃是较为合适的反应温度。

3.6.3.5　共沸蒸馏对包覆效果的影响

试验条件选定 TEOS 的添加量为 3mL、4mL，pH 为 8.5，试验的反应温度为 40℃，TEOS 的滴定速度为 0.2mL/min，试验中获得的 $CaF_2@SiO_2$ 纳米包覆颗粒形貌如图 3-70 所示。

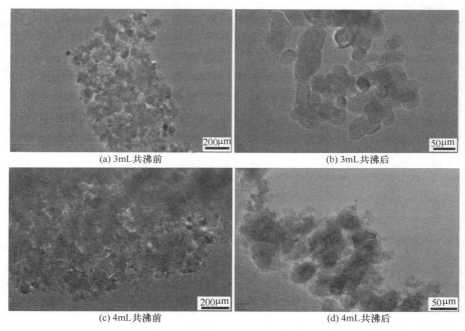

图 3-70　共沸前后 $CaF_2@SiO_2$ 纳米包覆颗粒的 TEM 照片

图 3-70（a）和图 3-70（b）是 TEOS 的添加量为 3mL 下共沸前后的 $CaF_2@SiO_2$ 纳米包覆颗粒的 TEM 照片，图 3-70（a）为共沸前的 $CaF_2@SiO_2$ 纳米包覆颗粒，从图中可以看到纳米包覆颗粒出现了严重的团聚现象，纳米 CaF_2 表面上的 SiO_2 形状不规则，同时包覆层厚度不均匀。图 3-70（b）为经过共沸处理的 $CaF_2@SiO_2$ 纳米包覆颗粒，从图中可以看出，经过共沸处理后 SiO_2 紧密地包覆在纳米 CaF_2 的表面，SiO_2 包覆层厚度均匀且连续，同时团聚现象减轻。在纳米包覆颗粒制备过程中，干燥过程是出现硬团聚的主要时期，制备的包覆凝胶颗粒间存在着水分子，水分子表面张力大引起了纳米包覆颗粒的相互吸引靠近，并通过凝胶颗粒表面氢键键合的羟基相互之间形成桥接或键合，从而导致硬团聚的出现。通过以正丁醇为置换剂共沸蒸馏，制备的包覆颗粒在干燥过程中，通过羟基氢键键合的水被正丁醇分子替代，正丁醇主要以氢键形式与 SiO_2 表面的非桥联羟基结合，同时干燥过程中部分表面硅羟基被酯化，形成丁氧基，可以阻止制备的颗粒的相互靠近。通过共沸蒸馏不仅减小了

干燥过程中的毛细管力，还可以抑制颗粒之间化学键的形成，从而达到减轻团聚的效果。

图 3-70（c）和图 3-70（d）是 TEOS 的添加量为 4mL 下共沸前后的 $CaF_2@SiO_2$ 纳米包覆颗粒，从图 3-70（c）可以看出当 TEOS 的添加量增加时，未共沸前的包覆颗粒团聚现象更加严重，反应生成的 SiO_2 大量堆积团聚。图 3-70（d）是共沸处理后的 $CaF_2@SiO_2$ 纳米包覆颗粒，包覆颗粒的团聚现象减轻，但是 TEOS 的添加量过大时，也可能导致絮状的 SiO_2 的出现，从图中可以看出包覆在 CaF_2 表面的 SiO_2 形状变得不规则，絮状的 SiO_2 包覆在 CaF_2 表面，包覆效果较差。

未经过共沸蒸馏处理的 $CaF_2@SiO_2$ 纳米包覆颗粒的团聚现象较为严重，生成的 SiO_2 堆积团聚，影响包覆效果。通过共沸蒸馏处理制备的 $CaF_2@SiO_2$ 纳米包覆颗粒分散性好，SiO_2 包覆层连续且厚度均匀。共沸蒸馏法工艺简洁，成本低廉，同时抑制了干燥过程中硬团聚的出现。采用共沸蒸馏法可以获得更好的包覆效果。

3.6.4 CaF₂@SiO₂ 核壳包覆微粒的包覆机理分析

在本章的包覆过程中，通过 TEOS 水解缩合生成 SiO_2 晶核优先出现在纳米 CaF_2 颗粒的表面，SiO_2 在 SiO_2 晶核上聚合长大，从而在纳米 CaF_2 颗粒表面形成了具有一定厚度的包覆层。如图 3-71 所示，当 TEOS 添加到含有纳米 CaF_2 颗粒的体系中，首先 TEOS 水解缩合在反应体系中生成了 SiO_2 晶核，根据非均匀成核理论，生成的 SiO_2 晶核会优先出现在纳米 CaF_2 颗粒的表面，随着反应的继续进行，SiO_2 晶核聚合生长，在纳米 CaF_2 颗粒的表面形成均匀连

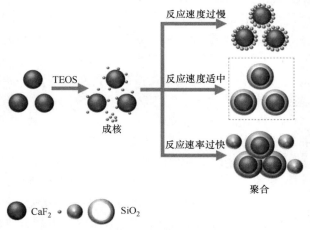

图 3-71　纳米 CaF₂ 颗粒表面包覆改性的理论示意图

续的 SiO$_2$ 包覆层。当反应体系中的反应速率过慢时，非均匀成核占据主导地位，SiO$_2$ 晶核优先生成在纳米 CaF$_2$ 颗粒的表面，SiO$_2$ 晶核聚合长大的速率较慢，不会在纳米 CaF$_2$ 颗粒形成连续均匀的包覆层，而是形成了细小的 SiO$_2$ 包覆在纳米 CaF$_2$ 颗粒的表面。当反应体系中的反应速率过快时，均匀成核开始增多，反应体系中会出现纯 SiO$_2$ 小球和絮状的 SiO$_2$，纳米 CaF$_2$ 颗粒表面的包覆层不均匀。而当反应体系中的反应速率适中时，非均匀成核占据主导地位，SiO$_2$ 晶核优先在纳米 CaF$_2$ 颗粒的表面生成，随后 SiO$_2$ 晶核聚合生长形成了连续均匀的包覆层。此时，通过采用合理的工艺参数，反应体系中水解反应的推动力维持在非均匀成核势垒和均匀成核势垒之间，非均匀成核优先发生，大量的 SiO$_2$ 晶核在纳米 CaF$_2$ 颗粒的表面生成，聚合生长形成了连续均匀的包覆层，只有少量的均匀成核发生，获得了较好的包覆效果。

从图 3-72 中可以看出，与纳米 CaF$_2$ 颗粒相比，CaF$_2$@SiO$_2$ 纳米包覆颗粒在微观形貌上发生了显著变化，出现了明显的核壳结构。当反应体系中的反应速率适中时，SiO$_2$ 均匀地包覆在纳米 CaF$_2$ 颗粒的表面，获得了较好的包覆效果。

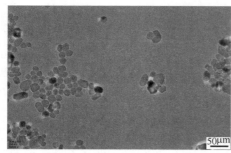 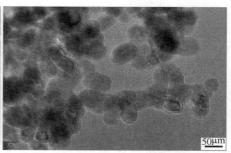

(a) 纳米CaF$_2$颗粒　　　　　　　　(b) CaF$_2$@SiO$_2$纳米包覆颗粒

图 3-72　纳米 CaF$_2$ 颗粒和 CaF$_2$@SiO$_2$ 纳米包覆颗粒的 TEM 照片

第4章 微米 $CaF_2@Al_2O_3$ 核壳自润滑陶瓷刀具制备与性能

本章分别以 Al_2O_3/TiC 和 $Al_2O_3/Ti(C，N)$ 为基体，设计并制备不同 $CaF_2@Al_2O_3$ 含量的核壳包覆自润滑陶瓷刀具材料，实验研究刀具材料制备工艺、力学性能与微观结构，分析不同 $CaF_2@Al_2O_3$ 含量对刀具材料力学性能和微观结构的影响规律，揭示核壳自润滑与增强复合效应对刀具材料力学性能的改善机制。

4.1 微米 $CaF_2@Al_2O_3$ 核壳自润滑陶瓷刀具材料的制备

4.1.1 实验原料

试验采用的 Al_2O_3 粉体由上海超威纳米科技有限公司生产，平均粒径 $1\mu m$，纯度大于 99.9%；TiC 和 $Ti(C，N)$ 粉体由上海超威纳米科技有限公司生产，平均粒径 $0.5\mu m$，纯度大于 99.9%；烧结助剂 MgO 由国药集团化学试剂有限公司购买，纯度为 99.9%；$CaF_2@Al_2O_3$ 通过第三章试验制得，平均粒径为 $1\sim5\mu m$，无其他杂质相。

为研究添加 $CaF_2@Al_2O_3$ 核壳包覆型固体润滑剂对 Al_2O_3/TiC 和 $Al_2O_3/Ti(C，N)$ 陶瓷材料力学性能与微观结构的影响以及对刀具材料力学性能的改善，制备了不添加固体润滑剂的 Al_2O_3/TiC 和 $Al_2O_3/Ti(C，N)$ 刀具材料、只添加 CaF_2 的 $Al_2O_3/TiC/CaF_2$ 和 $Al_2O_3/Ti(C，N)/CaF_2$ 刀具材料和分别添加不同含量（5vol.%，10vol.%，15vol.%）$CaF_2@Al_2O_3$ 核壳包覆型固体润滑剂的 $Al_2O_3/TiC/CaF_2@Al_2O_3$ 和 $Al_2O_3/Ti(C，N)/CaF_2@Al_2O_3$ 自润滑陶瓷刀具材料，各刀具材料组分配比分别如表4-1和表4-2所示。

为便于表述，分别将 Al_2O_3/TiC 和 $Al_2O_3/Ti(C，N)$ 刀具材料记为 AT 和 ATCN，将 $Al_2O_3/TiC/CaF_2$ 和 $Al_2O_3/Ti(C，N)/CaF_2$ 刀具材料记为 AT-CX 和 ATCN-CX，其中 CX 表示固体润滑剂 CaF_2 的体积含量为 Xvol.%。将 $Al_2O_3/TiC/CaF_2@Al_2O_3$ 和 $Al_2O_3/Ti(C，N)/CaF_2@Al_2O_3$ 刀具材料分别记为 AT-C@X 系列和 ATCN-C@X 系列，其中 C@X 表示自制核壳包覆型固体润滑剂 $CaF_2@Al_2O_3$ 的体积含量为 Xvol.%。

表 4-1　　　　　　　AT 系列自润滑陶瓷刀具材料组分配比（vol. %）

材料	Al_2O_3	TiC	MgO	固体润滑剂
AT	44. 20	55. 30	0. 5	0
AT-C10	39. 80	49. 70	0. 5	10
AT-C@ 5	42. 00	52. 50	0. 5	5
AT-C@ 10	39. 80	49. 70	0. 5	10
AT-C@ 15	37. 60	46. 90	0. 5	15

表 4-2　　　　　　　ATCN 系列自润滑陶瓷刀具材料组分配比（vol. %）

材料	Al_2O_3	Ti(C,N)	MgO	固体润滑剂
ATCN	74. 86	24. 64	0. 5	0
ATCN-C10	67. 34	22. 16	0. 5	10
ATCN-C@ 5	71. 10	23. 40	0. 5	5
ATCN-C@ 10	67. 34	22. 16	0. 5	10
ATCN-C@ 15	63. 58	20. 92	0. 5	15

4.1.2　制备工艺

　　一般来讲，影响陶瓷材料质量的主要因素包括热压压力、升温速率、烧结温度、保温时间等。一般情况下，陶瓷材料的烧结驱动力随着热压压力的提高而逐渐增大，此时材料的致密度和力学性能也得以大幅提升。在进行烧结时首先对坯体进行单向加压，考虑到石墨模具强度对压力的制约，故需精确设定热压压力。由于烧结温度和保温时间对材料性能具有重要影响，一方面，若烧结温度过低或保温时间太短，烧结后的陶瓷材料不能充分致密化；另一方面，若烧结温度过高或保温时间太长，则会导致晶粒长大异常，此两种情况都会降低材料的力学性能。因此也需精确设定烧结温度和保温时间。

　　综合分析以上因素，根据表 4-1、表 4-2 中所列各刀具材料组分配比，选用真空热压烧结工艺，制备 AT、AT-C10 和 AT-C@ X 系列与 ATCN、ATCN-C10 和 ATCN-C@ X 系列核壳包覆自润滑陶瓷刀具材料的具体参数为：烧结温度 1650℃，升温速率 20℃/min，保温时间 20min，热压压力 30MPa。以上各自润滑陶瓷刀具材料的制备工艺流程如图 4-1 所示。

　　具体工艺流程如下所述。

　　原料称取：按表 4-1、表 4-2 中各自润滑陶瓷刀具材料组分配比分别称取各组分粉体。

　　超声分散：将所称得的 Al_2O_3 粉体、TiC 或 Ti（C，N）粉体分别加入一定量的无水乙醇中，超声分散并搅拌 25min，得到悬浮液，将所得悬浮液混合得到复相悬浮液，再加入烧结助剂 MgO 后超声分散并搅拌 25min，得到混合均匀

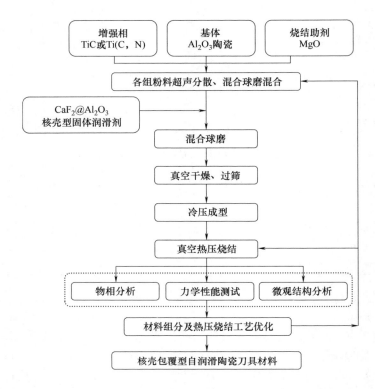

图 4-1　核壳包覆自润滑陶瓷刀具材料制备工艺流程图

的复相悬浮液。

球磨混料：以球料质量比 10∶1 称取硬质合金球，与混合均匀的复相悬浮液一同倒入球磨罐中，充入氮气作为保护气体，连续球磨 48h 后，再加入 CaF$_2$@ Al$_2$O$_3$ 包覆微粒球磨 2h，以防止长时间的球磨破坏 CaF$_2$@ Al$_2$O$_3$ 粉体的包覆结构。

真空干燥：将球磨后得到的复相悬浮液置于真空干燥箱中，110℃ 下真空干燥 24h 以上，以完全去除其中的无水乙醇。

过筛、密封保存：干燥后的粉料经 200 目筛子过筛，密封保存，防止粉料受潮。

冷压成型：称取适量过筛后的复合粉料装入石墨模具，用千斤顶进行预压后得到盘状坯体，预压时间为 20min。

热压烧结：将冷压成型后的石墨模具放入石墨套筒，在真空热压烧结炉中进行热压烧结，其烧结参数为：烧结温度 1650℃，保温时间 20min，升温速度 20℃/min，热压压力 30MPa。

4.2　微米 CaF$_2$@Al$_2$O$_3$ 核壳自润滑陶瓷刀具材料的力学性能分析

4.2.1　试样制备

试样制备的主要流程包括：试样烧结、试样切割、粗磨、精磨、研磨、抛光、超声清洗、真空干燥和试样测试，制备流程如图 4-2 所示。另外，为消除应力集中的影响，将试样的各棱进行倒角，制备成尺寸为 3mm×4mm×35mm 的标准条状试样，试样具有较高平行度、垂直度，表面粗糙度 R_a 小于 0.1μm。

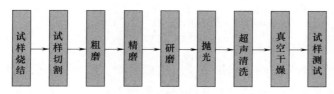

图 4-2　核壳包覆自润滑陶瓷刀具材料的试样制备流程

4.2.2　测试方法

4.2.2.1　抗弯强度

刀具材料的抗弯强度测试采用三点弯曲强度测试法，其原理如图 4-3 所示，图中 P 为加载载荷（N），L 为跨距，选为 20mm，b 和 h 分别为试样的宽度和高度（mm），测试所用设备为济南试金集团有限公司制造的 WDW-50E 型微机控制电子式万能试验机。测试时位移加载速度设定为 0.5mm/min，当位移加载到一定值时试样断裂，记录下此时加载载荷的最大值 P，试样的抗弯强度 σ_f（MPa）即可求出，计算公式如下：

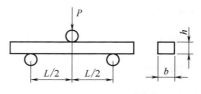

图 4-3　陶瓷材料抗弯
强度测试示意图

$$\sigma_f = \frac{3PL}{2bh^2} \tag{4-1}$$

为降低测量误差，确保测量的准确性，对每种材料进行 5 次测试，其算术平均值即为该刀具材料的抗弯强度值。

4.2.2.2　硬度

刀具材料的硬度测试所用仪器为 Hv-120 型硬度计，采用压痕法进行测量。硬度计采用相对面夹角为 136° 的金刚石四棱体压头，压痕载荷 P 设定为 196N，压力保持 15s 后开始卸载。金刚石压头压入试样表面后会在其表面留下一个压痕，压痕如图 4-4 所示。

利用硬度计配备的光学显微镜测量压痕两条对角线 d_1 和 d_2 的长度（μm），试样的硬度 H_V（MPa）即可求出，计算公式如下：

$$H_V = \frac{1.8544P}{(2a)^2} \qquad (4-2)$$

式中，$2a$ 为压痕对角线长度 d_1 和 d_2 的算术平均值。

为降低测量误差，确保测量的准确性，对每种材料进行 5 次测量，其算术平均值即为该刀具材料的硬度。

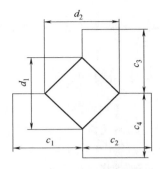

图 4-4 测量硬度与断裂韧性时的压痕示意图

4.2.2.3 断裂韧性

刀具材料的断裂韧性也采用压痕法进行测量，测试所用仪器为 Hv-120 型硬度计。方法是利用测量硬度时在压痕四个角上产生的裂纹（图 4-4），通过测量裂纹长度，求出刀具材料的断裂韧性 K_{IC}（MPa·m$^{1/2}$），计算公式如下：

$$K_{IC} = 0.203H_V a^{1/2}\left(\frac{c}{a}\right)^{-2/3} \qquad (4-3)$$

式中，H_V 为自润滑陶瓷刀具材料的硬度值；a 为压痕对角线长度 d_1 和 d_2 之和的算术平均值的一半；c 为图 4-4 中 c_1、c_2、c_3 和 c_4 之和的算术平均值。

为降低测量误差，确保测量的准确性，对每种材料进行 5 次测量，其算术平均值即为该刀具材料的断裂韧性。

4.2.3 CaF$_2$@Al$_2$O$_3$ 含量对 AT-C@X 系列刀具材料力学性能的影响

图 4-5 为 CaF$_2$@Al$_2$O$_3$ 的含量对 AT-C@X 系列自润滑刀具材料抗弯强度的影响。由图 4-5（a）可见，添加 CaF$_2$@Al$_2$O$_3$ 核壳包覆型固体润滑剂的陶瓷刀具比只添加 CaF$_2$ 固体润滑剂的陶瓷刀具的抗弯强度明显提高。AT 刀具材料的抗弯强度在 700MPa 附近，AT-C10 刀具材料的抗弯强度在 500MPa 附近，而 AT-C@10 刀具材料的抗弯强度在 600MPa 附近。

由图 4-5（b）可见，在 AT-C@X 系列刀具材料中，当 CaF$_2$@Al$_2$O$_3$ 含量小于 10vol.% 时，刀具材料抗弯强度随 CaF$_2$@Al$_2$O$_3$ 含量的增加而增加，在 10vol.% 处达到最大值，然而随着 CaF$_2$@Al$_2$O$_3$ 含量的继续增加，抗弯强度下降较快，当 CaF$_2$@Al$_2$O$_3$ 含量为 15vol.% 时，刀具材料抗弯强度已降低较大。这说明添加 CaF$_2$@Al$_2$O$_3$ 含包覆微粒后，明显抑制了自润滑刀具材料强度下降的现象，起到了一定的增强作用。

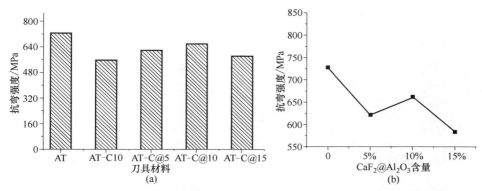

图 4-5　$CaF_2@Al_2O_3$ 的含量对 AT-C@X 系列自润滑刀具材料抗弯强度的影响

图 4-6 显示了 $CaF_2@Al_2O_3$ 含量对 AT-C@X 系列自润滑刀具材料断裂韧性的影响。由图 4-6（a）可见，添加 $CaF_2@Al_2O_3$ 的刀具材料比只添加 CaF_2 的刀具材料的断裂韧性明显提高，甚至比 AT 刀具材料的断裂韧性高。由图 4-6（b）可见，在 AT-C@X 系列刀具材料中，当 $CaF_2@Al_2O_3$ 含量小于 10vol.% 时，刀具材料断裂韧性随 $CaF_2@Al_2O_3$ 含量的增加而增加，在 10vol.% 处达到最大值，然而随着 $CaF_2@Al_2O_3$ 含量的继续增加，断裂韧性下降较快。

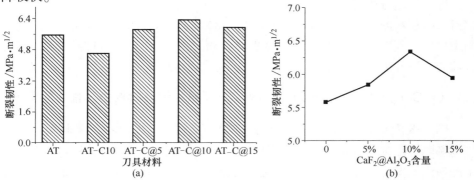

图 4-6　$CaF_2@Al_2O_3$ 的含量对 AT-C@X 系列自润滑刀具材料断裂韧性的影响

由此说明，$CaF_2@Al_2O_3$ 核壳包覆型固体润滑剂与纯 CaF_2 相比，具有明显的增韧作用。由于固体润滑剂 CaF_2 的强度较低，刀具材料中添加的 CaF_2 是明显的"弱相"，将导致材料力学性能下降，当 CaF_2 含量大于 10vol.% 时，刀具材料的断裂韧性下降较快。但是对 CaF_2 进行包覆改性后，$CaF_2@Al_2O_3$ 表面的 Al_2O_3 外壳结构对刀具材料微观结构的影响会对断裂韧性起到重要作用。

图 4-7 为 $CaF_2@Al_2O_3$ 的含量对 AT-C@X 系列自润滑刀具材料硬度的影响，从图 4-7（a）可以看出，添加 $CaF_2@Al_2O_3$ 的刀具材料比只添加 CaF_2 的

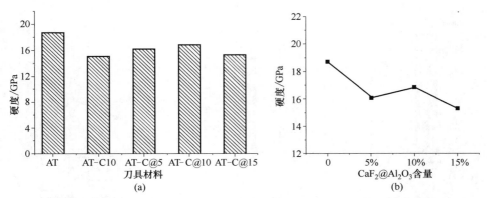

图 4-7　CaF₂@ Al₂O₃ 的含量对 AT-C@ X 系列自润滑刀具材料硬度的影响

刀具材料的硬度明显提高。

　　与 AT 刀具相比，AT-C@ X 系列自润滑刀具材料硬度降低的原因是因为 CaF₂ 的硬度很低，所以添加含有 CaF₂ 的陶瓷材料硬度都会下降。但由图 4-7（b）发现，由于包覆 Al₂O₃ 外壳的增强作用，添加 CaF₂@ Al₂O₃ 的 AT-C@ X 系列自润滑刀具材料的硬度并没有随 CaF₂@ Al₂O₃ 含量的增加而线性降低，当 CaF₂@ Al₂O₃ 含量达到 10vol. %时，其硬度最高。

　　综合以上分析可知，添加 CaF₂@ Al₂O₃ 包覆型固体润滑剂的 AT-C@ 10 自润滑刀具材料的力学性能与只添加 CaF₂ 固体润滑剂的自润滑刀具的抗弯强度、断裂韧性、硬度等力学性能均明显提高。当 CaF₂@ Al₂O₃ 含量为 10vol. %时，其综合力学性能达到最佳。

4.2.4　CaF₂@Al₂O₃ 含量对 ATCN-C@X 系列刀具材料力学性能的影响

　　图 4-8 为 CaF₂@ Al₂O₃ 的含量对 ATCN-C@ X 系列自润滑刀具材料抗弯强度的影响。由图 4-8（a）可见，只添加 CaF₂ 的 ATCN 系列刀具材料抗弯强度下降很大，但是添加 CaF₂@ Al₂O₃ 的刀具材料比只添加 CaF₂ 的刀具材料的抗弯强度明显提高。ATCN-C10 刀具材料的抗弯强度低于 ATCN-C@ 10 刀具材料的抗弯强度。

　　由图 4-8（b）可见，对于 ATCN-C@ X 系列刀具材料而言，当 CaF₂@ Al₂O₃ 含量小于 10vol. %时，刀具材料抗弯强度随 CaF₂@ Al₂O₃ 含量的增加而增加，在 10vol. %处达到最大值，然而随着 CaF₂@ Al₂O₃ 含量的继续增加，抗弯强度下降较快，ATCN-C@ 15 刀具材料与只添加 CaF₂ 的 ATCN-C10 刀具材料相比，抗弯强度降低了。

　　图 4-9 为 CaF₂@ Al₂O₃ 的含量对 ATCN-C@ X 系列自润滑刀具材料断裂韧

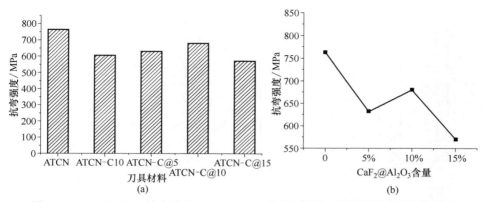

图 4-8 CaF₂@Al₂O₃ 的含量对 ATCN-C@X 系列自润滑刀具材料抗弯强度的影响

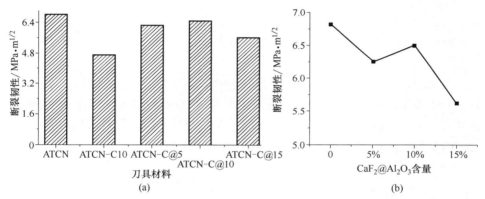

图 4-9 CaF₂@Al₂O₃ 的含量对 ATCN-C@X 系列自润滑刀具材料断裂韧性的影响

性的影响。由图 4-9（a）可见，添加 CaF₂@Al₂O₃ 的刀具材料比只添加 CaF₂ 的刀具材料的断裂韧性明显提高。

由图 4-9（b）可见，当 CaF₂@Al₂O₃ 核壳包覆型固体润滑剂含量小于 10vol.%时，刀具材料断裂韧性随 CaF₂ 含量的增加而增加，在 10vol.%处达到最大值，然而随着 CaF₂ 含量的继续增加，断裂韧性呈下降趋势。因此对 CaF₂ 进行包覆改性后，其对材料微观结构的影响会对断裂韧性起到重要作用。

图 4-10 为 CaF₂@Al₂O₃ 的含量对 ATCN-C@X 系列自润滑刀具材料硬度的影响，从图 4-10（a）可以看出，添加 CaF₂@Al₂O₃ 的刀具材料比只添加 CaF₂ 的刀具材料的硬度明显提高。对比可见，相比于 ATCN-C10 的硬度，添加 10vol.%CaF₂@Al₂O₃ 的 AT-C@10 的硬度提高了。

因为 CaF₂ 的硬度很低，所以导致添加含有 CaF₂ 的刀具材料力学性能的都会下降。但由图 4-10（b）发现，由于包覆作用，添加 CaF₂@Al₂O₃ 的 ATCN-C@X

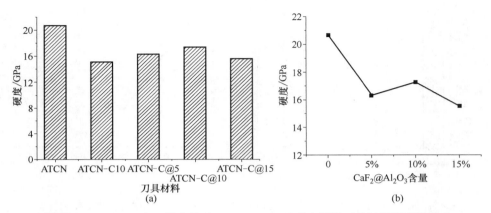

图 4-10　CaF$_2$@ Al$_2$O$_3$ 的含量对 ATCN-C@ X 系列自润滑刀具材料硬度的影响

系列自润滑刀具材料的硬度并没有随 CaF$_2$@ Al$_2$O$_3$ 含量的增加而线性降低，当 CaF$_2$@ Al$_2$O$_3$ 含量达到 10vol. %时，其硬度最高。这与 AT-C@ X 系列刀具的特性是一致的。

　　综上所述，添加 CaF$_2$@ Al$_2$O$_3$ 包覆型固体润滑剂的 ATCN-C@ 10 自润滑刀具材料的力学性能与只添加 CaF$_2$ 的固体润滑剂的陶瓷刀具的硬度、断裂韧性、抗弯强度等力学性能均明显提高。当 CaF$_2$@ Al$_2$O$_3$ 核壳包覆型固体润滑剂含量为 10vol. %时，ATCN-C@ 10 刀具材料的综合力学性能最优。

4.3　微米 CaF$_2$@Al$_2$O$_3$ 核壳自润滑陶瓷刀具材料 物相与微观结构表征

4.3.1　物相分析

　　对于陶瓷刀具材料来说，各组成相间的化学相容性对刀具的性能有重要影响，组成相间的化学反应会大幅度降低材料的性能。

　　图 4-11 与图 4-12 分别为 AT-C@ 10 和 ATCN-C@ 10 两种核壳包覆自润滑陶瓷刀具材料表层物相的 XRD 图。由图 4-11 和图 4-12 可见，Al$_2$O$_3$ 和 TiC 或 Ti(C，N) 的衍射峰非常明显，为主要晶相；CaF$_2$ 的衍射峰也可以比较清楚地观察到；烧结助剂 MgO 的添加量太少，所以没有发现其衍射峰。以上结果表明，刀具材料在热压烧结过程中，各组分物质稳定且未有化学反应的发生，同时各组分在烧结完成后均保留在材料的基体内，也没有通过反应生成新物质，刀具材料具有良好的化学相容性。

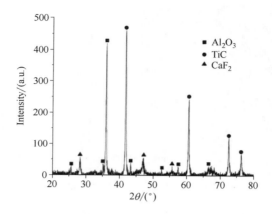

图 4-11　AT-C@10 核壳包覆自润滑陶瓷刀具材料 XRD 图谱

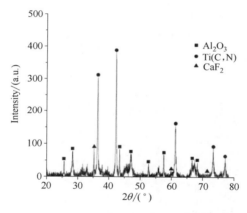

图 4-12　ATCN-C@10 核壳包覆自润滑陶瓷刀具材料 XRD 图谱

4.3.2　微观结构分析

4.3.2.1　AT-C@X 系列刀具材料的微观结构

图 4-13 为 AT 刀具材料断口的扫描电镜照片和 EDS 能谱图。由图 4-13 (a) 可见，AT 刀具材料各相间分布均匀，晶粒无明显异常长大。图 4-13 (b) 中的 EDS 分析结果表明，深色的微米尺度晶粒是 Al$_2$O$_3$，浅色的微米尺度晶粒是 TiC。图 4-13 (a) 中多处位置可以观察到明显的穿晶断裂形成的"台阶"，说明 AT 刀具的断裂方式为穿/沿晶混合断裂。

图 4-14 为 AT-C10 刀具材料断口的扫描电镜照片和 EDS 能谱图。由图 4-14 (a) 可见，AT-C10 刀具材料只有少量穿晶断裂形成的"台阶"，表明其断裂方式以沿晶断裂为主；而且图中心处的晶粒发生了异常长大。由于沿

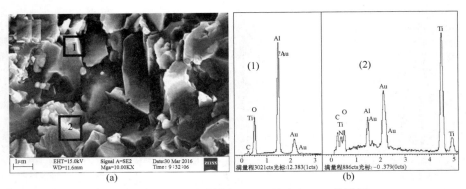

图 4-13　AT 刀具材料断口 SEM 照片和 EDS 能谱图

晶断裂的难度小于穿晶断裂，而且晶粒的异常长大也会导致刀具材料的力学性能降低。图 4-14（b）中的 EDS 分析结果表明，在图 4-14（a）中"1"处的元素主要为 Al、Ti 和 Ca，说明该刀具材料的晶粒为 Al$_2$O$_3$、TiC、CaF$_2$，且各相材料夹杂在一起。由于 CaF$_2$ 的力学性能较低且存在解理面，断裂或裂纹扩展到"1"处时，会首先从易发生剪切滑移的 CaF$_2$ 开始。

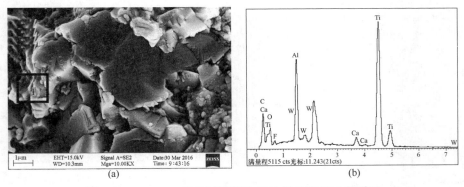

图 4-14　AT-C10 刀具材料断口 SEM 照片和 EDS 能谱图

图 4-15 为 AT-C@ 10 刀具材料断口的扫描电镜照片和 EDS 能谱图。由图 4-15（a）可以看到，刀具材料晶粒尺寸较小，各组成相分布均匀。图 4-15（b）中对图 4-15（a）中的能谱显示，该处含有 CaF$_2$ 颗粒，说明 CaF$_2$ 颗粒在烧结过程中未发生塑性流动，由此也说明 CaF$_2$@ Al$_2$O$_3$ 核壳结构对 CaF$_2$ 起到了稳定的约束作用，使其在微观结构中分布均匀，这将有利于提高材料的综合力学性能。由图 4-15（a）可见，断裂表面中 Al$_2$O$_3$ 和 TiC 晶粒处均可看到明显的穿晶断裂形成的"台阶"，由此可判断其发生了穿/沿晶混合断裂。

图 4-16 为 AT-C@ 10 刀具材料断口的扫描电镜照片和 EDS 能谱图。对比扫描电镜照片和选区的 EDS 能谱分析结果可见，AT-C@ 10 刀具材料断面存在

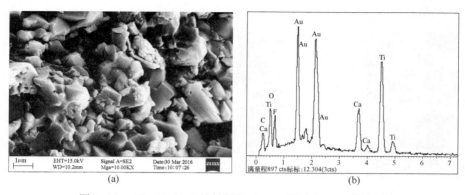

图 4-15　AT-C@ 10 刀具材料断口 SEM 照片和 EDS 能谱图

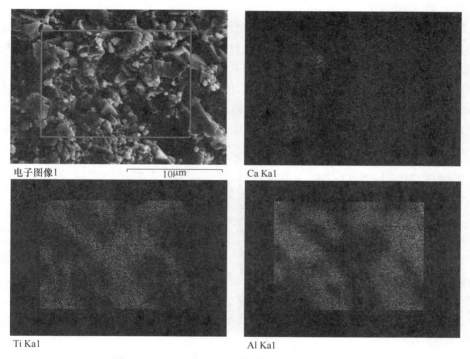

图 4-16　AT-C@ 10 刀具材料断口 EDS 能谱图

三种晶粒，分别为 Al_2O_3、TiC 和 $CaF_2@ Al_2O_3$。

4.3.2.2　ATCN-C@X 系列刀具材料的微观结构

图 4-17 为 ATCN 刀具材料断口的扫描电镜照片和 EDS 能谱图。由图 4-17 （a）可见，ATCN 刀具材料各相间分布均匀。图 4-17（b）中的 EDS 分析结果表明，深色的晶粒是 Al_2O_3，浅色的晶粒是 Ti(C，N)，图中多处位置可以观察

到穿晶断裂形成的"台阶",说明刀具 AT 材料的断裂方式为穿/沿晶混合断裂。

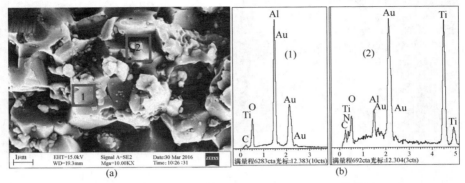

图 4-17　ATCN 刀具材料断口 SEM 照片和 EDS 能谱图

图 4-18 为 ATCN-C10 刀具材料断口的扫描电镜照片和 EDS 能谱图。由图 4-18（a）可见，ATCN-C10 刀具材料存在尺寸超过 5μm 的晶粒，且各相晶粒分布不均匀，只观察到少量穿晶断裂"台阶"，故其断裂方式为沿晶断裂为主。这种结构会导致刀具材料的力学性能降低，这与第 4.2.3 节的力学性能测试结果相吻合。图 4-18（b）中的 EDS 分析结果表明，在图 4-18（a）中"1"处的元素主要为 Al、Ti 和 Ca，说明该刀具材料的晶粒为 Al$_2$O$_3$、Ti(C,N)、CaF$_2$，各组成相夹杂分布在一起，导致力学性能较低。

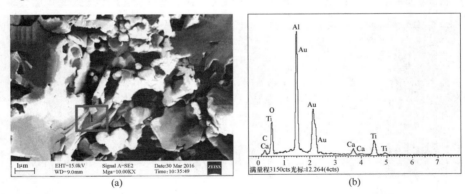

图 4-18　ATCN-C10 刀具材料断口 SEM 照片和 EDS 能谱图

图 4-19 为 ATCN-C@10 刀具材料断口的扫描电镜照片和 EDS 能谱图。由图 4-19（a）可以看到，刀具材料晶粒尺寸各相分布均匀。对图 4-19（a）的能谱显示，该处分布有 CaF$_2$ 颗粒，且此颗粒依然保持片状结构形状，表明 CaF$_2$@Al$_2$O$_3$ 核壳结构对 CaF$_2$ 起到了稳定的约束作用，有助于其在基体中的弥散分布，提高了刀具材料的综合力学性能。由图 4-19（a）可见，断裂表面

中 Al_2O_3 和 TiC 晶粒处均可看到明显的穿晶断裂形成的"台阶",由此可判断其发生了穿/沿晶混合断裂。

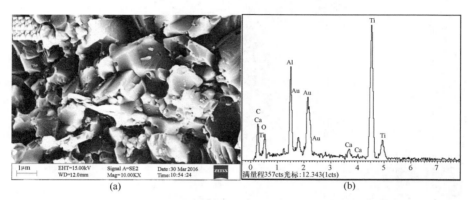

图 4-19　ATCN-C@ 10 刀具材料断口 SEM 照片和 EDS 能谱图

图 4-20 为 ATCN-C@ 10 刀具材料断口的扫描电镜照片和 EDS 能谱图。由图 4-20(a)中元素线扫描的 EDS 分析结果和图 4-20(b)中元素含量分析结果可知,在基体材料中,有两处(图中箭头处)Ca、F 元素较多,而其两侧 Al 元素含量较高,表明 Al_2O_3 晶粒"包"住了 CaF_2 晶粒。综合以上分析,此处即为 CaF_2@ Al_2O_3 包覆微粒。

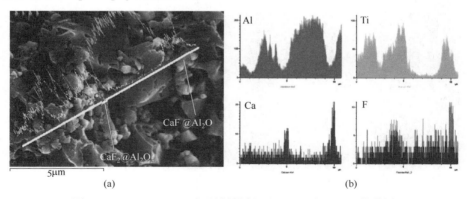

图 4-20　ATCN-C@ 10 刀具材料断口 SEM 照片及 EDS 能谱图

4.3.3　CaF_2@Al_2O_3 含量对 AT-C@X 系列刀具材料微观结构的影响

图 4-21 为 AT-C@ 10 材料断口的扫描电镜照片和 EDS 能谱图。由图 4-21(a)可见,材料较致密,晶粒尺寸比较细小,各相分布均匀。图中多处位置可以观察到明显的台阶,这是穿晶断裂的重要微观形貌特征,因此 AT-C@ X 系列刀具材料的断裂方式为穿/沿晶混合断裂。图 4-21(b)对 AT-C@ 10 材

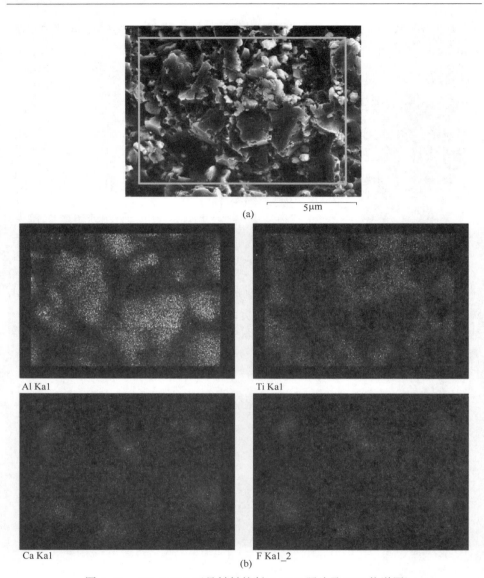

图 4-21   AT-C@10 刀具材料的断口 SEM 照片及 EDS 能谱图

料断口处面扫描的 EDS 分析结果显示，该区域内元素主要包括 Ti 和 C 以及 Al 和 O 元素，同时存在少量 Ca 和 F 元素；且 Ca 和 F 元素分布量少，集中分布于区域中的某些点位处，表明在 1650℃ 的烧结温度下，已熔融的 CaF$_2$ 没有发生塑性流动，而是被"约束"在 Al$_2$O$_3$ 和 TiC 之间的固定位置，形成一种类晶内型结构。

图 4-22（a）、图 4-22（b）、图 4-22（c）、图 4-22（d）分别为添加

10vol. % CaF$_2$ 和分别添加 5vol. %、10vol. %、15vol. %CaF$_2$@ Al$_2$O$_3$ 核壳包覆型固体润滑剂的 AT-C@ 5、AT-C@ 10、AT-C@ 15 刀具材料断口的扫描电镜照片。

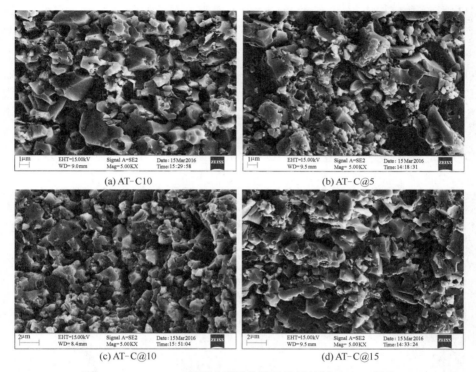

(a) AT-C10

(b) AT-C@5

(c) AT-C@10

(d) AT-C@15

图 4-22　AT-C@ X 系列自润滑陶瓷刀具材料断口 SEM 照片

从图中可以看出，只添加 CaF$_2$ 与添加 CaF$_2$@ Al$_2$O$_3$ 对自润滑陶瓷刀具材料微观结构影响明显。在图 4-22（a）中，因烧结温度大于 CaF$_2$ 熔点，AT-C10 刀具材料中烧结后的 CaF$_2$ 熔融后出现流失，导致在材料断面原 CaF$_2$ 的位置处出现气孔，与图 4-22（b）、图 4-22（c）、图 4-22（d）中的材料相比，致密性差别较大。在图 4-22（a）中原 CaF$_2$ 颗粒的位置可以清楚地观察到有较大的孔隙，影响刀具材料的致密化，是造成材料硬度和抗弯强度下降的主要原因。另外，图中可观察到沿晶断裂的典型微观形貌特征，说明 AT-C10 材料的断裂方式以沿晶断裂为主。

图 4-22（b）、图 4-22（c）、图 4-22（d）显示在添加 AT-C@ X 系列核壳包覆材料后，刀具材料中 CaF$_2$ 分布均匀，且保持了原有的位置结构，没有出现CaF$_2$ 流失和聚集现象，与 AT-C10 自润滑刀具材料相比，材料较致密。随着AT-C@ X 系列核壳包覆微粒的增加，刀具材料致密性呈下降趋势。图 4-22（c）

中 AT-C@15 刀具材料的断口形貌与图 4-22（b）中 AT-C@ 10 刀具材料的断口形貌相比，晶粒尺寸明显增大，孔隙率明显上升。这是因为烧结温度大于 CaF$_2$ 熔点，CaF$_2$ 含量过高时，在 CaF$_2$ 存在的地方因熔融作用导致孔隙较多。但与图 4-22（a）相比，孔隙明显减少，说明 CaF$_2$@ Al$_2$O$_3$ 核壳包覆结构抑制了 CaF$_2$ 在烧结过程中的迁移，提高了材料的致密性。

图 4-22 中各材料断口的微观结构的差异说明，固体润滑剂的添加形式不同是导致刀具材料致密性和力学性能差异的主要原因。与直接添加 CaF$_2$ 的 AT-C10 材料相比，AT-C@ X 系列材料的致密性要比 AT-C10 材料好，这与测试结果 AT-C@ X 系列材料力学性能普遍高于 AT-C10 是一致的，由此说明将 CaF$_2$@ Al$_2$O$_3$ 核壳包覆型固体润滑剂加入陶瓷基体后，对材料的微观结构和力学性能有较好的改善作用。

综合以上各图可见，AT-C@ X 系列核壳包覆自润滑陶瓷刀具材料的断裂模式是穿/沿晶混合断裂。

4.3.4　CaF$_2$@Al$_2$O$_3$ 含量对 ATCN-C@X 系列刀具材料微观结构的影响

图 4-23（a）、图 4-23（b）、图 4-23（c）、图 4-23（d）分别为添加

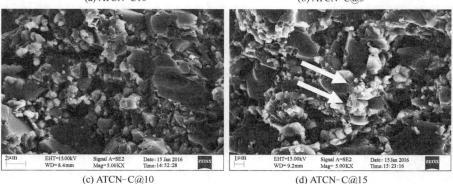

(a) ATCN-C10　　　　　　　　(b) ATCN-C@5

(c) ATCN-C@10　　　　　　　(d) ATCN-C@15

图 4-23　ATCN 系列自润滑陶瓷刀具材料断口 SEM 照片

10vol. % CaF_2 的 ATCN-C10 刀具材料和分别添加 5vol. %、10vol. %、15vol. % $CaF_2@Al_2O_3$ 核壳包覆型固体润滑剂的 ATCN-C@5、ATCN-C@10、ATCN-C@15 自润滑陶瓷刀具材料断口的扫描电镜照片。由图 4-23（a）可见，ATCN-C10 刀具材料中 CaF_2 明显发生了团聚（图中标记处）；而图 4-23（c）中 $CaF_2@Al_2O_3$ 分散性最好，材料均匀致密，图 4-23（b）次之；而图 4-23（d）$CaF_2@Al_2O_3$ 分散性较差，也出现了团聚现象（图中标记处）。以上刀具材料的微观结构形貌与其力学性能测试结果相吻合，即 ATCN-C@10 刀具材料的力学性能最好。综合以上各图可见，ATCN-C@X 系列核壳包覆自润滑陶瓷刀具材料的断裂模式也是穿/沿晶混合断裂。

4.4　微米 $CaF_2@Al_2O_3$ 核壳自润滑陶瓷刀具增韧机理分析

复合陶瓷的增韧补强作用是由其微观结构决定的。在陶瓷基体中添加固体润滑剂可以看作是在陶瓷基体中添加第二相，而晶界是基体和第二相颗粒的结合处，两者的分子在晶界形成原子作用力。晶界又作为基体和第二相颗粒传递载荷的媒介或过渡带，材料的强化依赖于跨越晶界的载荷传递，韧化受到与晶界密切相关的微开裂、裂纹偏转与桥联、残余应力场等增韧作用的制约。因此，晶界要满足下列条件才能取得显著的增韧补强效果。

① 保证第二相与基体的化学稳定性与相容性。第二相与基体之间既要有充分的润湿性和良好的化学结合，又要控制界面化学反应，因为过度的界面反应会恶化第二相的性质，失去第二相强化的意义。

② 第二相与基体相的弹性模量和热膨胀系数相匹配。弹性模量和热膨胀系数的失配，容易使基体产生裂纹，降低材料的强度，或者容易使裂纹避开增韧颗粒而仅仅在基体中扩展，失去增韧效果。

③ 晶界的结合强度要适中。过低的结合强度将造成局部脱黏，不足以传递载荷，降低增韧补强效果；但是若晶界结合强度过高，当材料破坏时，第二相颗粒与基体颗粒的界面就会不发生解离。另外，晶界结合强度越高，材料断裂时的拔出功也就越小，所以过高的界面结合强度同样达不到增韧补强的效果。

由于晶界在复相陶瓷材料中起重要作用，所以可以通过改善晶界来提高材料性能。Al_2O_3 表面包覆改性 CaF_2 形成的第二相 $CaF_2@Al_2O_3$ 包覆型颗粒增韧补强的基本原理是改性后的第二相颗粒表面物理化学性质发生了改变，导致第二相与基体间的晶界结合性质发生了改变。

核壳结构 $CaF_2@Al_2O_3$ 包覆型颗粒的表面层为反应生成的纳米 Al_2O_3，具有较高的表面活性，与基体 Al_2O_3 具有良好的化学稳定性与相容性，且与基体相 Al$_2$O$_3$ 的弹性模量和热膨胀系数完全一致。因此，在热压烧结过程中，利用 Al$_2$O$_3$ 晶体在高温烧结过程中的微观结构演化，CaF$_2$@ Al$_2$O$_3$ 包覆型颗粒外层的 Al$_2$O$_3$ 壳体将与周围的 Al$_2$O$_3$ 基体能够完全润湿，在随后的主晶相长大过程中，两晶粒的晶界发生迁移或晶粒"合并"，将 CaF$_2$ 纳入晶粒内部或夹于中间；在 Al$_2$O$_3$ 和 TiC 或 Ti(C，N) 的包裹挤压作用下，使 CaF$_2$ 包裹于 Al$_2$O$_3$ 晶粒内部并与其形成独立的"相"，这样可防止 CaF$_2$ 熔融扩散，降低因 CaF$_2$ 塑性流动产生的空隙率，增强刀具材料的致密化程度。另外，由于 CaF$_2$@ Al$_2$O$_3$ 核壳结构中 CaF$_2$ 的热膨胀系数大于 Al$_2$O$_3$，所以将有效抑制 Al$_2$O$_3$ 晶粒长大，阻止裂纹扩展，起到细化晶粒的作用。CaF$_2$@ Al$_2$O$_3$ 核壳包覆微粒增韧补强效果模型如图 4-24 所示。

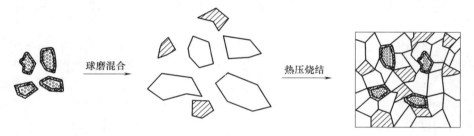

图 4-24　核壳包覆微粒增韧补强效果模型示意图

图 4-25、图 4-26 分别为 AT-C10 和 AT-C@ 10 刀具材料表面和断口的扫描电镜照片。由图 4-25 可见，与 AT-C10 刀具材料相比，AT-C@ 10 刀具材料更加致密，晶粒尺寸比较细小，各相分布均匀。图 4-26（a）中多处位置可以观察到河流花样，AT-C10 材料的断裂方式为穿/沿晶混合断裂，而图 4-26（b）中解理断裂的河流花样明显减少，但仍然存在，说明在烧结过程中由于

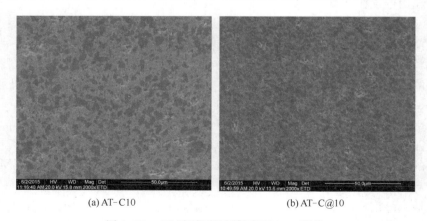

(a) AT-C10　　　　　　　　　　(b) AT-C@10

图 4-25　AT 系列刀具材料表面 SEM 照片

(a) AT-C10 (b) AT-C@10

图 4-26 AT 系列刀具材料断口 SEM 照片

核壳包覆型固体润滑剂使微裂纹扩展速度缓慢，导致台阶更密集，韧性更高。

图 4-27 中 AT-C@10 刀具材料表层压痕照片中放大区域处可清晰地看到 Al₂O₃ 晶粒穿晶断裂的形貌。由此说明 CaF₂ @ Al₂O₃ 核壳包覆结构能减弱晶界作用，诱发穿晶断裂，穿晶断裂比沿晶断裂消耗更多断裂能，是刀具材料力学性能改善的主要原因。

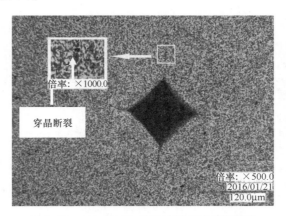

图 4-27 AT-C@10 刀具材料表层压痕照片

由此可见，采用包覆法制得核壳型包覆微粒，可使"核"固体润滑剂晶粒 CaF₂ 均能受到"壳"陶瓷晶粒 Al₂O₃ 的稳定约束，使之成为独立的"相"。这样既能使固体润滑剂在刀具材料内部均匀分布，保证良好的自润滑性能；又能利用该"壳"结构实现对基体材料的增韧补强，使其对刀具材料综合力学性能的损伤降到最低，部分性能得到改善。

第5章 CaF$_2$@Al$_2$O$_3$核壳自润滑金属陶瓷刀具制备与性能

为有效改善 Ti(C，N) 基自润滑金属陶瓷刀具材料的力学性能，将 Al$_2$O$_3$ 包覆 CaF$_2$ 纳米包覆粉体引入 Ti(C，N) 基金属陶瓷材料体系中，采用真空热压烧结工艺研制出一种具有多层核壳微观结构的 Ti(C，N) 基金属陶瓷刀具材料。本章主要探究 CaF$_2$@ Al$_2$O$_3$ 纳米包覆粉体含量对 Ti(C，N) 基金属陶瓷刀具材料力学性能的影响，并得出包覆粉体最佳含量。探究多层核壳微观结构对 Ti(C，N) 基自润滑金属陶瓷的力学性能的影响，并阐明多层核壳微观结构的增韧机理。

5.1 CaF$_2$@Al$_2$O$_3$核壳自润滑金属陶瓷刀具的制备

5.1.1 实验原料

实验所用的化学试剂有 Ti(C，N)(粒径为 500nm)、Al$_2$O$_3$（粒径为 200nm)、高纯钼粉 Mo（粒径为 1μm)、高纯钴粉 Co（粒径为 1μm)、高纯镍粉 Ni（粒径为 1μm)、轻质氧化镁 MgO（分析纯)、聚乙二醇 PEG6000（化学纯)、无水乙醇 C$_2$H$_5$OH（分析纯)。

实验所用的仪器设备有电子天平 ME105DU、真空热压烧结炉 ZR1050、真空干燥箱 DZF-6050、金相试样磨抛机 YMPZ-2、内圆切片机 J5060C-1、超声清洗机 SB-3200D、电动搅拌器 JJ-1、卧式球磨机 GQM-4、万能工具磨床 MQ6025A、电子万能试验机（AGS-X5KN)、维氏硬度计（Hv-120)、超景深三维显微系统（VHX-5000)、离子减薄仪（Gatan-691)、高分辨率透射电镜（FEI Tecnai G2F20)、扫描电子显微镜（Hitachi Regulus 8220)、X 射线衍射仪（Shimadzu XRD-6100)。

5.1.2 制备工艺

采用 Ti(C，N) 作为基体材料，所选的 Ti(C，N) 平均粒径 500nm，纯度大于 99 %。稀有金属 Mo、Co、Ni 作为黏结相，所选平均粒径为 1μm，纯度大于 99 %。以 MgO 作为烧结助剂，所选平均粒径为 1μm，纯度为 99 %。首先，按照表 5-1 中的组分配比采用电子天平称取一定量的 Ti(C，N)、Mo、

Co、Ni 粉体和聚乙二醇添加到烧杯中，然后向烧杯中加入无水乙醇，采用超声清洗器超声分散，同时采用电动搅拌器机械搅拌 30min，之后称取适量的 MgO 添加到烧杯中继续搅拌 30min，将上述混合物超声分散均匀后得到 Ti(C,N) 混合料浆。按照球料比 10∶1 的原则，采用托盘天平称取硬质合金球，将上述 Ti(C,N) 混合料浆和硬质合金球放入聚氨酯球磨罐中，并通入氮气作为保护气，进行湿式球磨 36 h。称取一定量的 CaF₂@Al₂O₃ 包覆粉体，加入 100mL 的无水乙醇与适量的聚乙二醇作为分散介质，超声分散 30min 配制成 CaF₂@Al₂O₃ 包覆粉体悬浮液，将所得悬浮液加入球磨罐中，继续球磨 5h。球磨结束后将料浆放入真空干燥箱烘干 12 h，采用 200 目网筛过滤，最终得到 Ti(C,N) 基金属陶瓷刀具混合粉末。将混合粉末装入石墨模具中，进行真空热压烧结，保温时间为 30min，烧结压力为 30MPa，烧结温度为 1450℃，最终制备得到多层核壳微观结构 Ti(C,N)/Mo-Co-Ni/CaF₂@Al₂O₃ 金属陶瓷刀具。

表 5-1　多层核壳微观结构 Ti(C,N) 基金属陶瓷刀具组分配比

组分	Ti(C,N)	CaF₂	Al₂O₃	CaF₂@Al₂O₃	Mo	Co	Ni	MgO
TM	74.5	0	0	0	5	10	10	0.5
TMC	64.5	5	5	0	5	10	10	0.5
TMC@5	69.5	0	0	5	5	10	10	0.5
TMC@10	64.5	0	0	10	5	10	10	0.5
TMC@15	59.5	0	0	15	5	10	10	0.5
TMC@20	54.5	0	0	20	5	10	10	0.5

制备好材料块体后，采用自动内圆切片机将金属陶瓷刀具材料标准试样条加工成尺寸为 3mm×4mm×0.5mm 的切片，使用金刚石研磨膏（W5）将切片研磨至厚度 75μm，然后将切片放入丙酮中超声清洗，采用离子减薄仪将切片减薄成直径为 3mm，厚度为 15μm 的圆形薄片，采用高分辨率透射电镜观察上述制备的圆形薄片微观形貌。此外，选取若干进行完力学性能测试的试样，采用扫描电子显微镜观察试样断口的微观形貌。采用扫描电子显微镜及其附带的能谱仪观察试样断口的微观形貌，并分析元素分布。采用 X 射线衍射仪分析金属陶瓷刀具烧结前后的物相组成。技术参数为：Cu 靶，工作电压 50kV，工作电流 60mA，扫描速度 0.5°/min，2θ 范围 10°~90°。采用扫描电子显微镜观察试样表面压痕裂纹的微观形貌。

5.2　CaF₂@Al₂O₃ 核壳自润滑金属陶瓷刀具的力学性能分析

根据前文所述的试验方法，分别测试未添加 CaF₂@Al₂O₃ 包覆粉体的 TM

金属陶瓷刀具材料、添加不同体积含量的包覆粉体的 TMC@5、TMC@10、TMC@15、TMC@20 金属陶瓷刀具材料以及仅添加纳米 CaF$_2$ 与纳米 Al$_2$O$_3$，未进行包覆的 TMC 金属陶瓷刀具材料，其力学性能试验结果如图 5-1 所示。随着 CaF$_2$@Al$_2$O$_3$ 含量的增加，刀具材料的抗弯强度有所降低，但是降幅不大。相比之下，刀具材料的硬度、断裂韧性和相对密度均呈先升高后降低的趋势，当 CaF$_2$@Al$_2$O$_3$ 含量为 10vol.% 时达到最高值；材料的硬度随含量的增加先缓慢增加，后快速下降。综合对比，当 CaF$_2$@Al$_2$O$_3$ 含量为 10vol.% 时，TMC@10 金属陶瓷刀具材料拥有较高的硬度与断裂韧性，其综合力学性能最好。与未添加 CaF$_2$@Al$_2$O$_3$ 包覆粉体相比，TMC@10 金属陶瓷刀具材料的硬度和断裂韧性出现提升，与直接加入纳米 CaF$_2$ 和纳米 Al$_2$O$_3$ 相比，TMC@10 金属陶瓷刀具材料的硬度和断裂韧性出现了提升。

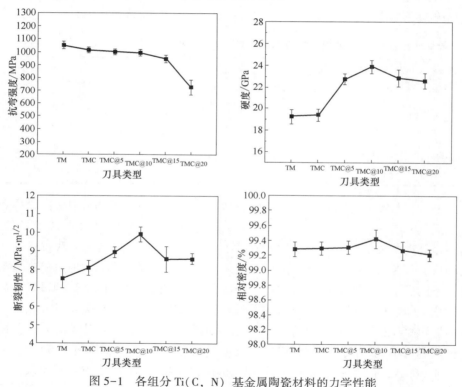

图 5-1　各组分 Ti(C，N) 基金属陶瓷材料的力学性能

5.3　CaF$_2$@Al$_2$O$_3$ 核壳自润滑金属陶瓷刀具的微观形貌分析

图 5-2（a）是 TM 金属陶瓷刀具材料断口微观形貌，可以观察到 Ti(C，N)

基体晶粒形状，但其表面覆盖一层金属黏结相，表明断裂发生在晶界处，且主要在金属黏结相内部扩展。

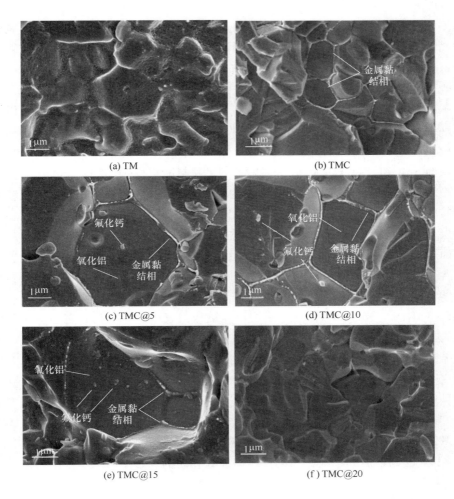

图 5-2　各组分 Ti（C，N）基自润滑金属陶瓷刀具断口 SEM 照片

图 5-2（b）是 TMC 金属陶瓷刀具材料断口微观形貌，由于直接添加纳米 CaF₂ 与 Al₂O₃，Al₂O₃ 并未对 CaF₂ 进行包覆，所以在 Al₂O₃ 中没有观察到纳米 CaF₂ 颗粒，但是金属黏结相在 Al₂O₃ 外围进行了包覆，可以清晰地观察到在 Al₂O₃ 外围形成了金属黏结相外壳。

图 5-2（c）是 TMC@5 金属陶瓷刀具材料断口微观形貌，如图所示，不仅金属黏结相对 Al₂O₃ 进行了包覆，而且在 Al₂O₃ 内部发现了纳米 CaF₂ 颗粒，

形成了以纳米 CaF$_2$ 颗粒为核，以 Al$_2$O$_3$ 为中间层，以 Mo-Co-Ni 金属黏结相为外壳的多层核壳微观结构。

图 5-2（d）是 TMC@10 金属陶瓷刀具材料断口微观形貌，随着 CaF$_2$@ Al$_2$O$_3$ 包覆粉体添加量的增加，多层核壳结构更加完整，图中可以清晰地观察到晶粒断裂后形成的台阶，且晶粒断裂后可以观察到轮廓清晰完整的纳米 CaF$_2$ 颗粒。另一方面，该材料断口同时具有完整晶粒和不完整晶粒存在，说明既存在穿晶断裂，又存在沿晶断裂。

图 5-2（e）是 TMC@15 金属陶瓷刀具材料断口微观形貌，从图中可以清晰地观察到分布均匀，粒径一致的纳米 CaF$_2$ 颗粒，而且外层金属黏结相完整析出在 CaF$_2$@ Al$_2$O$_3$ 颗粒的周围。

图 5-2（f）是 TMC@20 金属陶瓷刀具材料断口微观形貌，与上述刀具材料形貌对比发现，形成的多层核壳结构较少，这是由于 CaF$_2$@ Al$_2$O$_3$ 包覆粉体颗粒的性质主要由外层的 Al$_2$O$_3$ 所决定，CaF$_2$@ Al$_2$O$_3$ 包覆粉体的含量过多使外层 Al$_2$O$_3$ 晶粒异常长大，所以金属黏结相不易在 CaF$_2$@ Al$_2$O$_3$ 包覆粉体颗粒表面形成。另一方面，Al$_2$O$_3$ 颗粒的热膨胀系数小于 Ti(C，N) 颗粒，包覆粉体含量过多，热胀失配严重并诱发材料内部残余应力场过大，导致该组分材料力学性能下降。综上所述，通过在 Ti(C，N) 基金属陶瓷基体材料中引入 CaF$_2$@ Al$_2$O$_3$ 包覆粉体，形成了多层核壳结构，成功制备了具有多层核壳微观结构 Ti(C，N) 基金属陶瓷刀具材料。

图 5-3 是 TMC@10 自润滑金属陶瓷刀具材料断口的扫描电镜照片和 EDS 能谱图。由图可见，图中形成了 CaF$_2$@ Al$_2$O$_3$@ Mo-Co-Ni 多层核壳微观结构，而且还可以观察到台阶，这是穿晶断裂的重要微观形貌，因此该刀具材料的断裂方式为穿晶断裂和沿晶断裂的混合方式。图 5-3 对 TMC@10 自润滑金属陶瓷刀具材料断口处面扫描的 EDS 分析结果显示，该区域内 Ca 和 F 元素的分布与 Al 和 O 元素的分布大致相同，可知此处物质为 CaF$_2$@ Al$_2$O$_3$ 包覆粉体，此外 CaF$_2$@ Al$_2$O$_3$ 包覆粉体在烧结前为纳米颗粒，比表面积很大，金属粉末富集在其表面，烧结时在金属液相扩散前已完成 Al$_2$O$_3$ 晶体的长大，所以 Co 与 Ni 元素分布的密集部位与 CaF$_2$@ Al$_2$O$_3$ 包覆粉体的位置大致相同，可知金属黏结相在包覆粉体外部形成，形成了 CaF$_2$@ Al$_2$O$_3$@ Mo-Co-Ni 多层核壳微观结构。

图 5-4 是 TMC@10 自润滑金属陶瓷刀具材料烧结前后 X 射线衍射分析图谱。结果表明，Ti(C，N)、Al$_2$O$_3$、CaF$_2$ 三种物质之间没有发生化学反应，化学相容性良好，其中稀有金属 Mo-Co-Ni 和烧结助剂 MgO 由于含量较少，没有明显的衍射峰存在。

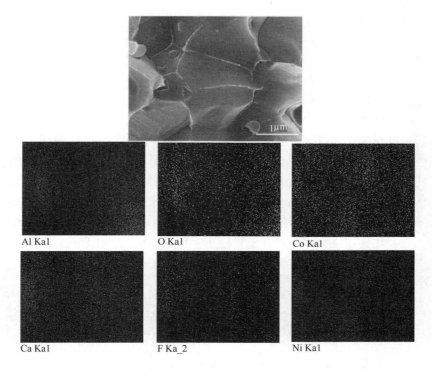

图 5-3　Ti(C，N) 基金属陶瓷刀具断口的 SEM 照片和 EDS 能谱图

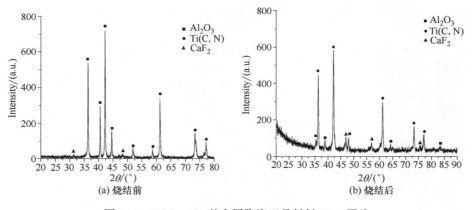

图 5-4　Ti(C，N) 基金属陶瓷刀具材料 XRD 照片

5.4　CaF₂@Al₂O₃ 核壳自润滑金属陶瓷刀具增韧机理分析

图 5-5 （a）是 Ti(C，N)/Mo-Co-Ni/10vol.%CaF₂@Al₂O₃ 自润滑金属陶

瓷刀具材料的 HRTEM 照片，从图中可以清晰地观察到球形纳米颗粒，其中图 5-5（b）为图 5-5（a）中所选定区域的放大图，而图 5-5（c）又为图 5-5（b）中所选定区域的放大图。高分辨透射电镜结果表明，晶内的纳米颗粒是具有典型的钙钛矿结构的 CaF_2 晶体，其粒径在 10nm 左右，这与前文制备的包覆型纳米粉体的粒径基本相符，并且可以清楚地观察到纳米颗粒没有发生团聚，在热压烧结的过程中纳米 CaF_2 颗粒没有异常长大，仍能在基体材料中保证较好的球形颗粒形状，在 Al_2O_3 晶粒内部包覆的纳米 CaF_2 颗粒形成了典型的核壳结构，这种核壳结构为自润滑金属陶瓷材料获得优良的综合力学性能提供了前提条件。此外，晶内 CaF_2 晶体的晶面间距为 0.189nm，略低于 CaF_2 晶体的标准晶面间距 0.193nm。分析原因认为，在烧结过程中，CaF_2 表面包覆的纳米 Al_2O_3 长大在 1200℃ 开始，之后 CaF_2 晶体的长大被限制在 Al_2O_3 晶体内部，且其热膨胀系数高但弹性模量较小，导致晶格间距比理论值减小。

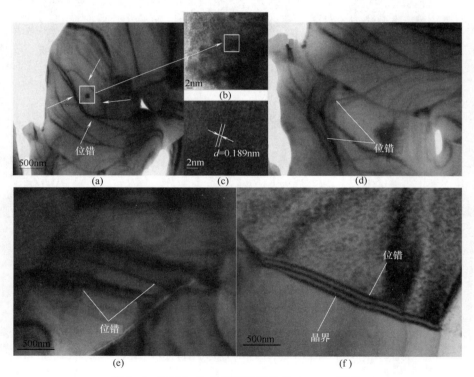

图 5-5　TMC@10 金属陶瓷刀具的 HRTEM 照片

另一方面，图 5-5（a）可以清晰地观察到多个弯曲的位错线，这是由于晶内 CaF_2 的热膨胀系数较高，在 Al_2O_3 晶体内部产生了残余压应力，由残余应力公式可知，

$$P = \frac{(\alpha_p - \alpha_m)\theta_0}{\dfrac{1+v_m}{2E_m} + \dfrac{1-2v_p}{E_p}} \tag{5-1}$$

$$\sigma_r = -2\sigma_m = P\frac{a^3}{r^3} \tag{5-2}$$

最大径向拉应力 σ_r 位于 CaF_2 与 Al_2O_3 的界面处，且应力随距离的增加而减小。残余应力在晶内诱发位错，如图 5-5（a）所示，位错线分布在纳米 CaF_2 颗粒周围，呈由中心向四周分布，围绕 CaF_2 颗粒发生弓形化，直至各弓形化部分相互连接起来后才继续向前运动，近似闭合从而在 CaF_2 颗粒周围形成位错环，应力诱发位错线向远离 CaF_2 颗粒方向滑移，且伴随应力的变化，位错线的宽度和长度自中心向四周逐渐减小。由位错能公式：

$$E = aGb^2 \tag{5-3}$$

式中，G 为剪切模量；a 为几何因子，其值为 0.5~1；b 为柏氏矢量。可见位错能与 b^2 成正比，且对位错能的大小影响很大。b 相当于晶格的点阵常数，金属为一元结构，点阵常数较小，因此金属材料所需位错能小，容易形成位错。而 Al_2O_3 为二元化合物，结构比较复杂，原子数较多，所需的位错能较大，因此不易形成位错。采用 Al_2O_3 包覆 CaF_2 使得位错发生在多层核壳结构的中间层 Al_2O_3 处，消耗了大量位错能，而外壳金属黏结相的位错能大大降低，有效减少了金属黏结相的位错及塑性变形，使位错与残余应力的形成在合理的范围内，既降低了金属黏结相的位错使得金属陶瓷材料增韧，又不会因为残余应力过大使得金属陶瓷材料开裂。

从图 5-5（d）可以看出，当较大角度位错线到达晶界时，由于受到晶界金属黏结相塑性变形的作用而终止扩展，如果没有外层金属黏结相的作用，则会产生如图 5-5（e）所示的状态，位错能过大进而导致晶界处的裂纹萌生，表明金属黏结相能够阻碍位错线的扩展，钝化裂纹的扩展使得金属陶瓷材料增韧。此外，从图 5-5（d）中可以清楚地观察到不同位错线间发生交割，形成不同的割阶，由于晶粒长大过程极为复杂，晶内发生的位错既有刃型位错也有螺型位错。对于刃型位错，形成割阶的可滑移方向与原位错的滑移方向一致，但割阶的可滑移面很难正好是原位错的易滑移面，所以即使它是可动割阶，也要给位错运动增加阻力。对于螺型位错，被交割后所形成的割阶，只能被螺型位错拖着攀移，而不能随着它滑移，所以这样的割阶对位错的阻力更大，甚至可以对位错起到钉扎的作用。综上所述，晶内位错所形成的割阶会阻碍位错的扩展，进而使得金属陶瓷材料增韧。

从图 5-5（f）可以看出，当位错平行于晶界时，多条位错线到达晶界后，呈现出等间距近似平行分布的趋势，且位错线长度逐渐降低，在晶界处形成位错塞积，没有继续向相邻的晶粒扩展。由于 Ti(C，N) 金属陶瓷是多晶材料，材料由多种位向不同的晶粒组成，由于每种晶体的临界分切应力是一定的，只有晶体某一个滑动对应力处于有利取向，取向因子最大时，才能使最小的应力引起的分切应力达到最大值而发生位错，但是多晶体中不同晶粒取向不一致，所以多晶体的取向因子远远小于单晶体，位错要穿过晶界在不同晶粒滑移需要较大的位错能。另一方面，与晶内相比，晶界的原子排列是紊乱不规则的，所以晶界所需要的临界分切应力比晶内要大得多，而且位错扩展到晶界时不仅会遇到金属层，还会遇到第二项 Ti(C，N) 颗粒，位错的滑移扩展会遇到很大的阻碍。此外，当 $CaF_2@Al_2O_3$ 包覆粉体的含量过多时，位错扩展到晶界时遇到另一个多层核壳结构，晶界处形成双重位错塞积并诱发交滑移，这是添加过量 $CaF_2@Al_2O_3$ 包覆粉体导致力学性能变差的主要原因。综上所述，Ti(C，N) 金属陶瓷材料依靠多层核壳结构金属黏结相以及晶界之间的位向差，进而使得材料增韧。

图 5-6 为多层核壳结构示意图，该结构以 CaF_2 为内核，以 Al_2O_3 为中间层，以金属黏结相为外层，通过对 CaF_2 的包覆，不仅解决了固体润滑剂 CaF_2 剪切强度较低，导致刀具材料力学性能下降的难题，而且改善了金属陶瓷材料中的残余应力分布，多层核壳结构使得 Ti(C，N) 金属陶瓷刀具在切削过程中不仅可以自

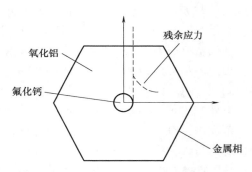

图 5-6　多层核壳结构示意图

润滑，降低摩擦系数能够减摩，而且兼顾优异的力学性能，尤其是硬度和断裂韧性的提升，能够使金属陶瓷刀具材料更加耐磨。

整个多层核壳微观结构的形成过程如图 5-7 所示。首先，采用非均匀成核原理制备了 $CaF_2@Al_2O_3$ 包覆粉体。采用均匀成核原理使纳米 Al_2O_3 颗粒不断聚集在 $CaF_2@Al_2O_3$ 包覆粉体表面聚集。通过超声分散和机械球磨，将 $CaF_2@Al_2O_3$ 包覆粉体和黏结相金属粉末均匀混合。随着烧结温度的升高，纳米 Al_2O_3 晶粒开始不断长大，围绕在 $CaF_2@Al_2O_3$ 包覆粉体表面的金属粉末在烧结温度达到 1200℃时开始熔化。最终，液相金属扩散在 $CaF_2@Al_2O_3$ 包覆粉体的表面上。由于金属粉末不断在 Al_2O_3 晶粒表面熔化，不仅抑制了纳米 Al_2O_3 晶粒的生长，而且细化了晶粒。真空热压烧结完成形成了以纳米 CaF_2 为核，Al_2O_3 为中间层，金属相为壳的多层核壳微观结构。

图 5-8 是 TMC@10 自润滑金属陶瓷刀具材料压痕周围的裂纹扫描电镜照

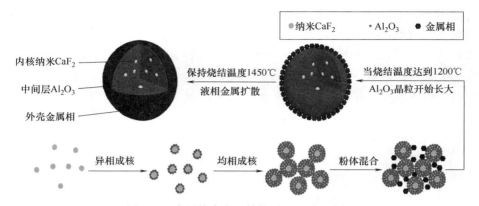

图 5-7　多层核壳微观结构形成过程示意图

片，观察可以看到裂纹的扩展存在偏转、桥联以及裂纹分支等形式。图 5-8
（a）可以清晰地观察到裂纹偏转形貌，裂纹的偏转主要是因为裂纹扩展到多
层核壳微观结构时如图 5-8（b）所示，晶内 CaF$_2$ 的热膨胀系数较大，产生残
余拉应力，当裂纹扩展到 CaF$_2$@Al$_2$O$_3$ 包覆粉体时，裂纹倾向于晶界，从而使
得裂纹偏转，扩展路径延长，消耗部分断裂能，产生增韧效果。图 5-8（c）
可以观察到裂纹桥联形貌，裂纹扩展的过程中遇到了较大的晶粒，晶粒两端仍

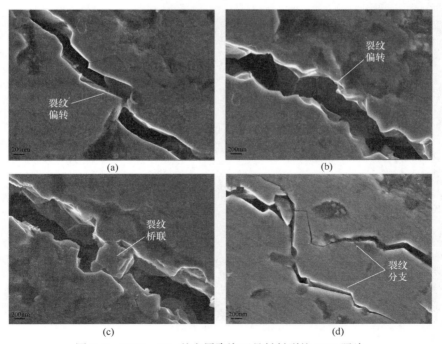

图 5-8　Ti（C，N）基金属陶瓷刀具材料裂纹 SEM 照片

与基体连接在一起，相当于在裂纹之间架了一座桥，随着裂纹的进一步扩展，裂纹宽度的增大必将受到该桥联作用的抑制，阻碍了裂纹的扩展，起到了金属陶瓷刀具增韧效果。图 5-8（d）可以观察到裂纹的分支，在主裂纹的末端上产生次生裂纹，每一条次生裂纹的产生都会消耗一部分断裂能，进而使得主裂纹的断裂能降低，抑制了裂纹的扩展，进而提高了金属陶瓷材料的性能。

第6章 纳米 $CaF_2@Al_2O_3$ 核壳与晶须协同改性自润滑陶瓷刀具制备与性能

由于制备的 $CaF_2@Al_2O_3$ 核壳自润滑陶瓷刀具材料的断裂韧性较低，因此本章以 $Al_2O_3/Ti（C，N）$ 作为基体材料，以纳米 $CaF_2@Al_2O_3$ 作为固体润滑剂，以 MgO 为烧结助剂，引入 ZrO_2 晶须协同改性，制备 $Al_2O_3/Ti（C，N）/CaF_2@Al_2O_3$ 自润滑陶瓷刀具材料，测试其力学性能，并进行微观结构的表征。

6.1 纳米 $CaF_2@Al_2O_3$ 核壳与晶须协同改性自润滑陶瓷刀具材料的制备

6.1.1 实验原料

实验原料包括：纳米 Al_2O_3，纳米 $Ti（C，N）$，MgO，ZrO_2 晶须等，具体参数可见表6-1。其中，为保证 ZrO_2 晶须具有相变特性，实验制备的 ZrO_2 晶须掺杂氧化钇3%。考虑到 $Al（OH）_3$ 在加热分解过程中容易发生羟基桥联，造成硬团聚，因此在本实验过程中采用直接添加 $Al（OH）_3$ 包覆 CaF_2 的纳米材料，采取热压工艺烧结，在烧结的过程中 $Al（OH）_3$ 会发生分解，在 CaF_2 表面生成 Al_2O_3。

表6-1 实验原料

名称	化学式	规格	生产商
碳氮化钛	$Ti（C，N）$	80nm	合肥豫龙新材料有限公司
氧化铝	Al_2O_3	200nm	上海超威新材料有限公司
氧化镁	MgO	1μm	国药集团化学试剂有限公司
聚乙二醇	PEG	PEG4000	国药集团化学试剂有限公司
无水乙醇	C_2H_5OH	分析纯	国药集团化学试剂有限公司
包覆粉体	$CaF_2@Al（OH）_3$	20~30nm	自制
氧化锆晶须	ZrO_2	1~3μm	自制

对于 $Al_2O_3/Ti（C，N）$ 复相陶瓷刀具材料来说，增强相的含量对陶瓷刀具的力学性能影响较为明显，含量过低或者过高都会影响微观组织，进而影响综

合力学性能，增强相的含量一般存在最优数值。因此，综合考虑本书研究中各材料的组分如表 6-2 和表 6-3 所示。

表 6-2　添加 CaF$_2$@Al(OH)$_3$ 的 Al$_2$O$_3$/Ti(C，N) 基陶瓷刀具材料

序号	Al$_2$O$_3$ （vol./%）	Ti(C,N)（vol./%）	Al(OH)$_3$@CaF$_2$ （vol./%）	MgO （vol./%）
1	71.06	23.44	5	0.5
2	67.30	22.20	10	0.5
3	63.55	20.95	15	0.5

表 6-3　添加 CaF$_2$@Al(OH)$_3$ 和 ZrO$_2$ 的 Al$_2$O$_3$/Ti(C，N) 基陶瓷刀具材料

序号	Al$_2$O$_3$ （vol./%）	Ti(C,N) （vol./%）	CaF$_2$@Al(OH)$_3$ （vol./%）	MgO （vol./%）	ZrO$_2$ （vol./%）
1	66.53	21.97	5	0.5	6%
2	62.7	20.8	10	0.5	6%
3	58.94	19.56	15	0.5	6%

6.1.2　制备工艺

添加包覆型纳米颗粒到 Al$_2$O$_3$/Ti(C，N) 陶瓷刀具中，这样获得了优于直接添加纳米固体润滑剂颗粒的自润滑陶瓷刀具，究其原因，主要利用了纳米颗粒与基体材料的热胀失配，对基体材料产生压应力。在烧结完成后，在基体材料内部的、构成晶内型结构的纳米颗粒，也就是添加包覆型纳米颗粒对自润滑陶瓷刀具材料的性能影响尤为显著。

而添加 ZrO$_2$ 晶须到 Al$_2$O$_3$/Ti(C，N) 陶瓷刀具中，利用晶须增韧的原理，如晶须桥连、晶须拔出，以及晶须断裂，同时也利用 ZrO$_2$ 特有的相变效应，二者耦合对陶瓷刀具的力学性能，包括硬度、断裂韧性和抗弯强度都有着显著的影响。

在热压烧结过程中，影响最终获得的陶瓷材料性能的主要因素包括热压压力、保温时间和烧结温度升温速率等。烧结时间的长短，烧结温度的高低都决定着烧结过程中晶粒的生长，影响着材料的致密性，综合考虑，在本实验过程中选取的参数具体为：烧结温度为 1650℃，保温时间 20min，升温速度 20℃/min，热压压力 30MPa。

添加 ZrO$_2$ 晶须的 Al$_2$O$_3$/Ti(C，N) 纳米复合陶瓷刀具材料的制备流程图如图 6-1 所示，详细制备流程如下。

① 首先进行原料称取：ZrO$_2$ 晶须，Al$_2$O$_3$，Ti(C，N)，MgO。

② 将聚乙二醇加入无水乙醇中，超声分散并机械搅拌 20～30min，待其完

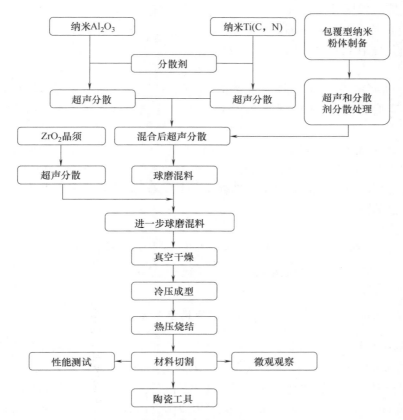

图 6-1　改性纳米复合陶瓷刀具材料的制备流程图

全溶解；加入 Al₂O₃ 和 MgO 粉体，超声分散并机械搅拌 20 ~ 30min，得到 Al₂O₃ 分散液。

③ 将聚乙二醇加入无水乙醇中，超声分散并机械搅拌 20~30min，待其完全溶解；加入 Ti(C，N) 粉体，超声分散并机械搅拌 10~30min 得到 Ti(C，N) 分散液。

④ 将上述分散液混合，超声分散并机械搅拌 20~40min，得到混合粉体的复相悬浮液，以球料质量比 10∶1 称取硬质合金球，与混合均匀的复相悬浮液一同倒入球磨罐中，充入氮气作为保护气体，连续球磨 44h。

⑤ 将 ZrO₂ 晶须置于烧杯，用蒸馏水和无水乙醇交替清洗 3 次，超声一段时间后，加入上述球磨罐中，保持氮气气氛，继续球磨一定时间。

⑥ 将球磨后得到的复相悬浮液置于真空干燥箱中 110℃ 温度下真空干燥 24h 以上，以完全去除其中的无水乙醇，干燥后的粉料经 200 目筛子过筛。

⑦ 称取适量过筛后的复合粉料装入石墨模具，用千斤顶进行预压后得到

123

盘状坯体，预压时间为 20min。

⑧ 将冷压成型后的石墨模具放入石墨套筒，在真空热压烧结炉中进行热压烧结，烧结温度为 1650℃，保温时间 20min，升温速度 20℃/min，热压压力 30MPa。

⑨ 所制得添加 ZrO$_2$ 晶须/纤维的 Al$_2$O$_3$/Ti（C，N）基陶瓷刀具材料经过切割、粗磨、精磨、研磨和抛光后进行力学性能测试，包括维氏硬度、断裂韧性。

将 ZrO$_2$ 晶须和包覆型纳米固体润滑剂粉体材料同时添加到陶瓷刀具当中去，利用具有相变能力的晶须增韧和晶内型纳米颗粒的增韧这两种不同的增韧机理来完成对陶瓷刀具的改性，即获得一种 ZrO$_2$ 晶须和包覆型纳米固体润滑复合改性的自润滑陶瓷刀具材料。

6.2 纳米 CaF$_2$@Al$_2$O$_3$ 核壳与晶须协同改性自润滑陶瓷刀具材料力学性能

6.2.1 纳米 CaF$_2$@Al$_2$O$_3$ 含量对力学性能的影响

表 6-4 为添加纳米固体润滑剂和添加不同含量包覆型纳米固体润滑剂的陶瓷刀具的力学性能数据表，从表中可以看出添加包覆型纳米颗粒可以有效地改善陶瓷刀具的力学性能，在烧结工艺条件确定为烧结温度为 1650℃，保温时间 20min，升温速度 20℃/min，热压压力 30MPa 时，添加不同含量的纳米固体润滑剂对自润滑陶瓷刀具有明显的影响。

表 6-4　添加不同组分 CaF$_2$@Al（OH）$_3$ 的陶瓷刀具的力学性能

润滑剂/添加量/vol.%	硬度/GPa	抗弯强度/MPa	断裂韧性/MPa·m$^{1/2}$
CaF$_2$/10%	17.91	432	5.79
CaF$_2$@Al（OH）$_3$/5%	19.58	448	6.21
CaF$_2$@Al（OH）$_3$/10%	18.58	471	6.50
CaF$_2$@Al（OH）$_3$/15%	17.05	428	6.64

当包覆粉体的添加量为 5% 时，硬度值为 19.58GPa，这比前文中制备的未添加 CaF$_2$ 的 Al$_2$O$_3$/Ti（C，N）硬度略有下降，随着包覆粉体的含量的增加，刀具的硬度值存在明显的下降趋势，这主要是因为 CaF$_2$ 的硬度值以及力学性能较差，刀具基体中润滑剂含量的增加势必会造成刀具硬度等性能的下降，在添加量为 15% 时，刀具的硬度值明显下降，低至 17.05GPa，但此时断裂韧性较好，主要原因可能归于大量的晶内型纳米固体润滑剂的存在对陶瓷材料的断

裂韧性起到影响，添加包覆型纳米固体润滑剂的陶瓷刀具的断裂韧性要明显好于直接添加纳米固体润滑剂的陶瓷刀具，陶瓷试样的抗弯强度随着包覆型纳米颗粒的添加呈现出先增加后降低的趋势，在包覆型纳米粉体的添加量为 10% 时，材料的抗弯强度达到 471MPa。通过对比表明，添加包覆型纳米固体润滑剂的含量和直接添加纳米固体润滑剂的含量均为 10% 时，包覆型纳米粉体的引入使试样的硬度提升了 3.2%，断裂韧性提高了 12%，抗弯强度提高了 9%。

由此可见，添加包覆型纳米固体润滑剂的陶瓷刀具与直接添加纳米固体润滑剂的材料进行比较，其力学性能有了较为明显的提升，其中以添加包覆型纳米固体润滑剂的含量为 10% 时，取得了相对较好的综合力学性能。

6.2.2　ZrO_2 晶须含量对力学性能的影响

如前文所述，对添加 ZrO_2 晶须增韧的 $Al_2O_3/Ti(C，N)$ 陶瓷刀具进行力学性能测试所得到的数据如表 6-5 所示。从表中可以看出 ZrO_2 晶须可以明显改变陶瓷材料的力学性能。本书所制备的添加 ZrO_2 晶须增韧的陶瓷刀具材料，在添加不同含量的 ZrO_2 晶须时对陶瓷刀具的性能有着明显的影响。分析表明，未添加晶须的陶瓷材料，硬度值较大，达到了 20.47GPa，而断裂韧性为 5.78MPa·$m^{1/2}$。随着 ZrO_2 的加入，当 ZrO_2 晶须的添加量为 3% 时，硬度值为 19.50GPa，这比前文中制备的未添加 ZrO_2 的 $Al_2O_3/Ti(C，N)$ 的硬度略有下降，随着 ZrO_2 的含量进一步增加，刀具的硬度值有着下降趋势。

表 6-5　　　　添加不同组分 ZrO_2 的陶瓷刀具的力学性能

ZrO_2 添加量/vol. %	硬度/GPa	抗弯强度/MPa	断裂韧性/MPa·$m^{1/2}$	相对密度
ZrO_2/0%	20.47	555	5.78	99.1
ZrO_2/3%	19.50	558	6.13	98.7
ZrO_2/6%	19.15	584	6.61	98.8
ZrO_2/9%	18.81	581	6.81	97.9

在 ZrO_2 的添加量为 6% 时，刀具的硬度值进一步下降，添加 ZrO_2 的陶瓷刀具的断裂韧性要明显好于未添加 ZrO_2 晶须的陶瓷材料，这在一定程度上说明了相变纤维的引入提高了材料的断裂韧性。通过对比表明，添加 ZrO_2 晶须的陶瓷材料和传统 $Al_2O_3/Ti(C，N)$ 刀具对比，其硬度有所下降，但断裂韧性有较大提高。分析不同材料的抗弯强度，可以发现添加 ZrO_2 晶须对材料的抗弯强度有着重要影响，随着 ZrO_2 含量的增加，材料的抗弯强度较未添加 ZrO_2 的陶瓷刀具材料提升了大约 5%，但在本实验过程中，ZrO_2 的含量为 9% 时，材料的相对密度有着较为明显的下降，分析可能的原因是在实验选定的工艺条

件下，如密度测定结果所体现，晶须含量 9% 的材料分散可能没有达到理想效果，致使晶须搭桥或者团聚，气孔的出现导致相对密度有所下降。

由此可见，添加 ZrO_2 晶须的陶瓷刀具与传统的陶瓷刀具材料进行比较，其力学性能有了较为明显的提升。前文研究表明，ZrO_2 晶须和包覆型纳米粉体的加入都将对最终制备的陶瓷刀具的力学性能产生重要的影响，在固定 ZrO_2 添加量为 6% 时，改变包覆型纳米粉体的添加量，从表 6-6 中可以看出，随着包覆粉体的添加量的增加，试样的硬度存在逐渐下降的趋势，添加包覆型纳米粉体的含量变化从 5% 到 10% 时，试样的硬度略有降低，当添加包覆粉体的含量为 15% 时，试样的硬度只有 15.88GPa，试样的抗弯强度随着包覆粉体的添加呈现出先升高后降低的趋势。试样的断裂韧性表现出随着包覆型纳米粉体含量增加而增加的趋势。

表 6-6　添加不同组分 $CaF_2@Al(OH)_3$ 的陶瓷刀具的力学性能

润滑剂/添加/ vol. %	硬度/ GPa	抗弯强度/ MPa	断裂韧性/ MPa·$m^{1/2}$
$CaF_2@Al(OH)_3$/5%	16.84	479	6.97
$CaF_2@Al(OH)_3$/10%	16.72	520	7.16
$CaF_2@Al(OH)_3$/15%	15.88	443	7.79

6.3　纳米 $CaF_2@Al_2O_3$ 核壳与晶须协同改性自润滑陶瓷刀具材料物相分析和微观结构表征

6.3.1　物相分析

选用添加包覆粉体为 15% 的陶瓷刀具为测试样品，进行 XRD 检测，以分析其物相组成，其结果可参见图 6-2。

从图中可以明显观察到 Al_2O_3 的特征峰和 Ti(C，N) 的特征峰，这两种物质的特征峰较为明显，其中 CaF_2 的特征峰也能明显观察到。而在 XRD 检测图中并没有观察到氧化镁的特征峰，这主要是由于 MgO 的含量特别少，如前文所述，MgO 体积分数只占 0.5%，所以 XRD 检测中并没有观察到 MgO。整体来看，添加包覆型纳米固体润滑剂的陶瓷刀具的各种物相并没有随着热压烧结发生改变，各种物质的化学稳定性好，相容性好，不会存在彼此之间发生化学反应的情况。

之后的 XRD 检测试样选取 ZrO_2 晶须的添加量为 6%，包覆型纳米粉体的添加量为 10% 时的陶瓷试样。XRD 检测的结果如图 6-3 所示，从图中发现，

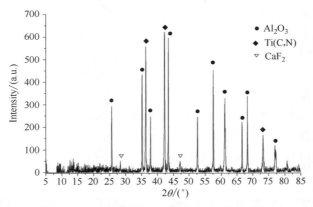

图 6-2　添加包覆型纳米粉体的 XRD 分析图

Al$_2$O$_3$ 和 Ti（C，N） 的特征峰较为明显，ZrO$_2$ 的特征峰也能明显观察到，并可以看出 ZrO$_2$ 在复相陶瓷中存在形式仍然以四方相为主，包覆型纳米粉体的引入并未对其产生明显影响，这就为相变增韧提供了基础条件，与此同时，从 XRD 检测图中可以清楚地看到 CaF$_2$ 的特征峰的存在，MgO 的特征峰仍然没有被观察到。总的来说，材料各组分在热压烧结的过程中并没有发生化学反应，证明了虽然有包覆型纳米粉体的引入，但是组成复相陶瓷的各种组分之间有较好的化学相容性，不会发生明显的化学反应。

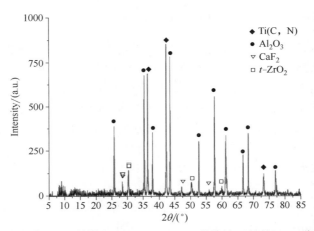

图 6-3　添加 ZrO$_2$ 晶须和 CaF$_2$@ Al（OH）$_3$ 的陶瓷刀具的 XRD 分析图

6.3.2　刀具材料微观结构分析

添加纳米固体润滑剂到陶瓷刀具中获得纳米复合自润滑陶瓷材料和添加包覆型固体润滑剂颗粒到陶瓷刀具中，都对陶瓷刀具的力学性能和微观结构有着较为重要的影响，如前文所述，已有学者做过广泛研究。本书主要研究添加包覆型纳米固体润滑剂与直接添加纳米颗粒的陶瓷材料作对比，因此，取添加纳米 CaF_2 颗粒和包覆型纳米固体润滑剂含量均为 10% 的陶瓷刀具断面做 SEM 观察，结果如图 6-4 所示。从添加纳米 CaF_2 颗粒和添加包覆型纳米颗粒的陶瓷材料的断口扫描电镜照片，对比两者可以看出，直接添加纳米颗粒的陶瓷材料的断面图中可以看到少数晶粒存在异常长大，断裂模式以沿晶断裂为主，存在部分颗粒发生穿晶断裂。添加包覆型纳米粉体的陶瓷材料的断面晶粒分布较为均匀，致密度较好，陶瓷材料的断裂模式为沿晶断裂和穿晶断裂混合的断裂模式。

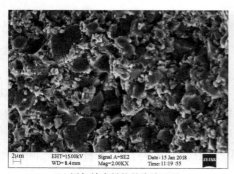 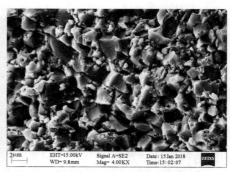

(a) 添加纳米粉体的陶瓷刀具　　　　　　(b) 添加包覆型纳米粉体的陶瓷刀具

图 6-4　陶瓷材料的断口扫描电镜照片

如图 6-5 所示，对于添加纳米 CaF_2 颗粒的陶瓷刀具来讲，在 Al_2O_3 的晶界上可以看到纳米 CaF_2 颗粒的存在，纳米颗粒存在着团聚和长大的现象，在添加包覆型纳米粉体的陶瓷材料中，对图 6-5（b）中发生穿晶断裂的 Al_2O_3 颗粒进行 EDS 分析，观察 Al 元素、Ti 元素和 Ca 元素的分布，可以看到 Al_2O_3 和 Ti(C，N) 相间分布，CaF_2 在整个区域分布均匀，在 SEM 图片［图 6-5（b）］中没有观察到纳米颗粒的存在，可能是由于纳米颗粒的粒径太小无法观察，说明了添加 $CaF_2@Al(OH)_3$ 陶瓷材料中，纳米颗粒分布均匀，并没有发生明显的团聚长大。

从图 6-6 中可以看出，添加 10% 的包覆型纳米粉体的自润滑陶瓷刀具中，纳米颗粒的分布较为均匀，其中（b）图为图 6-6（a）中所选定区域的放大图片，而图（c）又为图（b）中所选定区域的放大图。通过高分辨透射电镜可以观察到，该纳米颗粒的晶格间距为 0.195nm，这与 CaF_2 晶体的（200）晶格间距 0.193 误差低于 1%，结合前文工作，可以判断在材料内部弥散的纳米颗粒为 CaF_2 颗粒，其中多数纳米颗粒的粒径低于 10nm，这与前文制备的包覆型纳米粉体的粒径基本相符，并且可以清楚地观察到纳米颗粒没有发生团聚，

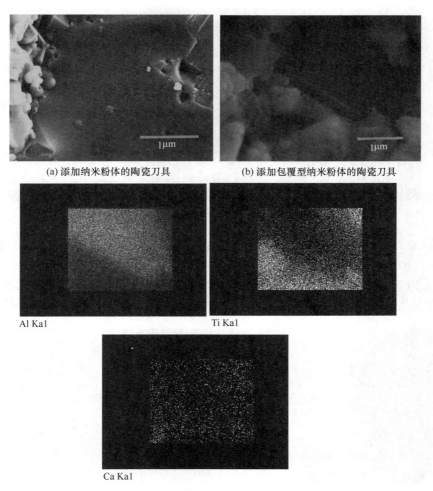

(a) 添加纳米粉体的陶瓷刀具　　　　(b) 添加包覆型纳米粉体的陶瓷刀具

Al Ka1

Ti Ka1

Ca Ka1

图 6-5　自润滑陶瓷刀具的断面图及其 EDS 分析

在热压烧结的过程中纳米 CaF_2 粉体材料没有异常长大，仍能在基体材料中保证良好的分散性，在 Al_2O_3 晶粒内部弥散的纳米颗粒形成了典型的晶内型结构，这种晶内型结构为自润滑陶瓷刀具材料获得优良的综合力学性能提供了前提条件。

　　分别对未添加固体润滑剂的陶瓷刀具材料和直接添加纳米 CaF_2 颗粒的陶瓷刀具材料，以及添加包覆型纳米固体润滑剂的陶瓷刀具材料作 TEM 检测，结果对比如图 6-7（a）所示，可以发现在没有添加固体润滑剂的陶瓷刀具材料中，没有发现低于 10nm 的颗粒的存在，而在图 6-7（b）中可以看到纳米颗粒的分布，其中部分纳米颗粒的直径在 10nm 左右，部分纳米颗粒达到

图 6-6　添加包覆型纳米粉体的陶瓷刀具高分辨电镜照片

20nm 及以上，而如图 6-7（c）所示，在材料中可以观察到晶内型纳米颗粒的存在，纳米颗粒的分布较为均匀，同时可以观察到纳米颗粒的粒径基本位于 10nm 以下，这说明了在烧结过程中纳米颗粒弥散到基体晶粒内部，其 Al_2O_3 外壳与基体材料融合。

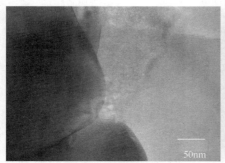

(a) Al_2O_3/Ti(C,N)陶瓷刀具

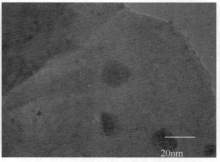

(b) 添加纳米 CaF_2 的陶瓷工具

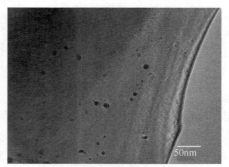

(c) 添加包覆型纳米固体润滑剂的陶瓷刀具

图 6-7　所制备试样的 TEM 照片

对比表明，包覆型颗粒的设计可以使纳米固体润滑剂颗粒在基体材料内部分散均匀，避免团聚长大，相对于直接添加纳米 CaF$_2$ 颗粒的陶瓷刀具来说，所添加包覆型纳米固体润滑剂颗粒的陶瓷刀具材料中晶内型纳米颗粒的平均粒径并未发生明显变化，这也对应于前文分析，基体晶粒与其内部弥散分布的纳米固体润滑剂颗粒之间不同的热膨胀系数所产生的残余应力，数量众多的晶内纳米颗粒的存在，将会更有利于纳米复合陶瓷材料的断裂韧性的提升。

图 6-8 表示的是添加包覆型纳米粉体 15vol.% 的陶瓷样品局部 HRTEM 图片，在图中所选定区域做 EDS 分析，并结合前文分析，该区域主要是由图左上方的阴影部分 Ti（C，N）颗粒，以及均匀分布的纳米 CaF$_2$ 颗粒以及 Al$_2$O$_3$ 基体组成，这说明了虽然包覆型纳米粉体在烧结过程中存在团聚现象，但固体润滑剂因 Al$_2$O$_3$ 外壳的原因仍能保持在原始尺度并粒径均匀，且随着烧结过程的进行，逐渐覆盖在 Ti（C，N）的表面，形成新的结构形式。

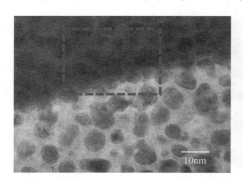 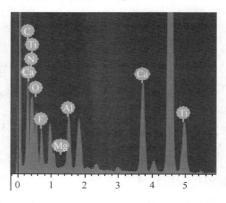

图 6-8　陶瓷刀具的 HRTEM 照片及其 EDS 分析

在热压烧结的过程中，晶粒的生长是重要的研究内容，众所周知，在 Al$_2$O$_3$/Ti（C，N）基陶瓷刀具的烧结过程中，随着烧结温度的升高，保温时间延长，陶瓷材料的晶粒会逐渐生长，经过球磨活化的基体颗粒会存在小颗粒逐渐被大颗粒吞并的情况，晶粒的生长主要取决于晶界的移动，基体材料的晶界的迁移呈现出向着曲率中心移动的趋势，就直接添加纳米 CaF$_2$ 颗粒的陶瓷试样来说，基体材料中第二相的存在，使得它本身由晶界向晶内移动消耗巨大的能量，而对于添加包覆型纳米固体润滑剂的材料来说，包覆层物质和基体颗粒相同，这就大大减少了基体颗粒在吞并小颗粒时所需要的驱动力，相对于直接添加纳米颗粒来说，包覆型纳米粉体的润湿角发生了改变，更有利于晶内纳米相的形成。在陶瓷刀具中的包覆型纳米颗粒就会逐渐被基体颗粒融合，在这一过程中，CaF$_2$ 的熔点只有 1423℃，如图 6-9 所示，热压烧结的过程中，烧结温度明显要远远高于 CaF$_2$ 的熔点，使 CaF$_2$ 以液相的状态存在，这就会大大加速烧结过程中物质的传递，造成纳米 CaF$_2$ 颗粒的团聚、生长，而添加包覆型纳米颗粒的陶瓷基体中所获得的纳米颗粒分布会更加均匀，尺度会更加均一。

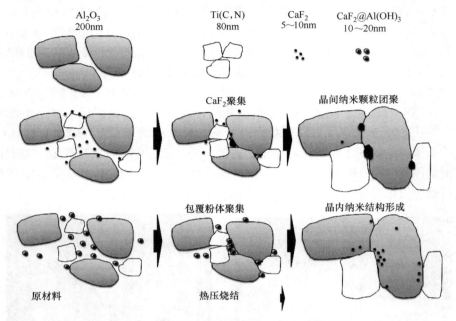

图 6-9　陶瓷材料在热压烧结过程中的示意图

如图 6-9 所述，说明了存在包覆型纳米粉体团聚生长的现象，图 6-10 为添加包覆型纳米粉体的陶瓷试样在热压烧结过程中团聚生长的示意图，包覆型纳米粉体因为有 Al$_2$O$_3$ 外壳的存在，随着热压烧结的进行和烧结过程中晶界的迁移，团聚的包覆型纳米粉体的 Al$_2$O$_3$ 外壳将会逐渐结合，形成 Al$_2$O$_3$ 晶粒，内部弥散有纳米 CaF$_2$ 颗粒的晶内型纳米结构。而吸附或者团聚在 Ti（C，N）颗粒表面的包覆粉体随着烧结的进行逐渐将纳米 Ti（C，N）颗粒包覆于晶粒

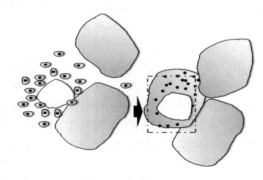

图 6-10　添加包覆型纳米粉体的陶瓷试样在热压烧结过程中团聚生长的示意图

内部，形成一种新的结构形式，这种结构形式是纳米 Ti（C，N）颗粒经热压烧结，逐渐并入于包覆型纳米粉体团聚、生长组成的 Al₂O₃ 壳体内部，这种新型结构的存在对陶瓷力学性能的影响有待进一步的分析和研究。

从图 6-11 中可以看到，ZrO₂ 晶须的粒径均匀，长度较为平均，在基体材料中有着良好的分散效果，说明经过球磨工艺，ZrO₂ 晶须的分散取得了良好的效果，同时可以看到基体材料基本处于纳米尺度。在对陶瓷试样的断面进行 SEM 观察发现，材料的致密度较好，基体材料晶粒基本没有异常长大，同时对比能谱图，可以看到 ZrO₂ 晶须的存在，亦可观察到 ZrO₂ 晶须拔出的孔洞，材料的断裂模式为沿晶断裂和穿晶断裂混合模式。

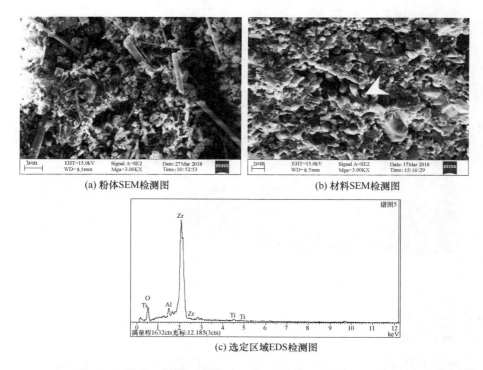

(a) 粉体SEM检测图　　　　　(b) 材料SEM检测图

(c) 选定区域EDS检测图

图 6-11　粉体、材料 SEM 照片及陶瓷材料断面 SEM 和 EDS 检测

6.3.3　ZrO₂ 晶须含量对刀具材料微观结构的影响

如图 6-12 所示，从添加不同含量的 ZrO₂ 晶须的陶瓷试样的断面图上可以看到，添加 ZrO₂ 晶须对陶瓷材料晶粒的细化有着一定的影响，但随着 ZrO₂ 含量的增加，材料的致密度有所下降，在添加量为 9% 时，陶瓷试样的断面上出现了相对较多的空隙，由于衬度的原因，在添加 ZrO₂ 含量较低时不易观察，

在添加量为 9% 时，图 6-12（c）正中上方标记处可以看到有晶须的团聚，也可以看到晶须断面，结果如图 6-12（d）所示。

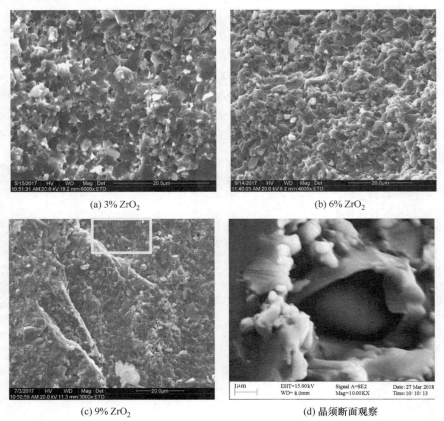

(a) 3% ZrO$_2$ (b) 6% ZrO$_2$

(c) 9% ZrO$_2$ (d) 晶须断面观察

图 6-12　添加不同含量 ZrO$_2$ 晶须的陶瓷刀具的断面

从图 6-13 中可以观察到，材料的断裂模式为沿晶断裂和穿晶断裂混合型，明显看到诸多穿晶断裂后断面台阶的存在，从部分选定区域的能谱图来

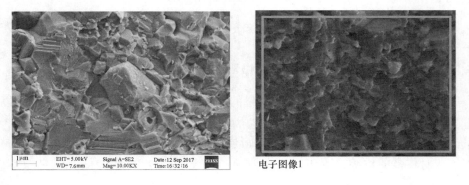

电子图像1

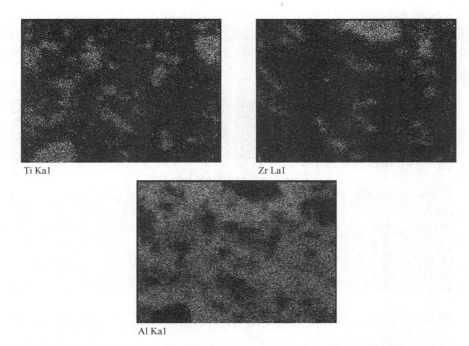

Ti Ka1

Zr La1

Al Ka1

图 6-13 添加 6% ZrO$_2$ 的陶瓷材料的断面图及其 EDS 分析

看，材料的分散性良好，锆元素代表 ZrO$_2$，可以看出 ZrO$_2$ 成带状分布，同时代表 Al$_2$O$_3$ 的铝元素和代表 Ti(C，N) 的钛元素，两者分散均匀。

6.4 纳米 CaF$_2$@ Al$_2$O$_3$ 核壳与晶须协同改性自润滑陶瓷刀具增韧机理分析

从图 6-14 可以看出，对压痕周围的裂纹观察可以看到裂纹的扩展存在偏转、桥连以及微裂纹增韧等形式，众所周知，晶须增韧的陶瓷材料中晶须分布一般具有不确定性，弥散的晶须在陶瓷材料的基体中以不同方位角的形式存在，可以看出，多数晶须的轴向与裂纹的扩展方向有很大的随机性，这与定向纤维排布增强陶瓷材料有着明显差异，也决定着添加晶须材料补强陶瓷的最终效果。当然，研究表明粉体材料在刀具制备过程中的预压、加压环节，当受到外在压力时，晶须在粉体材料中的排布会有一定的趋向性，这种趋向性表现的结果是使其所受压力角减小。对于取向性的研究，典型的如在研究添加石墨烯的陶瓷材料中，发现在石墨烯的取向作用下，裂纹的扩展受到明显的影响，石墨烯对裂纹的扩展抑制作用，包括石墨烯的拔出、桥连，在垂直于裂纹扩展方向上较为明显，裂纹扩展长度相对更短。当然，在采用热压烧结制备 ZrO$_2$ 晶须补强 Al$_2$O$_3$/Ti（C，N）陶瓷材料的烧结过程中，这种方位角的改变较不明显。而晶须轴向与裂纹扩展之间的方位角的存在对晶须桥连、拔出作功有着重要的影响。

图 6-14　压痕及裂纹 SEM 观察

在分析晶须对裂纹扩展的影响时，一般来说晶须桥连和晶须拔出将作为主要分析的增韧机理，当陶瓷材料受到外界作用发生断裂时，方位角垂直于裂纹扩展面时取得的增韧效果较为显著。详细来说，当裂纹的扩展方向与纤维排布轴向方向垂直时，将会取得较好的晶须架桥效果和晶须拔出效果，当裂纹扩展方向与晶须排布方向平行时，晶须不会出现架桥或者拔出，此时晶须对复合陶瓷材料增韧的效果较差，这也是晶须增韧陶瓷材料的增韧效果大大低于纤维增韧陶瓷材料的重要原因之一，如图 6-15 所示，为晶须拔出时，桥连以及裂纹最大偏转的示意图，展示了不同方位角存在晶须材料对裂纹的扩展以及裂纹偏转的影响，当裂纹扩展方向与晶须排布方向垂直时，晶须的增韧效果将会受到较大的影响。

而对于本书设计的 ZrO$_2$ 晶须增韧陶瓷材料来讲，晶须的弥散分布不同于传统的晶须增韧陶瓷材料的设计，但是部分稳定的 ZrO$_2$ 晶须有着独特的相变效应，这种相变指的是晶体的四方相转化为单斜相时伴随的体积膨胀效应来屏蔽、阻止裂纹的进一步扩展，这就在一定程度上弥补了弥散晶须补强陶瓷材料的因方位角原因带来的天然缺陷，在一定程度上，这种协同作用使得部分稳定 ZrO$_2$ 晶须增韧陶瓷材料具有了与单纯添加相变颗粒和单独添加弥散晶须增韧陶瓷材料的明显不同。

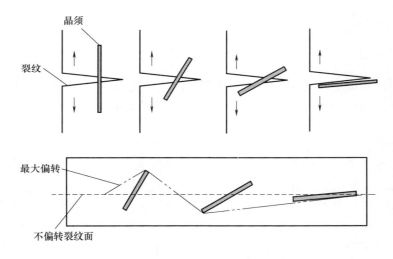

图 6-15　裂纹偏转和裂纹桥连示意图

添加 ZrO$_2$ 晶须增韧的陶瓷材料的增韧机制包括相变增韧，以及添加晶须材料所带来的拔出和桥连，还包括裂纹的偏转等，通过对几种增韧方式的线性叠加，可以得到断裂韧性的近似值：

$$K_{tot} = K_0 + \nabla K_d + \nabla K_b + \nabla K_p + \nabla K_t \qquad (6-1)$$

式中，K_0 为基体断裂韧性，∇K_d 为裂纹偏转，∇K_b 为裂纹桥连对增韧的贡献，∇K_p 为纤维/晶须拔出的增韧贡献，∇K_t 为相变增韧贡献。

就裂纹偏转 ∇K_d 而言：

$$\nabla K_d = \left(\sqrt{\frac{y_d}{y_m}} - 1 \right) K_0 \qquad (6-2)$$

式中，y_d 为偏转裂纹对应的裂纹尖端应变能释放率，y_m 为未偏转裂纹对应的裂纹尖端应变能释放率。

就桥连现象对增韧的贡献来讲：

$$\nabla K_{\mathrm{b}} = (E \nabla J_{\mathrm{b}})^{\frac{1}{2}} \tag{6-3}$$

其中：

$$\nabla J_{\mathrm{b}} = \frac{V_{\mathrm{fb}} r (\sigma_{\mathrm{ff}})^3}{6 E_{\mathrm{f}} \tau} = \frac{V_{\mathrm{fb}} (\sigma_{\mathrm{ff}})^2 l_{\mathrm{b}}}{3 E_{\mathrm{f}}} \tag{6-4}$$

就相变增韧而言，考虑到裂纹尖端区域内 ZrO$_2$ 的相变影响，包括剪切应变和体积膨胀对裂纹的影响，有学者推导出：

$$\nabla K_{\mathrm{t}} = \frac{0.38 E V_{\mathrm{t}} \varepsilon_{\mathrm{t}} \sqrt{h}}{1 - v} \tag{6-5}$$

就晶须拔出而言：

$$\nabla K_{\mathrm{p}} = \frac{(E V_{\mathrm{fp}} \tau r)^{\frac{1}{2}} l_{\mathrm{p}}}{r} \tag{6-6}$$

裂纹的弯曲和偏转一般认为是同时发生，当裂纹扩展到具有一定长径比的颗粒时，裂纹尖端将会受到影响而倾斜，主要是指裂纹的扩展遇到添加的纤维或者晶须材料在机体中的残余应力场，裂纹相对于穿过晶须颗粒来说，更容易绕过纤维或者晶须材料而发生偏转，这种作用将会使绕过晶须而进一步的扩展的裂纹所受的拉应力降低，同时裂纹扩展路径的增加也在一定程度上提升了裂纹扩展能量的消耗，最终使材料的断裂韧性得以提升。而纤维或者晶须的桥连是晶须增韧的主要内容，在材料中，当裂纹扩展方向与晶须材料处于非平行位置时都会有可能发生，当处于裂纹扩展路径的纤维或者晶须未被拉断时，晶须将裂纹两侧的基体材料连接在一起，使之产生一定的压应力，对裂纹的扩展起到一定的抑制作用，进而使材料的韧性得以提升。

第 7 章　$CaF_2@SiO_2$ 核壳与晶须协同改性自润滑陶瓷刀具制备与性能

本章以 Al_2O_3/TiC 作为基体材料，以纳米 $CaF_2@SiO_2$ 作为固体润滑剂，以 MgO 为烧结助剂，引入 SiC 晶须协同改性，制备 $Al_2O_3/TiC/CaF_2@SiO_2$ 自润滑陶瓷刀具材料，测试其力学性能，并进行微观结构的表征。

7.1　$CaF_2@SiO_2$ 核壳与晶须协同改性自润滑陶瓷刀具材料的制备

7.1.1　实验原料

本书选用 Al_2O_3/TiC 为陶瓷刀具基体材料，Al_2O_3 和 TiC 均由秦皇岛一诺高新材料开发有限公司生产，Al_2O_3 和 TiC 平均粒径均为 $0.5 \sim 1\mu m$。选用 MgO 为烧结助剂，其由秦皇岛一诺高新材料开发有限公司生产，平均粒径 $0.5\mu m$。聚乙二醇由国药集团化学试剂有限公司生产，化学纯。$CaF_2@SiO_2$ 纳米包覆颗粒为自制。

为了研究添加 $CaF_2@SiO_2$ 纳米包覆颗粒对 Al_2O_3/TiC 基陶瓷材料力学性能与微观结构的影响，本书制备了 $Al_2O_3/TiC/CaF_2$ 和 $Al_2O_3/TiC/CaF_2@SiO_2$ 两种不同组分的自润滑陶瓷刀具材料。陶瓷刀具材料各组分的体积含量如表 7-1 所示。为了便于表达，将 $Al_2O_3/TiC/CaF_2$ 和 $Al_2O_3/TiC/CaF_2@SiO_2$ 分别简写为 ATC 和 ATC@，后面数字表示其中固体润滑剂的体积含量，ATC@ $1 \sim 15$ 中的 $CaF_2@SiO_2$ 按照其中所含 CaF_2 的量计算。

表 7-1　　　　陶瓷刀具材料各组分的体积含量（vol. %）

刀具材料	Al_2O_3	TiC	MgO	固体润滑剂
ATC10	62.65	26.85	0.5	10
ATC@ 5	66.15	28.35	0.5	5
ATC@ 10	62.65	26.85	0.5	10
ATC@ 15	59.15	25.35	0.5	15

为了研究添加 SiC 晶须对 $Al_2O_3/TiC/CaF_2@SiO_2$ 陶瓷刀具力学性能与微观结构的影响，本书制备了 $Al_2O_3/TiC/SiC_w$、$Al_2O_3/TiC/SiC_w/CaF_2$ 和 $Al_2O_3/TiC/SiC_w/CaF_2@SiO_2$ 三种不同组分的自润滑陶瓷刀具材料，陶瓷刀具材料的

各组分的体积含量如表 7-2 所示，其中 ATSC10 中 S 代表 SiC 晶须。

表 7-2　　　　　　　陶瓷刀具材料各组分的体积含量（vol. %）

刀具材料	Al$_2$O$_3$	TiC	MgO	固体润滑剂	SiCw
ATS	55. 65	23. 85	0. 5	0	20
ATSC10	48. 65	20. 85	0. 5	10	20
ATSC@ 5	52. 15	22. 35	0. 5	5	20
ATSC@ 10	48. 65	20. 85	0. 5	10	20
ATSC@ 15	45. 15	19. 35	0. 5	15	20

7.1.2　制备工艺

陶瓷刀具材料的具体制备工艺如下。按照上文中所列的陶瓷刀具组分配比称取各组分材料。向称取后的 Al$_2$O$_3$ 粉体、TiC 粉体、MgO 粉体中分别加入适量的无水乙醇，超声搅拌 25min 后将各组分混合，并持续超声搅拌。将分散后的混合悬浮液倒入球磨罐中，以磨球与陶瓷材料质量比 10∶1 的比例加入磨球，为防止粉体氧化，向球磨罐中充入氮气，球磨 44h。向称取后的纳米包覆

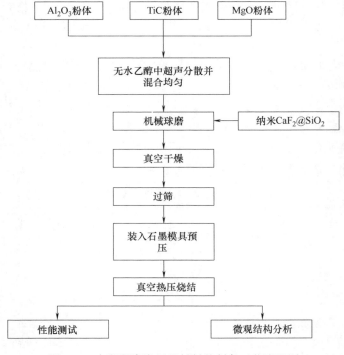

图 7-1　自润滑陶瓷刀具材料的制备工艺流程图

颗粒加入无水乙醇和聚乙二醇充分超声搅拌后加入球磨罐中，球磨 4h 后将混合悬浮液取出放入真空干燥箱中在 110℃ 下干燥 24h。干燥后的粉料经过 200 目筛网过筛后，在石墨模具中冷压成型，通过真空热压烧结炉烧结。

具体制备工艺流程如图 7-1 所示。

7.2　CaF$_2$@SiO$_2$ 核壳与晶须协同改性自润滑陶瓷刀具材料力学性能

7.2.1　添加 CaF$_2$@SiO$_2$ 的陶瓷刀具力学性能分析

从表 7-3 中可以看出，添加 CaF$_2$@SiO$_2$ 纳米包覆颗粒作为固体润滑剂的自润滑陶瓷刀具材料，在维氏硬度、抗弯强度和断裂韧性上均优于添加纳米 CaF$_2$ 颗粒的 ATC10 陶瓷刀具材料，其中 CaF$_2$@SiO$_2$ 纳米包覆颗粒含量为 10vol.% 的 ATC@10 陶瓷刀具材料具有最佳的综合力学性能，其硬度为 15.26GPa，在制备的刀具材料中硬度最高，比添加纳米 CaF$_2$ 颗粒的 ATC10 陶瓷刀具材料的硬度提升了 4.88%，添加不同 CaF$_2$@SiO$_2$ 纳米包覆颗粒含量的陶瓷刀具材料硬度变化不大。同时 ATC@10 陶瓷刀具材料具有最佳的抗弯强度 562MPa，比 ATC10 陶瓷刀具材料的抗弯强度提升了 17.57%，而 ATC@15 陶瓷刀具材料具有最佳的断裂韧性 5.72MPa·m$^{1/2}$，比 ATC10 陶瓷刀具材料的断裂韧性提升了 16.97%。

表 7-3　　　　　　　　　　　陶瓷刀具材料的力学性能

刀具材料	抗弯强度/MPa	断裂韧性/MPa·m$^{1/2}$	维氏硬度/GPa
ATC10	478±21	4.89±0.13	14.55±0.19
ATC@5	521±18	5.13±0.18	14.76±0.11
ATC@10	562±23	5.51±0.21	15.26±0.16
ATC@15	532±21	5.72±0.19	15.09±0.14

图 7-2 为 CaF$_2$@SiO$_2$ 纳米包覆颗粒含量的变化对自润滑陶瓷材料力学性能的影响的曲线图。从图中可以看出，当 CaF$_2$@SiO$_2$ 纳米包覆颗粒含量增加时，陶瓷刀具材料的维氏硬度先上升后下降。CaF$_2$@SiO$_2$ 纳米包覆颗粒添加量为 10vol.% 时，陶瓷刀具材料的维氏硬度达到了最大值。陶瓷刀具材料的断裂韧性随着 CaF$_2$@SiO$_2$ 添加量的增加而增加，ATC@15 陶瓷刀具材料的断裂韧性最高，达到 5.72MPa·m$^{1/2}$。陶瓷刀具材料的抗弯强度随着 CaF$_2$@SiO$_2$ 纳米包覆颗粒添加量的增加呈现出先增大后减小的趋势，当 CaF$_2$@SiO$_2$ 纳米包覆颗粒添加量为 10vol.% 的抗弯强度达到了最大值。不同 CaF$_2$@SiO$_2$ 纳米包覆颗粒添加量的陶瓷刀具力学性能相差不大，但是整体比添加纳米 CaF$_2$ 颗粒的

陶瓷刀具材料性能有所提升，其中抗弯强度和断裂韧性的提升最大，维氏硬度的提升较小。添加 CaF$_2$@SiO$_2$ 纳米包覆颗粒的自润滑陶瓷刀具材料，随着包覆颗粒添加量的增加，其维氏硬度和抗弯强度呈现出先增大后减小的变化趋势，断裂韧性随着包覆颗粒添加量的增加而增大。

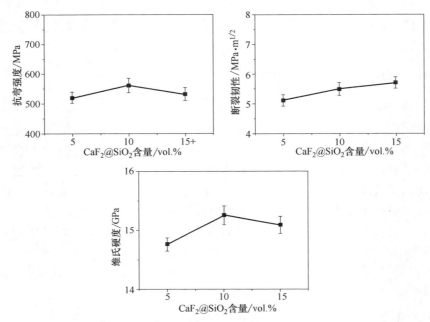

图 7-2　纳米包覆颗粒添加量对陶瓷刀具的力学性能的影响

7.2.2　添加 CaF$_2$@SiO$_2$ 和 SiC 晶须的陶瓷刀具力学性能分析

在 SiC 晶须增韧 Al$_2$O$_3$ 陶瓷中，根据有关研究表明，晶须含量为 20%～30% 时，Al$_2$O$_3$/SiC$_w$ 陶瓷材料能获得最佳的增韧效果。因此本书选取晶须添加量为 20%，通过改变 CaF$_2$@SiO$_2$ 纳米包覆颗粒的添加量来研究纳米包覆颗粒和晶须的添加对陶瓷刀具性能的改善。

表 7-4 显示了在相同烧结工艺下制备的不同组分的陶瓷刀具材料的力学性能。从表中可以看出，不添加固体润滑剂的 ATS 陶瓷刀具的维氏硬度最高，其硬度为 17.65GPa，但是断裂韧性和抗弯强度比添加 CaF$_2$@SiO$_2$ 纳米包覆颗粒的 ATSC@10 和 ATSC@15 陶瓷刀具材料低。对于添加固体润滑剂的刀具而言，添加 CaF$_2$@SiO$_2$ 纳米包覆颗粒作为固体润滑剂的 Al$_2$O$_3$/TiC/SiC$_w$/CaF$_2$@SiO$_2$ 陶瓷刀具材料，在维氏硬度、抗弯强度和断裂韧性上都优于添加纳米 CaF$_2$ 的 ATSC10 陶瓷刀具材料。

表 7-4   添加纳米包覆颗粒和晶须的陶瓷刀具材料的力学性能

刀具材料	抗弯强度/MPa	断裂韧性/MPa·m$^{1/2}$	维氏硬度/GPa
ATS	638±20	4.98±0.22	17.65±0.25
ATSC10	598±17	5.23±0.22	15.43±0.17
ATSC@5	612±21	6.26±0.19	15.96±0.21
ATSC@10	712±19	6.89±0.22	16.52±0.19
ATSC@15	659±20	6.57±0.17	16.21±0.18

图 7-3 表明了 CaF$_2$@SiO$_2$ 纳米包覆颗粒含量的变化对陶瓷刀具材料的力学性能的影响。如图所示，ATS 陶瓷刀具材料的维氏硬度最高，这是因为固体润滑剂本身力学性能较差，添加固体润滑剂会降低陶瓷刀具材料的力学性能。在添加 CaF$_2$@SiO$_2$ 纳米包覆颗粒和晶须的陶瓷刀具材料中，随着 CaF$_2$@SiO$_2$ 纳米包覆颗粒含量增加时，陶瓷刀具材料的维氏硬度呈现出先上升后下降的趋势。添加 CaF$_2$@SiO$_2$ 纳米包覆颗粒和晶须的陶瓷刀具材料的断裂韧性和抗弯强度的变化趋势大致相同，随着 CaF$_2$@SiO$_2$ 添加量的增加，陶瓷刀具材料的断裂韧性和抗弯强度先上升后下降。与纳米 CaF$_2$ 颗粒含量为 10vol.% 的 Al$_2$O$_3$/TiC/SiC$_w$/CaF$_2$ 陶瓷刀具材料相比，ATSC@10 陶瓷刀具材料维氏硬度、抗弯强度和断裂韧性分别提升了 7.06%、31.74% 和 19.06%。

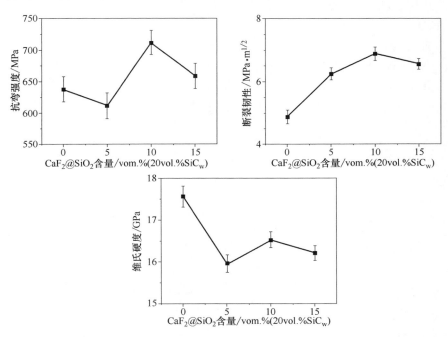

图 7-3   添加纳米包覆颗粒和晶须对陶瓷刀具材料的力学性能的影响

7.3 CaF₂@SiO₂ 核壳与晶须协同改性自润滑陶瓷刀具材料物相分析和微观结构表征

7.3.1 物相分析

选择添加 10vol. % CaF₂@ SiO₂ 纳米包覆颗粒的 ATC@ 10 作为试样进行 XRD 分析，分析结果如图 7-4 所示。

从陶瓷刀具材料的 XRD 图谱中可以看到，存在明显的 Al₂O₃ 和 TiC 的特征峰，其结晶度良好；CaF₂ 的特征峰相对明显；但没有发现 MgO 和 SiO₂ 的特征峰，这是因为 MgO 和 SiO₂ 的含量在刀具材料中占比较小。从 XRD 分析图中可以看出，Al₂O₃/TiC/CaF₂@ SiO₂ 陶瓷刀具材料在烧结前后没有发生物相变化，刀具中的各组分化学稳定性和相容性较好，在烧结过程中各物质之间并没有发生化学反应。

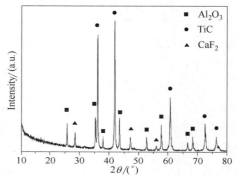

图 7-4 添加纳米包覆颗粒的陶瓷刀具材料的 XRD 图谱

加入 SiC 晶须后，选择添加 10vol. % CaF₂@ SiO₂ 纳米包覆颗粒和 20vol. % 晶须的 ATSC@ 10 陶瓷刀具材料作为试样进行 XRD 分析，其图谱如图 7-5 所示。

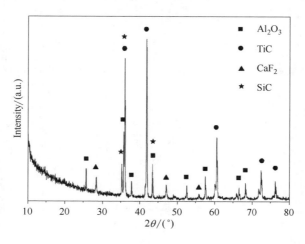

图 7-5 添加纳米包覆颗粒和晶须的陶瓷刀具材料的 XRD 图谱

从图中可以看到，Al$_2$O$_3$、SiC 和 TiC 的衍射峰非常明显，为主要晶相，SiC 的衍射峰与 Al$_2$O$_3$ 和 TiC 的部分衍射峰比较重合；CaF$_2$ 的衍射峰也可以明显地观测到；但是没有观测到 MgO 和 SiO$_2$ 的衍射峰，这是因为 MgO 和 SiO$_2$ 的含量在刀具材料中占比较小。从 XRD 分析图中可以看出，Al$_2$O$_3$/TiC/SiC$_w$/CaF$_2$@SiO$_2$ 陶瓷刀具材料在烧结前后没有发生物相变化，刀具中的各组分化学稳定性和相容性较好，在烧结过程中各物质之间并没有发生化学反应。

7.3.2　刀具材料微观结构分析

图 7-6 为添加 CaF$_2$@SiO$_2$ 纳米包覆颗粒和纳米 CaF$_2$ 颗粒的陶瓷刀具材料断口的 SEM 照片。图 7-6（a）是添加 10vol.% 纳米 CaF$_2$ 颗粒的陶瓷刀具材料，从图中可以看出，在基体材料的晶粒中有白色的小点和凹坑，根据白点的粒径初步判断为制备的纳米 CaF$_2$ 颗粒，在烧结过程中纳米 CaF$_2$ 颗粒与基体晶粒形成了晶内型结构，在一定程度上提升了陶瓷材料的性能，同时可以看出添加纳米 CaF$_2$ 颗粒的陶瓷刀具材料的晶粒尺寸比添加 CaF$_2$@SiO$_2$ 纳米包覆颗粒的刀具材料要大，平均晶粒大小为 4μm。基体材料的晶间上几乎没有发现纳米 CaF$_2$ 颗粒，形成的晶间型结构较少。添加纳米 CaF$_2$ 颗粒的刀具材料的断裂

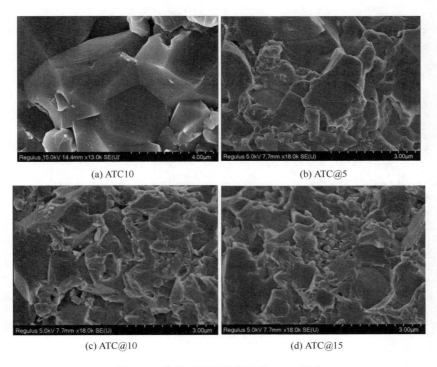

(a) ATC10　　　　　　　　　　　　　(b) ATC@5

(c) ATC@10　　　　　　　　　　　　(d) ATC@15

图 7-6　陶瓷刀具材料断口的 SEM 照片

方式主要为沿晶断裂，有少量的穿晶断裂。添加 5vol.% CaF$_2$@SiO$_2$ 纳米包覆颗粒的陶瓷刀具材料晶粒尺寸明显减小，同时晶内型结构减少，只能看到少量的纳米 CaF$_2$ 在晶粒内部，同时与添加纳米 CaF$_2$ 颗粒的刀具材料相比，基体晶粒的晶界变得模糊，出现了许多熔融状的物质，材料的致密性增加。CaF$_2$@SiO$_2$ 纳米包覆颗粒在烧结时具有填充作用，使得基体材料在烧结时变得致密，还起到了细化晶粒的作用。添加 10vol.% 纳米 CaF$_2$@SiO$_2$ 颗粒的陶瓷刀具晶粒尺寸进一步减小，同时刀具的断裂方式中的穿晶断裂的数量增多，而穿晶断裂消耗的断裂能更多，提升了陶瓷刀具材料的性能。添加 15vol.% 纳米 CaF$_2$@SiO$_2$ 颗粒的陶瓷刀具的晶界更加模糊，出现了大量熔融状的物质。

图 7-7 是添加 10vol.% 纳米 CaF$_2$ 颗粒的陶瓷刀具材料断口的 SEM 及其面扫描照片。面扫描照片结果表明：根据 Al 元素的分布可以看出图中较大的晶粒是 Al$_2$O$_3$；从 F 元素的分布可以看出，纳米 CaF$_2$ 颗粒较为均匀地分布在 Al$_2$O$_3$ 晶粒表面。F 元素的分布与 Al$_2$O$_3$ 晶粒上的白色小点分布相同。进一步证明了这些白色小点就是自制的纳米 CaF$_2$ 颗粒，纳米 CaF$_2$ 颗粒均匀地分布在 Al$_2$O$_3$ 晶粒中形成了晶体内纳米结构；从 Ti 元素的分布可以看出，TiC 形成的晶粒较小，同时在 TiC 晶粒中存在的纳米 CaF$_2$ 很少。

图 7-7　添加纳米 CaF$_2$ 颗粒的陶瓷刀具材料的断口的 SEM 及其面扫描照片

添加 10vol.% 纳米 CaF$_2$@SiO$_2$ 颗粒的陶瓷刀具材料断口的 SEM 及其面扫描照片如图 7-8 所示。面扫描照片结果表明：根据 F 元素的分布可以看出，纳米 CaF$_2$ 还是更多地与 Al$_2$O$_3$ 晶粒的分布重合，同时在基体中的分布更加均匀；从 Si 元素的分布可以看出，在有熔融状物质的地方 Si 元素的含量更多，熔融状的物质是 SiO$_2$ 在烧结的过程中形成的，SiO$_2$ 的熔点较低，在热压烧结过程中会变成液相，填充基体晶粒，使得基体更加致密，晶粒之间的结合力增强，这也是刀具断裂方式中穿晶断裂增多的原因之一，液相的 SiO$_2$ 能够带动纳米 CaF$_2$ 更加均匀地分布在基体中，同时还能抑制晶粒的过度长大，从图中可以看出，Al$_2$O$_3$ 晶粒的尺寸明显减小。纳米包覆颗粒的加入起到细化陶瓷刀具材料晶粒、增强陶瓷基体材料界面结合力、改变刀具主要断裂方式的作用，提高了陶瓷复合材料的力学性能。

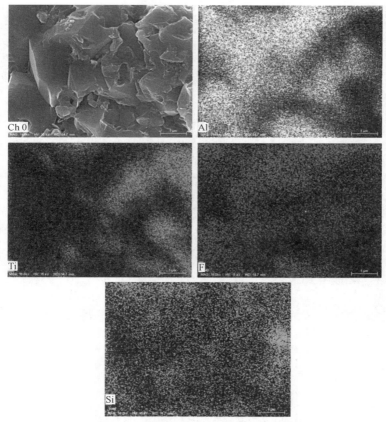

图 7-8　添加纳米 CaF$_2$@SiO$_2$ 颗粒的陶瓷刀具材料断口的 SEM 及其面扫描照片

综上所述，添加 10vol. % CaF$_2$@SiO$_2$ 纳米包覆颗粒的 ATC@10 陶瓷刀具材料获得了最佳的综合力学性能，其维氏硬度、抗弯强度和断裂韧性分别为 15. 26GPa、562MPa、5. 51MPa·m$^{1/2}$。与 ATC10 陶瓷刀具相比，上述性能分别提高了 4. 88%、17. 57%、12. 67%。添加纳米 CaF$_2$@SiO$_2$ 颗粒的陶瓷刀具材料在微观形貌上有很大的变化。纳米包覆颗粒的添加起到了细化晶粒、提升刀具致密性的作用。纳米包覆颗粒的添加诱发了穿晶断裂，提升了陶瓷刀具材料的性能。

不同组分陶瓷刀具材料的断口 SEM 照片如图 7-9 所示。图 7-9（a）为不添加固体润滑剂的 ATS 陶瓷刀具材料断口的 SEM 照片，从图中可以看出，基体材料的晶粒尺寸较大，同时出现了许多气孔，陶瓷材料的致密性较差，其原因是 SiC 晶须的添加导致了材料的致密性下降。图 7-9（b）为添加 10vol.% 纳米 CaF$_2$ 的 ATSC10 陶瓷刀具材料的断口 SEM 照片，从图中可以看出，在基

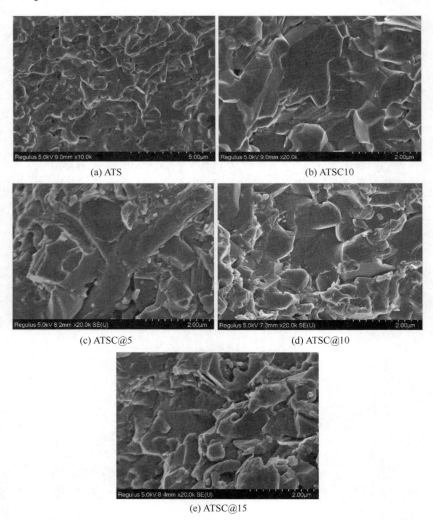

(a) ATS

(b) ATSC10

(c) ATSC@5

(d) ATSC@10

(e) ATSC@15

图 7-9　陶瓷刀具材料断口的 SEM 照片

体晶粒上存在着少量的小白点，这是烧结过程中纳米 CaF_2 颗粒与基体晶粒形成了晶内型结构，数量较少的原因可能是刀具材料与纳米 CaF_2 颗粒混合不均匀。同时可以看到，未添加固体润滑剂的陶瓷刀具材料的断裂方式主要为沿晶断裂，只有少量的穿晶断裂。添加纳米 CaF_2 颗粒作为固体润滑剂的陶瓷刀具材料穿晶断裂增多，但两种刀具材料的基体晶粒较大。从图 7-9（c）中可以明显地观察到 SiC 晶须，且 ATSC@5 陶瓷刀具材料的晶粒尺寸明显减小，与添加纳米 CaF_2 颗粒的陶瓷刀具相比基体晶粒的晶界变得模糊，出现了许多熔融状的物质。ATSC@10 陶瓷刀具材料的晶粒尺寸进一步减小，材料更加致密，且气孔率低，同时刀具材料的穿晶断裂增多。CaF_2＠SiO_2 纳米包覆颗粒在烧结的时候具有填充作用，可以填充 SiC 晶须添加导致的气孔，从而使得基体材料在烧结时变得致密，还起到了细化晶粒的作用。ATSC@15 陶瓷刀具材料的晶界更加模糊，出现了大量熔融状的物质，表面形貌较差。

7.4　CaF₂＠SiO₂ 核壳与晶须协同改性自润滑陶瓷刀具增韧机理分析

图 7-10 为 ATSC@10 陶瓷刀具材料裂纹的 SEM 照片，从图中可以明显地观察到裂纹偏转、裂纹桥连、裂纹分支。添加纳米包覆颗粒的陶瓷刀具材料的界面结合力较强，当裂纹扩展时，遇到晶粒受较强的界面结合力的阻碍，裂纹产生了偏转、桥连和分支。裂纹偏转、裂纹桥连和裂纹分支会消耗更多的断裂能，裂纹的扩展受到抑制，从而达到了提升刀具性能的作用。

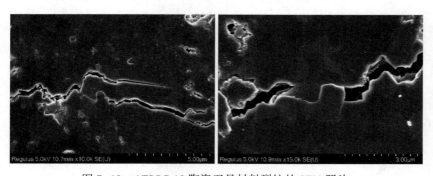

图 7-10　ATSC@10 陶瓷刀具材料裂纹的 SEM 照片

图 7-11 为添加 10vol.% CaF_2＠SiO_2 纳米包覆颗粒和 SiC 晶须的陶瓷刀具断口 SEM 照片。图中选区内为 CaF_2＠SiO_2 纳米包覆颗粒。在烧结过程中，纳米包覆颗粒的 SiO_2 包覆层在高温下变成熔融状态，带动 CaF_2 更均匀地分布在基体材料的晶界中，增强了基体材料晶界间的结合强度。同时，CaF_2＠SiO_2 纳米包覆颗粒粒径较小容易附着在 SiC 晶须的表面，在烧结过程中增强了晶须

和基体晶粒的结合强度。从图 7-11（a）中可以看出左侧的基体晶粒上发生了穿晶断裂，且穿晶断裂经过了纳米包覆颗粒，其原因为由于纳米包覆颗粒起到了钉扎作用，诱发了穿晶断裂。如图 7-11（b）所示，SiC 晶须拔出，晶须的拔出释放更多的断裂能，增强了刀具材料的性能。

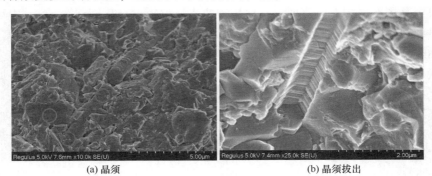

(a) 晶须   (b) 晶须拔出

图 7-11　添加 10vol. %CaF$_2$@SiO$_2$ 纳米包覆颗粒和 SiC 晶须的陶瓷刀具材料断口的 SEM 照片

图 7-12 为添加 10vol. %CaF$_2$@SiO$_2$ 纳米包覆颗粒和 20vol. %SiC 晶须的陶瓷刀具断口的 SEM 及其面扫描照片。从图中可以看出，Si 元素和 F 的分布大

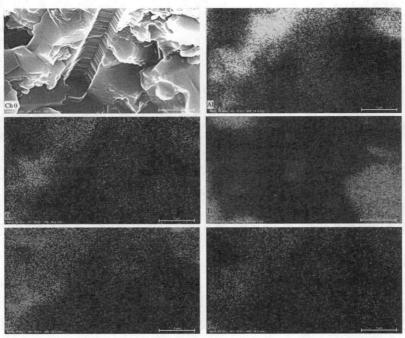

图 7-12　添加 10vol. %CaF$_2$@SiO$_2$ 纳米包覆颗粒和 20vol. %SiC 晶须的
陶瓷刀具断口的 SEM 及其面扫描照片

致相同，且两者都较为集中地分布在基体的熔融状的物质内。这说明纳米包覆颗粒在烧结过程中变为液相，使得纳米包覆颗粒在基体内的分布更均匀。Si 元素和 F 元素均分布在晶须拔出的痕迹外，进一步说明纳米包覆颗粒增强了晶须与基体的界面结合强度。

　　只添加 SiC 晶须的陶瓷材料在烧结过程中 SiC 晶须与 Al_2O_3 和 TiC 颗粒之间结合强度较差，晶须的加入会增大陶瓷材料的气孔率，降低材料的致密性，对刀具材料的力学性能造成不利的影响；对添加 $CaF_2@SiO_2$ 纳米包覆颗粒和晶须的陶瓷刀具材料来说，$CaF_2@SiO_2$ 纳米包覆颗粒会附着在 SiC 晶须的表面，在烧结过程中，$CaF_2@SiO_2$ 纳米包覆颗粒由于其包覆层较低的熔点变为液相，带动纳米 CaF_2 更均匀地分布在基体材料中，增强了晶须与 Al_2O_3 和 TiC 晶粒的界面结合强度（图 7-13）。大部分纳米 CaF_2 存在于与晶须与基体晶粒的晶界上，少部分存在于晶内，形成晶内型结构。由于纳米颗粒的钉扎作用，进一步提升了陶瓷刀具材料的力学性能。同时 Al_2O_3 和 TiC 晶粒的晶界上也存在着 $CaF_2@SiO_2$ 纳米包覆颗粒，其增强了基体材料的结合强度，从而在整体上提高了陶瓷材料的致密性。$CaF_2@SiO_2$ 纳米包覆颗粒的存在也会抑制基体晶粒的生长，起到细化晶粒的作用，从而增强陶瓷刀具材料的力学性能。

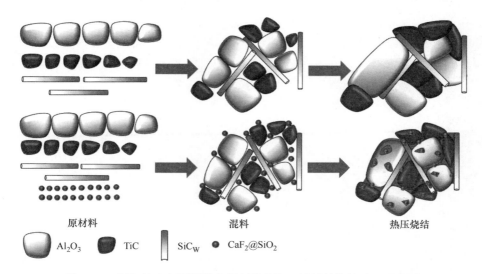

原材料　　　　　　混料　　　　　　热压烧结

Al_2O_3　　　TiC　　　SiC_W　　　$CaF_2@SiO_2$

图 7-13　添加纳米包覆颗粒和晶须的陶瓷刀具材料烧结过程示意图

　　添加 SiC 晶须对陶瓷刀具材料的增韧效果显著，纳米 $CaF_2@SiO_2$ 颗粒的添加对陶瓷刀具材料起到的增韧效果较弱，但纳米包覆颗粒起到细化晶粒，增加刀具材料致密性的作用。对添加纳米包覆颗粒和 SiC 晶须的陶瓷刀具材料而言，SiC 晶须的添加会降低陶瓷刀具材料的致密性，但是纳米包覆颗粒的添加，增强了晶须与基体材料的界面结合强度，提升了陶瓷材料的致密性，SiC晶须和纳米包覆颗粒对刀具材料起到了协同增韧的效果。同时，纳米包覆颗粒提高了基体材料的界面结合力，诱发穿晶断裂，提升了陶瓷材料的性能。固体润滑剂本身较差的力学性能，导致了添加固体润滑剂会降低陶瓷刀具材料的性能。将纳米包覆颗粒作为固体润滑剂，并引入晶须，通过纳米包覆颗粒与晶须协同增韧陶瓷刀具材料的方式，显著改善了固体润滑剂的添加对陶瓷材料性能的影响。纳米包覆颗粒和 SiC 晶须起到了协同增韧的效果，使得制备的自润滑陶瓷刀具可以在具备润滑性的同时，具有优异的力学性能。

第8章 CaF$_2$@Ni-B核壳自润滑陶瓷刀具制备与性能

本章以 Al$_2$O$_3$/TiB$_2$ 作为基体材料，以 CaF$_2$ 和 CaF$_2$@Ni-B 作为固体润滑剂，以 MgO 为烧结助剂制备 CaF$_2$ 自润滑陶瓷刀具材料和 CaF$_2$@Ni-B 核壳自润滑陶瓷刀具材料，并测试其力学性能和观察微观结构。

8.1 CaF$_2$@Ni-B核壳自润滑陶瓷刀具材料制备

8.1.1 实验原料

实验原料包括实验用 Al$_2$O$_3$ 粉末为上海超威纳米科技有限公司生产，粒径为 200nm，纯度大于 99.9%，TiB$_2$ 粉末为宁夏粉体加工中心生产，粒径在 3~6μm，CaF$_2$@Ni-B 复合粉体为自制，粒径在 3~5μm。

为探究添加 CaF$_2$@Ni-B 复合粉体对陶瓷刀具材料的力学性能及微观形貌的影响，实验固定 Al$_2$O$_3$ 与 TiB$_2$ 的体积比 7：3，CaF$_2$@Ni-B 的体积含量分别从 0~15% 变化，制备自润滑陶瓷刀具材料。同时，为了探究添加 CaF$_2$@Ni-B 与添加未包覆 CaF$_2$ 之间的力学性能差异，实验制备了含 CaF$_2$@Ni-B 与含 CaF$_2$ 的自润滑陶瓷刀具材料。为了便于表达，将 Al$_2$O$_3$/TiB$_2$、Al$_2$O$_3$/TiB$_2$/CaF$_2$ 和 Al$_2$O$_3$/TiB$_2$/CaF$_2$@Ni-B 分别简写为 AB、ABF 和 ABF@，5、10、15 分别表示固体润滑剂的含量。各材料的具体组分配比如表 8-1 所示。

表 8-1 　自润滑陶瓷刀具材料各组分的体积含量（vol.%）

材料	Al$_2$O$_3$	TiB$_2$	MgO	CaF$_2$
AB	69.3	29.7	1	0
ABF@5	65.8	28.2	1	5
ABF10	62.3	26.7	1	10
ABF@10	62.3	26.7	1	10
ABF@15	58.8	25.2	1	15

8.1.2 制备工艺

本研究在真空热压烧结条件下进行自润滑陶瓷刀具材料的制备。具体制备过程如下。

① Al₂O₃ 的分散。由于实验选择 Al₂O₃ 的粒径为 200nm，故需要对 Al₂O₃ 进行分散，分散剂为聚乙二醇 4000。取一定量聚乙二醇 4000 并加入烧杯中，将聚乙二醇的质量固定为 Al₂O₃ 质量的 2%；加入一定体积的酒精于烧杯中，用玻璃棒进行搅拌，直到聚乙二醇 4000 完全溶解在酒精中后停止搅拌；取定量的 Al₂O₃ 粉体并加入含有聚乙二醇 4000 的介质中，超声震荡搅拌 15min。

② TiB₂ 的球磨。由于 TiB₂ 在球磨前颗粒较大，且颗粒与颗粒之间黏结在一起，如图 8-1（a）所示，还需要对 TiB₂ 进行单独球磨。取一定量 TiB₂ 粉体并加入烧杯中，加入酒精并超声搅拌 15min，然后将其倒入套筒中，按球料比 12∶1 的比例加入球磨球，在球磨机上球磨约 100h，球磨完毕后真空干燥过筛。图 8-1（b）为球磨后的 TiB₂ 颗粒。由图可见，绝大部分 TiB₂ 颗粒粒径明显减小。

（a）球磨前　　　　　　　　　　　　　　　（b）球磨后

图 8-1　TiB₂ 颗粒的球磨前与球磨后的 SEM 图

③ 称取定量已球磨的 TiB₂ 粉体并加入一定量的无水乙醇中，超声搅拌 15min 后加入已分散的 Al₂O₃ 悬浮液中，然后加入烧结助剂 MgO 后超声分散 25min，得到混合均匀的复相悬浊液。

④ 按照球料比 10∶1 的比例称取定量的硬质合金球，并加入球磨罐中，将③中的复相悬浊液加入球磨罐中，然后冲入氮气作为保护气，封装后置于球磨机上球磨 43h 后再加入定量 CaF₂@Ni-B 复合粉体，继续球磨 5h，CaF₂@Ni-B 在最后加入主要原因是防止球磨过程中过长的球磨时间使核壳结构遭到破坏。

⑤ 将球磨后的复相悬浊液在真空干燥箱 110℃ 的温度下真空干燥 24h 以上。

⑥ 将干燥后的粉料用 200 目筛子过筛，然后进行密封保存。

⑦ 称取定量的已干燥完毕的复合粉体装入石墨模具中并进行冷压，冷压的时间一般在 15~20min。

⑧ 将冷压后的石墨模具放入石墨套筒中，进行真空热压烧结。烧结参数随实验要求进行烧结，升温速度为 20℃/min，热压压力为 30MPa。

具体烧结工艺流程如图 8-2 所示。

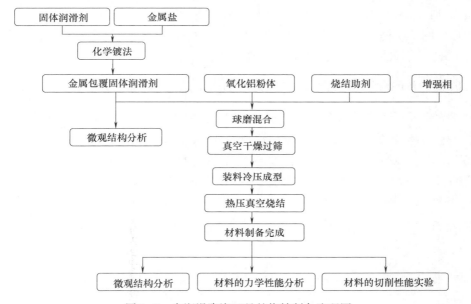

图 8-2　自润滑陶瓷刀具的烧结制备流程图

8.2　CaF₂@Ni-B 核壳自润滑陶瓷刀具材料力学性能

8.2.1　添加 CaF₂@Ni-B 对力学性能的影响

实验在固定烧结工艺的条件下，制备了 CaF₂ 与 CaF₂@Ni-B 体积含量均为 10% 的自润滑陶瓷刀具材料，并在此条件下，对比两种自润滑陶瓷刀具材料在维氏硬度、断裂韧性与抗弯强度之间的关系，其测试结果列于表 8-2。

表 8-2　　不同固体润滑剂对陶瓷材料的力学性能的影响

材料	维氏硬度/GPa	断裂韧性/MPa·m$^{1/2}$	抗弯强度/MPa
ABF10	13.69	6.33	577.61
ABF@10	14.61	7.67	599

如表 8-2 所示，含有固体润滑剂 CaF$_2$@Ni-B 的自润滑陶瓷刀具材料的力学性能要比含固体润滑剂 CaF$_2$ 的自润滑陶瓷刀具材料提升明显，维氏硬度从 13.69GPa 增加到 14.61GPa，提高了约 3%，断裂韧性从 6.33MPa·m$^{1/2}$ 增加到 7.67MPa·m$^{1/2}$，提高了 21%，抗弯强度从 577.61MPa 增加到 599MPa，提高了 7%。断裂韧性与抗弯强度提高明显。这主要是由于在烧结过程中引入了合金 Ni-B，合金 Ni-B 的引入有效地提高了材料的断裂韧性与抗弯强度。金属 Ni 与 Al$_2$O$_3$ 基体有很好的相容性，包覆在 CaF$_2$ 表面的合金 Ni-B 在烧结过程中形成网状结构，贯穿整个材料内，且合金 Ni-B 对 CaF$_2$ 的有效包覆，掩盖了 CaF$_2$ 的弱性相，从而提高了综合的力学性能。

8.2.2 CaF$_2$@Ni-B 含量对力学性能的影响

为研究不同含量的 CaF$_2$@Ni-B 复合粉体对陶瓷刀具材料的力学性能的影响，实验将烧结工艺设定为烧结温度 1650℃，保温时间 20min，升温速率 20℃/min，烧结压力 30MPa。图 8-3 为在相同的烧结工艺条件下添加不同含量的 CaF$_2$@Ni-B 复合粉体对材料的力学性能的影响曲线。由图可得当 CaF$_2$@Ni-B 含量逐渐提高时，材料的维氏硬度从 17.4GPa 下降到 16GPa 后逐渐趋于

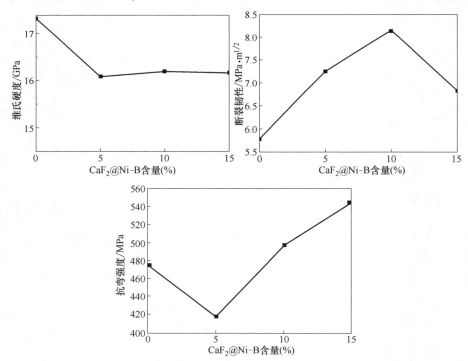

图 8-3　不同含量的 CaF$_2$@Ni-B 对自润滑陶瓷刀具材料的力学性能影响

稳定，并维持在 16GPa 左右。当 CaF₂@ Ni-B 的体积含量为 10% 时，材料的维氏硬度下降较小，为 16.2GPa，材料的断裂韧性随着 CaF₂@ Ni-B 的含量升高而呈现先上升后降低的趋势，其中当材料不含有 CaF₂@ Ni-B 时材料的断裂韧性达到最低，为 5.8MPa·$m^{1/2}$，当 CaF₂@ Ni-B 的体积含量为 10% 时，材料的断裂韧性达到最大，为 8.2MPa·$m^{1/2}$。材料的抗弯强度随着 CaF₂@ Ni-B 的含量的升高而出现先下降后上升的趋势，当 CaF₂@ Ni-B 的体积含量为 5% 时，材料的抗弯强度达到最低，为 418MPa，之后，随着 CaF₂@ Ni-B 含量的上升，其抗弯强度也逐渐提高，当 CaF₂@ Ni-B 的含量为 15% 时，材料的抗弯强度达到最高，为 540MPa，提高了约 13%。

综上所述，材料的力学性能随着 CaF₂@ Ni-B 的添加而提高，材料的维氏硬度随着 CaF₂@ Ni-B 的添加而稍有降低，但维氏硬度并没有呈现直线下降趋势，而是稳定在 16GPa 左右。这主要是由于包覆粉体的添加，合金 Ni-B 掩蔽 CaF₂ 的弱性相，使材料的维氏硬度维持在一定的数值内。CaF₂@ Ni-B 的添加，断裂韧性呈现先上升后下降的趋势，增加 CaF₂@ Ni-B 的含量，合金 Ni-B 的含量也相应地升高，金属含量升高使材料的断裂韧性相应提高，但过量的 CaF₂@ Ni-B 加入，CaF₂ 弱性相则体现出来，降低了材料的断裂韧性；材料的抗弯强度则随着 CaF₂@ Ni-B 的加入呈现先下降后上升的趋势，少量的 CaF₂@ Ni-B 无法提高材料的抗弯强度，但逐渐提高 CaF₂@ Ni-B 后，材料的抗弯强度有所上升。

8.3　CaF₂@Ni-B 核壳自润滑陶瓷刀具材料物相分析和微观结构表征

8.3.1　物相分析

实验对 ABF@ 10 的包覆型自润滑陶瓷材料进行 X 射线衍射，衍射图谱如图 8-4 所示，由图谱分析得包覆型自润滑陶瓷刀具材料中含有 Al₂O₃，CaF₂ 以及 TiB₂ 三种组分材料，且三种材料之间并没有发生反应，由峰的尖锐程度可知，物相均为晶态，由图 8-4 显示，由于合金 Ni-B 包覆在固体润滑剂 CaF₂ 表面，含量少，无法在 XRD 图谱上获得。

8.3.2　刀具材料微观结构分析

图 8-5（a）和（b）分别是 ABF@ 10 粉末低倍与高倍倍数下的 SEM 图片，由图 8-5（a）可见，复合粉体均匀分布，并未出现明显的团聚现象，图中大颗粒为 TiB₂ 粉体与 CaF₂@ Ni-B 粉体，小颗粒为 Al₂O₃ 粉体，大颗粒均处在小颗粒的包围中。由于烧结助剂 MgO 含量太少，无法在图中找到。从图 8-5（b）中可

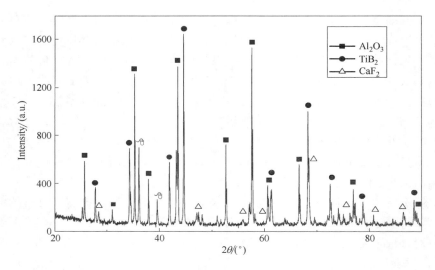

图 8-4　自润滑陶瓷刀具表面的 XRD 能谱衍射图谱

(a)　　　　　　　　　　　　　(b)

图 8-5　ABF@10 粉末的低倍与高倍倍数下的 SEM 图

见，粉体的粒径均在 2μm 以下，因此长时间的球磨对减小复合粉体的粒径有一定的改善。

　　由于改性后的 CaF$_2$ 在陶瓷刀具材料的添加量不同，其微观形貌也不尽相同，图 8-6 为添加含改性后的 CaF$_2$@Ni-B 不同含量的自润滑陶瓷刀具材料的断面 SEM 图。由图 8-6 分析发现，陶瓷刀具材料断面均有晶粒拔出，晶粒拔出对提高材料的力学性能有影响。图 8-6（a）显示当含 CaF$_2$@Ni-B 时，材料烧结不致密，并且有气孔出现，材料的力学性能比较低。当 CaF$_2$@Ni-B 的体积含量为 5% 时，图 8-6（b）显示材料的气孔率明显下降，但材料中晶粒与晶粒之间的结合不够紧密，烧结效果差，过低的 CaF$_2$@Ni-B 无法使材料的烧结变得致密，从而也影响材料的力学性能。随着 CaF_2@ Ni–B 含量的提高，当 CaF_2@ Ni–B 的体积含量在 10%时，图 8-6（c）显示材料的致密化较好，晶粒与晶粒之间较为紧密结合，气孔减少，有助于提高其力学性能。当 CaF_2@ Ni–B 的体积含量为 15%时，图 8-6（d）显示陶瓷刀具材料的致密化并没有提升，CaF_2@ Ni–B 的加入过量造成 CaF_2 本身的含量升高，过量的 CaF_2 影响材料的微观结构，无法更有效地提高材料的力学性能。实验显示，当 CaF_2@ Ni–B 的含量为 10%时，材料的致密化达到最好，气孔率降到最低。

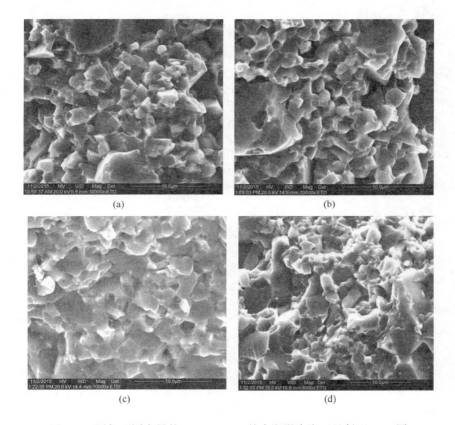

图 8-6　添加不同含量的 CaF_2@ Ni–B 的自润滑陶瓷刀具断面 SEM 图

经过对陶瓷刀具材料进行真空热压烧结，利用环境扫描电镜能谱仪对图 8-7（a）区域内进行面扫描测试，以分析 CaF_2@ Ni–B 在陶瓷刀具材料的分布情况。图 8-7（b）、（c）、（d）分别为 F，Ca，Ni 三种元素在陶瓷刀具材料内的分布情况。由于 B 元素在允许测试范围之外，且 TiB_2 的加入影响 B 元素的分布情况，无法显示。Ca，F，Ni 三种元素均匀地分布在陶瓷刀具材料内，未出现团聚现象。如图 8-7 所示，陶瓷刀具材料高温烧结过程中，过高温度使部分 CaF$_2$@ Ni-B 核壳结构被破坏，裸露出来的 CaF$_2$ 容易在金属切削加工过程中生成自润滑膜，保护刀具不被剧烈磨损。金属 Ni 的均匀分布提高了材料的致密度，细化晶粒，进而提高材料的力学性能。

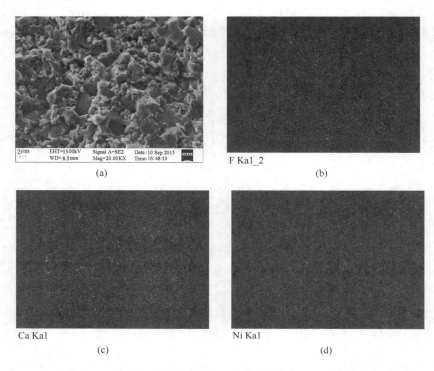

图 8-7　Al$_2$O$_3$ 基自润滑陶瓷刀具材料的 EDS 面扫描测试

8.3.3　烧结温度对材料的微观形貌影响

图 8-8 中（a）、（b）、（c）为不同烧结温度下的低倍与高倍 SEM 照片，由图 8-8（a）可见，在烧结温度为 1600℃的条件下，陶瓷材料的断面形貌较为松散，烧结不够充分，高倍下 SEM 照片中，陶瓷材料的断面有气孔出现，烧结不够致密，无法达到作为陶瓷刀具材料的要求；图 8-8（b）为烧结温度为 1650℃下的 SEM 图片，由图发现，陶瓷材料的烧结比较致密且充分，Al$_2$O$_3$ 与 TiB$_2$ 之间的分散比较均匀，没有明显的气孔存在，图中可以发现有晶粒拔出存在，晶粒拔出这种现象的存在可以有效地提高材料的力学性能；图 8-8（c）为烧结温度为 1700℃条件下的高倍与低倍的 SEM 图片，图中各相的烧结充分，利于提高力学性能。

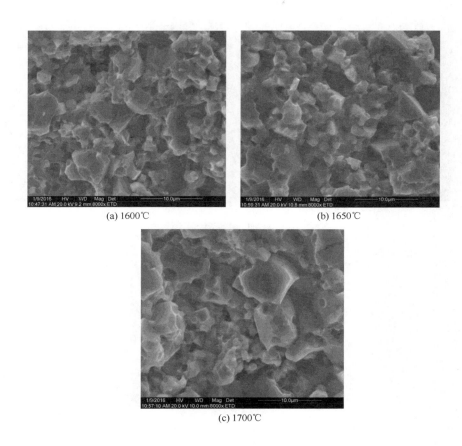

(a) 1600℃ (b) 1650℃

(c) 1700℃

图 8-8　不同烧结温度条件下陶瓷刀具材料的断面图

8.3.4　保温时间对材料的微观形貌影响

图 8-9 中（a）、（b）、（c）分别为不同保温时间条件下陶瓷材料的 SEM 照片，图 8-9（a）为保温时间 10min 的高倍与低倍 SEM 照片，由图可见，在陶瓷材料保温时间为 10min 的条件下，陶瓷烧结不够致密，较为疏松，断面有气孔出现，颗粒与颗粒之间结合不够紧密；在保温时间为 15min 的条件下，图 8-9（b）显示材料的结合较为紧密，颗粒分散较为均匀，气孔较少出现，力学性能较好；在保温时间为 20min 的条件下，图 8-9（c）由于保温时间过长，材料的晶粒生长较大，致使材料较为疏松，而且材料内有气孔出现，烧结不致密，过大的晶粒影响材料的力学性能，不适合作为陶瓷刀具材料进行切削实验。综上得出，实验宜将保温时间调节为 15min 为宜。

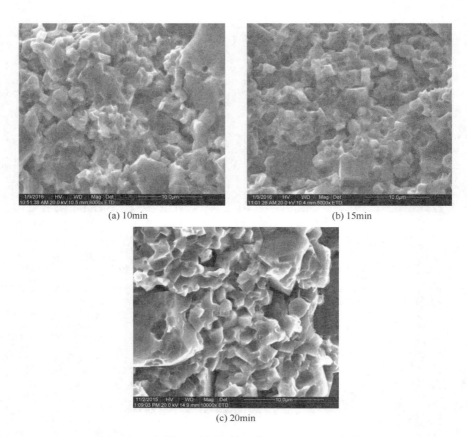

(a) 10min

(b) 15min

(c) 20min

图 8-9　不同保温时间条件下陶瓷刀具材料的断面图

第9章　CaF₂系核壳自润滑陶瓷刀具材料的摩擦磨损特性

在切削加工中，磨损是刀具失效的主要因素之一。摩擦磨损实验为研究刀具材料抗磨损特性提供了有效途径，是刀具材料研制过程的重要环节。本章对添加 $CaF_2@Al_2O_3$ 复合粉体的核壳自润滑陶瓷刀具和自润滑金属陶瓷刀具材料进行了摩擦磨损实验，研究 $CaF_2@Al_2O_3$ 包覆型固体润滑剂及其含量对自润滑陶瓷材料摩擦磨损性能的影响。

9.1　实验装置与方法

本实验的实验装置为 MMW-1A 组态控制万能摩擦磨损实验机，配副形式为销-盘配副。实验采用的对磨环材料为 45#钢，淬火处理后硬度为 44～46HRC。磨环内、外径分别为 $\Phi 38mm$ 和 $\Phi 54mm$，表面粗糙度 $R_a = 0.08\mu m$。实验装置及实验原理如图 9-1 所示。

将制备的刀具材料进行切割、粗磨、精磨、研磨、抛光，制成长方体试块。在丙酮溶液中超声清洗 2～3 次，干燥后待用。实验面尺寸为 10×10mm，表面粗糙度 $R_a = 0.1\mu m$。

刀具材料试块按图 9-1 所示方式装夹，在无任何外加润滑剂的条件下进行滑动干摩擦，分别测试在不同载荷和滑动速度下的摩擦系数和磨损率，采用 SUPRATM 55 热场发射扫描电子显微镜及其附带的能谱仪对试样磨损表面形貌和化学成分进行观察和分析。

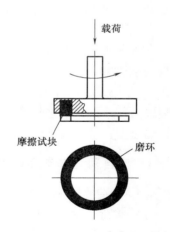

图 9-1　摩擦磨损实验装置原理图

（1）摩擦系数的测定

摩擦系数是两物体间阻止相对运动的摩擦力与作用在接触表面的法向力之比，计算公式如下：

$$\mu = \frac{F}{P} = M/(R \cdot P) \tag{9-1}$$

式中，μ 为材料的摩擦系数，无量纲；F 为摩擦力，N；P 为试样所受法向力，N；*M* 为摩擦力矩，N·mm；*R* 为对磨环中圆半径，mm。

（2）磨损率的测定

磨损指物体几何尺寸（体积）变小，是脆性材料常见的破坏方式。常用磨损率来表征脆性材料的磨损性能，可通过测量长度、体积或质量的变化而得到。通常磨损率越小，材料的耐磨性越好。磨损率定义为单位载荷、单位磨程下的磨损体积，计算公式为：

$$\omega = V/(L \cdot P) \tag{9-2}$$

式中，ω 为材料的磨损率 [m³/(N·m)]；*V* 为试样磨损前后的体积差（m³）；*L* 为摩擦距离（m）；*P* 为法向载荷（N）。

试样的磨损体积可用体积法直接测定，也可用质量法测定，然后换算成磨损体积。本实验采用质量法，其磨损率公式为：

$$\omega = \frac{m}{P \cdot \rho \cdot S} = m/(\pi \cdot P \cdot \rho \cdot r \cdot R \cdot t) \tag{9-3}$$

式中，ω 为材料的磨损率 [m³/(N·m)]；*m* 为试样磨损前后的质量差（g）；*P* 为法向载荷（N）；ρ 为试样的密度（g/m³），用阿基米德法测得；*S* 为摩擦磨损的行程（m）；*r* 为实验机主轴滑动速度（r/min）；*R* 为对磨环中圆半径（m）；*t* 为摩擦时间（min）。

9.2 实验条件对自润滑陶瓷刀具材料摩擦磨损性能的影响

本节选择添加 10vol.%CaF₂@ Al₂O₃ 的 AT-C@ 10 和 ATCN-C@ 10 刀具材料与只添加 10vol.%CaF₂ 的 AT-C10 和 ATCN-C10 刀具材料在相同实验条件下对比，同时选取包覆粉体含量分别为 0%、5%、10%、15%、20%的 Ti（C，N）基金属陶瓷刀具材料进行摩擦磨损实验，分析载荷和滑动速度（即实验机主轴转动速度）等实验条件对以上刀具材料表面摩擦系数和磨损率的影响。

9.2.1 对自润滑陶瓷刀具材料摩擦磨损性能的影响

9.2.1.1 载荷的影响

（1）载荷对摩擦系数的影响

图 9-2 显示在 150m/min 的滑动速度条件下，AT 系列和 ATCN 系列两种自润滑陶瓷刀具材料的摩擦系数随载荷变化的曲线。

由图可以看出，随着载荷由 10N 增大到 200N 的过程中，AT 系列刀具材料和 ATCN 系列刀具材料的摩擦系数均随载荷的增大呈先快速下降后趋于稳定的趋势。当载荷为 200N 时，此时的摩擦力已经能够使 CaF₂ 拖覆成膜而起到减摩作用，说明其在与 45 钢配副时，较高载荷下具有较好的减摩性能。

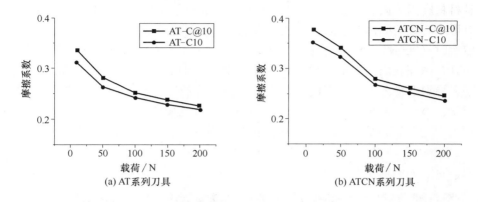

图 9-2　摩擦系数随载荷的变化（滑动速度 150m/min）

（2）载荷对磨损率的影响

AT 系列和 ATCN 系列两种自润滑陶瓷刀具材料的磨损率在 150m/min 的滑动速度条件下随载荷变化的曲线如图 9-3 所示。

由图可以看出，AT 系列和 ATCN 系列两种刀具材料的磨损率均随载荷的增大而升高。与只添加 CaF_2 的刀具材料相比，添加 $CaF_2@Al_2O_3$ 的刀具材料的磨损率增加缓慢。

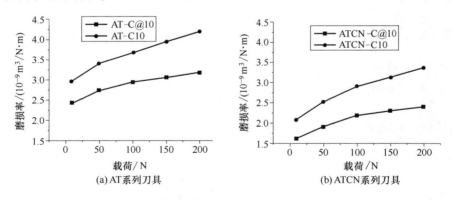

图 9-3　磨损率随载荷的变化（滑动速度 150m/min）

（3）载荷对表面形貌的影响

图 9-4 显示了 AT-C@10 刀具材料在不同载荷下表面磨损的 SEM 形貌。因为自润滑刀具材料是靠本身"自耗式生产"来补充修复破损的润滑膜，所以随着载荷增大，润滑膜内的最大主应力和最大剪应力都随之增大，其破损的频度及程度增加，刀具材料"自耗式生产"速度加快，宏观上表现为刀具材料的磨损率升高（图 9-3）。由图 9-4（a）可见，在载荷较小时（50N），刀

具材料磨损表面有晶粒脱落现象，形成一些粉末状磨屑，由此可见磨损表面没有形成有效的固体润滑膜，呈现出磨粒磨损特征。在图 9-4（b）中，当载荷较大时（200N），磨损表面温度较高，导致 CaF$_2$ 由脆性状态转化为塑性状态，使其在摩擦表面已形成完整的固体润滑膜，此时的磨损表面材料脱落更加明显，导致磨损率上升，但使摩擦系数进一步降低。与只添加 CaF$_2$ 的刀具材料相比，添加 CaF$_2$@Al$_2$O$_3$ 的刀具材料中的 Al$_2$O$_3$ 包覆层抑制了刀具材料"自耗式生产"速度，从而减缓了刀具材料的磨损速度，这也是图 9-3 中相同条件下，AT-C@10 和 ATCN-C@10 刀具材料的磨损率均比 AT-C10 和 ATCN-C10 刀具材料的磨损率低的原因。

(a) 载荷50N　　　　　　　　　　　　　(b) 载荷200N

图 9-4　AT-C@10 刀具材料在不同载荷下的表面磨损 SEM 形貌（滑动速度 150m/min）

9.2.1.2　滑动速度的影响

（1）滑动速度对摩擦系数的影响

图 9-5 为在 50N 载荷下，AT 系列和 ATCN 系列两种自润滑陶瓷刀具材料的摩擦系数随滑动速度变化的曲线。

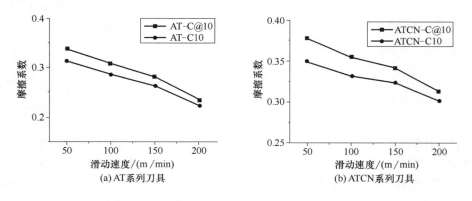

(a) AT系列刀具　　　　　　　　　　　　(b) ATCN系列刀具

图 9-5　摩擦系数随滑动速度的变化（载荷 50N）

由图可见，当滑动速度从 50m/min 增加到 200m/min，AT 系列和 ATCN 系列两种刀具材料的摩擦系数均随滑动速度的增大而呈现下降趋势，说明以上两种刀具在与 45 钢配副时，高速时的减摩性能较好。由于 ATCN 系列刀具材料力学性能较高，所以与 AT 系列刀具材料相比，相同条件下 ATCN 系列刀具材料的摩擦系数更高一些。

分别对比图 9-5（a）和图 9-5（b）中摩擦系数曲线可见，在相同条件下，与只添加 CaF$_2$ 的刀具材料相比，添加 CaF$_2$@Al$_2$O$_3$ 的刀具材料的摩擦系数略高一些，这是因为 Al$_2$O$_3$ 包覆层对 CaF$_2$ 有一定的缓释作用，速度越高，差别越小。这说明添加 CaF$_2$@Al$_2$O$_3$ 的刀具材料在高速时的减摩性能优于低速时的减摩性能，其原因主要是滑动速度影响摩擦表面接触状态和固体润滑剂析出速度，进而影响固体润滑剂的形态和润滑效果。

（2）滑动速度对磨损率的影响

图 9-6 为在 50N 载荷下，AT 系列和 ATCN 系列两种自润滑陶瓷刀具材料的磨损率随滑动速度变化的曲线。

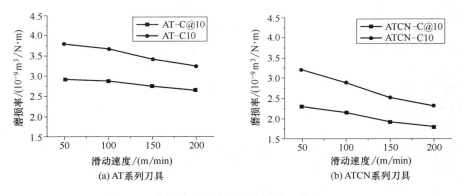

(a) AT系列刀具　　　　　　　　　　(b) ATCN系列刀具

图 9-6　磨损率随滑动速度的变化（载荷 50N）

如图 9-6 所示，AT 系列和 ATCN 系列两种刀具材料的磨损率随滑动速度的增加而下降，分别对比图 9-6（a）和图 9-6（b）可以发现，在相同条件下，与只添加 CaF$_2$ 的刀具材料相比，添加 CaF$_2$@Al$_2$O$_3$ 的刀具材料的磨损率明显降低。但是滑动速度达到一定数值（≥150m/min）时，摩擦表面高温使析出的 CaF$_2$ 成膜后，将阻止接触表面进一步磨损，磨损率下降速度开始变慢，此时，滑动速度已不再是影响磨损率的主要因素。

（3）滑动速度对表面形貌的影响

图 9-7 显示了 ATCN-C@10 刀具材料在不同滑动速度下表面磨损的 SEM 形貌。由图 9-7（a）可见，在相同载荷下，滑动速度较小时（50m/min），刀具材料磨损表面 CaF$_2$ 析出较少，只是在局部区域出现聚集现象，还未形成完

整的润滑膜。在图 9-7（b）中，当滑动速度较大时（200m/min），相同时间摩擦表面析出的 CaF_2 增多，在表面大量聚集并拖覆，在摩擦表面形成完整的固体润滑膜，此时磨损表面的润滑层已经完全将刀具材料和对磨环隔离，使得摩擦系数进一步降低，而且减缓了刀具材料的磨损速度。

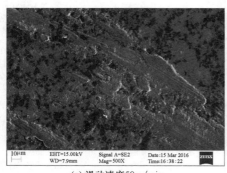

（a）滑动速度50m/min　　　　　　　　（b）滑动速度200m/min

图 9-7　ATCN-C@10 刀具材料在不同滑动速度下的表面磨损 SEM 形貌（载荷 50N）

综合以上分析可知，滑动速度升高导致摩擦系数和磨损率降低的原因主要包括以下两个方面：一是滑动速度影响摩擦表面磨损速度，进而影响摩擦表面接触状态和固体润滑剂析出速度；二是滑动速度影响摩擦表面的温度，进而影响固体润滑剂的形态和润滑效果。因此，在滑动速度较低时，摩擦表面磨损速度低，摩擦热产生少，摩擦表面温度低，CaF_2 析出少，且处于脆性状态，较难拖覆形成润滑膜，摩擦表面为弹塑性接触；随着滑动速度的增加，摩擦表面磨损速度加快，摩擦表面温度升高，使得刀具中析出的 CaF_2 逐渐软化，容易形成较完整的润滑膜，摩擦表面转化为塑性接触。随着润滑膜覆盖面积的增加，摩擦力减小，使得摩擦系数降低。

9.2.2　对自润滑金属陶瓷刀具材料摩擦磨损性能的影响

9.2.2.1　载荷的影响

（1）载荷对摩擦系数的影响

如图 9-8 所示，为各组分金属陶瓷刀具材料在转速为 100m/min 时，摩擦系数与载荷之间的变化曲线。随着载荷的增加，各组分金属陶瓷刀具材料的摩擦系数呈现不断降低的趋势。

（2）载荷对磨损率的影响

如图 9-9 所示，为五组金属陶瓷刀具保持转速为 100m/min 时，磨损率与载荷之间的变化曲线。随着载荷的增加，刀具材料的磨损率呈现不断上升的趋势。

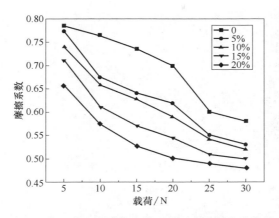

图 9-8　各组分金属陶瓷摩擦系数随载荷的变化曲线

（3）载荷对表面形貌的影响

如图 9-10 所示，TMC@10 金属陶瓷刀具材料在保持 100m/min 转速不变的情况下，载荷分别为 5N、10N、15N、20N、25N、30N 的条件下刀具材料磨痕表面的 SEM 形貌。如图 9-10（a）所示，当载荷为 5N 时，由于载荷较小，CaF$_2$ 析出之后在磨痕表面还未涂覆均匀，在图中可看到亮白色的 CaF$_2$ 比较集中，形成的自润滑膜表面粗糙不均匀。当载荷为 10N

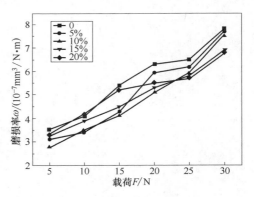

图 9-9　各组分金属陶瓷磨损率
随载荷的变化曲线

时，如图 9-10（b）所示，磨痕表面形成完整的亮白色自润滑膜，自润滑膜表面光滑均匀，刀具材料摩擦系数降低。当载荷为 15N 时，如图 9-10（c）所示，随着 CaF$_2$ 不断溢出至磨痕表面，自润滑膜的形成更加完整，亮白色区域不断扩大。如图 9-10（d）所示，当载荷为 20N 时，随着载荷增加，摩擦表面温度不断升高，自润滑膜的形成速度加快，亮白色区域变暗，润滑膜的厚度与致密度不断增加。如图 9-10（e）所示，当载荷为 25N 时，磨痕表面出现少量磨屑。如图 9-10（f）所示，当载荷为 30N 时，磨痕表面自润滑膜开始破损脱落，刀具材料需要不断消耗来修复补充润滑膜的破损，致使磨损率升高。

9.2.2.2　转速的影响

（1）转速对摩擦系数的影响

如图 9-11 所示，为各组分金属陶瓷刀具材料在保持 10N 载荷不变的情况

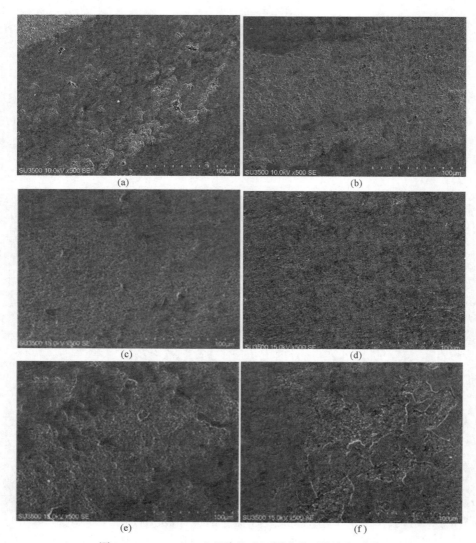

图 9-10　TMC@10 金属陶瓷在不同载荷下的磨损形貌

下，摩擦系数随转速的变化曲线。可以看出摩擦系数随转速先升高后降低，降至最低后再升高；当转速增加到 60m/min 时，摩擦系数升至最高；此后，当转速达到 180m/min，摩擦系数降至最低。

（2）转速对磨损率的影响

如图 9-12 所示，为各组分金属陶瓷刀具材料在保持 10N 载荷不变的情况下，磨损率随转速的变化曲线。如图所示，随着转速的升高，在 20~140m/min 的范围内，各个组分刀具材料的磨损率均呈下降趋势。此外，随着转速升高在

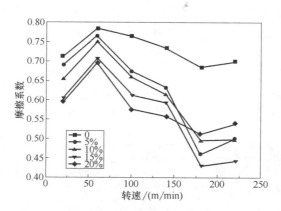

图 9-11　各组分金属陶瓷摩擦系数随转速的变化曲线

$140\sim220\text{m/min}$ 的范围内，TMC@10 与 TMC@15 刀具磨损率变化不大且较为平稳，TMC@5 与 TMC@20 刀具的磨损率呈上升趋势，TM 刀具磨损率虽然下降，但与 TMC@10 与 TMC@15 刀具相比磨损率依然较高。

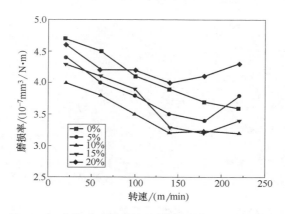

图 9-12　各组分金属陶瓷磨损率随转速的变化曲线

（3）转速对表面形貌的影响

如图 9-13 所示，为 TMC@10 金属陶瓷刀具材料在保持 10N 载荷不变的情况下，转速分别为 20m/min、60m/min、100m/min、140m/min、180m/min、220m/min 时的磨痕形貌。如图 9-13（a）所示，转速为 20m/min，此时转速较小，可观察到磨痕表面白色 CaF₂ 析出，呈白色点状分布，还未形成完整的润滑膜。如图 9-13（b）所示，当转速增加到 60m/min 时，磨痕表面开始形成润滑膜，但是 CaF₂ 拖覆不够均匀。如图 9-13（c）所示，当转速较大时，相同时间摩擦表面析出的 CaF₂ 增多，亮白色区域分布均匀。如图 9-13（d）

所示，CaF$_2$在磨痕表面大量聚集并拖覆，在磨痕表面形成平滑的固体润滑膜，但是存在少量的犁沟与凹坑。如图 9-13（e）所示，随着转速升高，CaF$_2$不断析出加快填充，此时犁沟与凹坑不断减少，润滑膜光滑完整。如图 9-13（f）所示，磨痕表面形成完整致密的润滑膜，此时摩擦轨道表面的润滑膜已经将 TMC@ 10 金属陶瓷刀具基体和 Si$_3$N$_4$ 陶瓷球隔离开，这样可以有效避免金属陶瓷硬质相与氮化硅陶瓷球的直接接触，改善摩擦副的磨损状况，降低

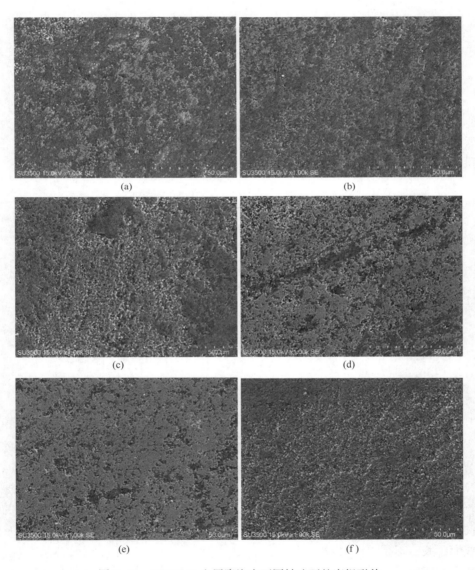

图 9-13　TMC@ 10 金属陶瓷在不同转速下的磨损形貌

TMC@10 刀具的摩擦系数。

　　综上所述，转速升高后都会使摩擦系数与磨损率降低。首先，氮化硅陶瓷球的转速会对金属陶瓷盘的磨损速度产生较大影响，不但会对二者之间的表面接触状态产生影响，而且会改变包覆粉体中 CaF$_2$ 的涂覆速度。其次，对摩副滑动速度还会对二者之间表面接触面的温度产生影响，进而影响 CaF$_2$ 的涂覆与析出效果。当转速小于 100m/min 时，刀具摩擦表面磨损速度低，由此产生的摩擦热较少，从而导致对摩副接触表面温度低，CaF$_2$ 的涂覆速度慢，析出数量较少，并且此时 CaF$_2$ 由于处于脆性状态，较难涂覆于摩擦轨迹表面形成润滑膜，对摩副接触表面为弹塑性接触；当转速大于 100m/min 时，刀具摩擦表面磨损速度加快，产生大量摩擦热，对摩副接触表面温度急剧升高，使得金属陶瓷刀具中析出的 CaF$_2$ 逐渐软化，对摩副接触表面转化为塑性接触，塑性软化的 CaF$_2$ 不断溢出至摩擦表面，形成比较完整的润滑膜。另一方面，自润滑膜涂覆区域不断增加，覆盖在金属陶瓷硬质相表面，有效降低接触应力，进而降低摩擦系数。多层核壳微观结构金属陶瓷刀具在高速时表现出良好的自润滑性能。

9.3　CaF$_2$@Al$_2$O$_3$ 含量对自润滑陶瓷刀具材料摩擦磨损特性的影响

9.3.1　CaF$_2$@Al$_2$O$_3$ 含量对自润滑陶瓷刀具材料摩擦特性的影响

9.3.1.1　对摩擦系数的影响

　　为了研究 CaF$_2$@Al$_2$O$_3$ 含量对刀具材料摩擦系数的影响，在相同实验条件下，分别对不同 CaF$_2$@Al$_2$O$_3$ 含量及含 10% CaF$_2$ 的 AT 系列和 ATCN 系列两种自润滑陶瓷刀具材料进行了摩擦实验，测定了相应的摩擦系数，其结果分别如图 9-14 和图 9-15 所示。

　　图 9-14 分别为 AT 系列和 ATCN 系列两种自润滑陶瓷刀具材料的摩擦系数随 CaF$_2$@Al$_2$O$_3$ 含量的变化曲线。由图可见，AT 系列和 ATCN 系列刀具材料的摩擦系数均随 CaF$_2$@Al$_2$O$_3$ 含量的增加呈下降趋势，减摩效果明显。由于力学性能较高的原因，ATCN

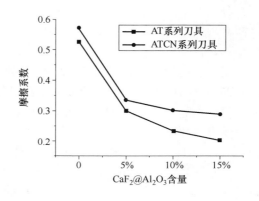

图 9-14　摩擦系数随 CaF$_2$@Al$_2$O$_3$ 含量的变化

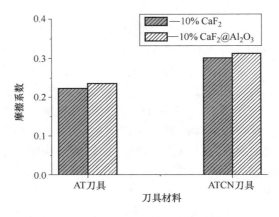

图 9-15　不同固体润滑剂的摩擦系数对比

系列刀具摩擦系数略高于 AT 系列刀具。

　　图 9-15 为分别添加 10vol.%CaF$_2$ 的 AT-C10 和 ATCN-C10 两种自润滑陶瓷刀具材料与添加 10vol.%CaF$_2$@ Al$_2$O$_3$ 的 AT-C@ 10 和 ATCN-C@ 10 两种自润滑陶瓷刀具材料的摩擦系数对比图。由图可见，添加 10vol.% CaF$_2$@ Al$_2$O$_3$ 的刀具材料与添加 10vol.% CaF$_2$ 的刀具材料相比，其摩擦系数略微升高。这是因为 10vol.%CaF$_2$@ Al$_2$O$_3$ 核壳包覆型固体润滑剂中 CaF$_2$ 的总含量略低于 AT-C10 中的含量；另外，CaF$_2$@ Al$_2$O$_3$ 由于 Al$_2$O$_3$ 壳结构的存在，在一定程度上阻碍了 CaF$_2$ 的析出速度，而且 Al$_2$O$_3$ 破碎后增加了摩擦表面的磨粒，故其摩擦系数稍高。但是随着摩擦时间的延长，当润滑膜形成以后，这种影响变得非常微小。

9.3.1.2　对磨损率的影响

　　为了研究 CaF$_2$@ Al$_2$O$_3$ 含量对刀具材料磨损率的影响，在相同实验条件下，分别对不同 CaF$_2$@ Al$_2$O$_3$ 含量及含 10% CaF$_2$ 的 AT 系列和 ATCN 系列两种自润滑陶瓷刀具材料进行了摩擦实验，测定了相应的磨损率，其结果分别如图 9-16 和图 9-17 所示。

　　图 9-16 分别为 AT 系列和 ATCN 系列两种自润滑陶瓷刀具材料的磨损率随 CaF$_2$@ Al$_2$O$_3$ 含量的变化曲线。由图可见，AT 系列和 ATCN 系列刀具材料的磨损率均随 CaF$_2$@ Al$_2$O$_3$ 含量的增加呈先降低后升高的趋势。ATCN 系列刀具由于力学性能较高的原因，磨损率低于 AT 系列刀具。当 CaF$_2$@ Al$_2$O$_3$ 含量为 10vol.%时，AT-C@ 10 和 ATCN-C@ 10 自润滑陶瓷材料磨损率最低。

　　图 9-17 为分别添加 10vol.%CaF$_2$ 的 AT-C10 和 ATCN-C10 两种自润滑陶瓷刀具材料与添加 10vol.%CaF$_2$@ Al$_2$O$_3$ 的 AT-C@ 10 和 ATCN-C@ 10 两种自润滑陶瓷刀具材料的磨损率对比图。由图可见，添加 CaF$_2$@ Al$_2$O$_3$ 的 AT 系列

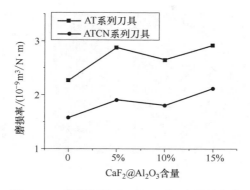

图 9-16 磨损率随 CaF$_2$@ Al$_2$O$_3$ 含量的变化

（滑动速度 200m/min，载荷 50N）

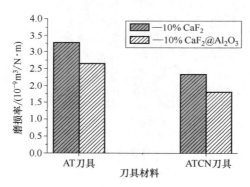

图 9-17 不同固体润滑剂的磨损率对比

（滑动速度 200m/min，载荷 50N）

和 ATCN 系列刀具材料与相应只添加 CaF$_2$ 的刀具材料相比，磨损率降低，较大幅度地提高了刀具材料的耐磨性。

9.3.1.3 对磨损形貌的影响

为了研究 CaF$_2$@ Al$_2$O$_3$ 含量对刀具材料表面形貌的影响，在相同实验条件下，分别对不同 CaF$_2$@ Al$_2$O$_3$ 含量及含 10% CaF$_2$ 的 AT 系列和 ATCN 系列两种自润滑陶瓷刀具材料进行了摩擦实验，测试了摩擦后各表面的 SEM 形貌，其结果分别如图 9-18 和图 9-19 所示。

图 9-18 显示了不同 CaF$_2$@ Al$_2$O$_3$ 含量对 AT 系列刀具材料摩擦表面形貌的影响。由图可见，在相同的摩擦条件下，只添加 CaF$_2$ 的 AT-C10 刀具材料表面出现严重的黏着磨损，大片磨屑黏附于刀具材料表面，导致刀具材料磨损加快，这是 AT-C10 刀具材料磨损率较高的主要原因 ［图 9-18 （a）］。图 9-18 （b）所示由于 CaF$_2$@ Al$_2$O$_3$ 的包覆增强作用，添加 5vol. ％CaF$_2$@ Al$_2$O$_3$ 的

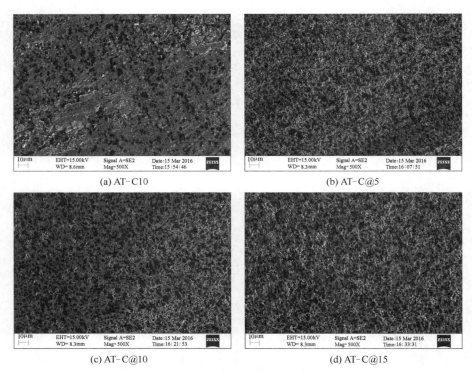

(a) AT-C10　　　　　　　　　　　(b) AT-C@5

(c) AT-C@10　　　　　　　　　　(d) AT-C@15

图 9-18　AT 系列刀具材料摩擦表面 SEM 形貌

（滑动速度 100m/min，载荷 10N）

刀具材料在较低载荷下刀具材料摩擦表面 CaF₂ 析出较少，没有明显的聚集现象，但是在与摩擦副接触处出现明显的犁沟状磨痕，此磨痕中主要是由 CaF₂@ Al₂O₃ 中析出的 CaF₂ 构成（图中亮白色部分），但是由于 CaF₂ 含量较低，还未形成润滑膜。随着含量的增加，摩擦表面析出的 CaF₂ 增多，图中亮白色区域不断扩大，如图 9-18（c）、图 9-18（d）所示，但是由于滑动速度较低、载荷较小，导致摩擦温度较小、摩擦力较低，未能形成有效润滑膜，刀具材料表面的磨损形式主要是磨粒磨损。

　　图 9-19 显示了在载荷 100N、滑动速度 200m/min 的实验条件下，不同 CaF₂@ Al₂O₃ 含量对 ATCN 系列刀具材料摩擦表面形貌的影响。图 9-19（a）显示在较大载荷下，只添加 CaF₂ 的 ATCN-C10 刀具材料主要是黏着磨损，且磨损较重。添加 CaF₂@ Al₂O₃ 后，刀具材料表面磨损情况出现明显改善。添加 5vol. % CaF₂@ Al₂O₃ 的 ATCN-C@5 刀具材料表面因 CaF₂ 析出较少，在摩擦表面未形成较大面积的连续的自润滑膜，润滑剂的减摩效果不明显，如图 9-19（b）所示；而添加 10vol. % CaF₂@ Al₂O₃ 的 ATCN-C@10 刀具材料表面因 CaF₂ 析出量较多，在摩擦表面上形成了一层较完整的自润滑膜，使得磨损面

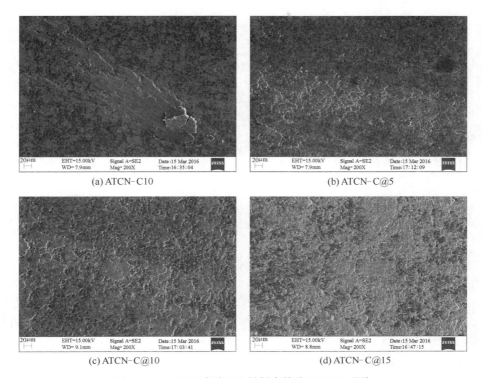

(a) ATCN-C10　　　　　　　　　　　　(b) ATCN-C@5

(c) ATCN-C@10　　　　　　　　　　　(d) ATCN-C@15

图 9-19　ATCN 系列刀具材料摩擦表面 SEM 形貌

较平滑，磨损较轻微，如图 9-19（c）所示；但 $CaF_2@Al_2O_3$ 含量过多，如图 9-19（d）所示，则会导致润滑膜过厚，影响刀具性能。

　　综合以上分析，添加 $CaF_2@Al_2O_3$ 核壳包覆型固体润滑剂的 ATCN 系列刀具材料的摩擦面均较好地形成了自润滑膜，未发生严重的黏着现象。因此，在陶瓷刀具中添加 $CaF_2@Al_2O_3$ 核壳包覆型固体润滑剂可以在保证材料性能前提下，有效提高其抗磨损能力。

9.3.2　$CaF_2@Al_2O_3$ 含量对自润滑陶瓷刀具材料磨损特性的影响

9.3.2.1　对摩擦系数的影响

　　为了探究 $CaF_2@Al_2O_3$ 包覆粉体含量对 Ti（C，N）基金属陶瓷摩擦磨损性能的影响，摩擦磨损实验方案如下，选取包覆粉体含量分别为 0、5%、10%、15%、20% 的 Ti（C，N）基金属陶瓷刀具材料进行摩擦磨损实验，记录实验数据，得到的摩擦系数如图 9-20 所示。

　　如图 9-20 所示，为各组分金属陶瓷材料在不同实验条件下摩擦系数随包覆粉体含量变化曲线图。根据曲线的变化趋势，在各个实验条件下随着

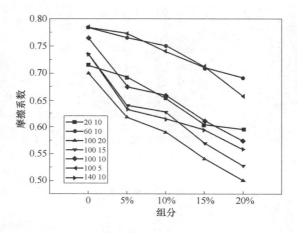

图 9-20　摩擦系数随包覆粉体含量变化曲线

CaF$_2$@Al$_2$O$_3$ 包覆粉体含量的增加，各组分金属陶瓷刀具材料的摩擦系数呈现下降的趋势。此外，各种实验条件中当实验转速为 100m/min，载荷为 20N 时金属陶瓷刀具材料的摩擦系数最低。与 TM 刀具相比，添加 5% CaF$_2$@Al$_2$O$_3$ 包覆粉体时降幅明显。

9.3.2.2　对磨损率的影响

　　利用材料表面三维织构形貌采集系统观察测量磨痕表面形貌，最终得到磨损率如图 9-21 所示。

　　图 9-21 为各组分金属陶瓷刀具材料在不同实验条件下磨损率随包覆粉体含量变化曲线图。在各个实验条件下，随 CaF$_2$@Al$_2$O$_3$ 包覆粉体含量的增加，金属陶瓷刀具材料的磨损率呈现先降低后上升的趋势。

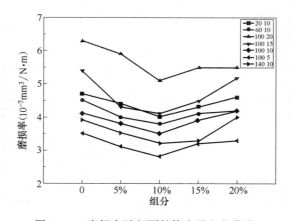

图 9-21　磨损率随包覆粉体含量变化曲线

9.3.2.3　对磨损形貌的影响

在 100m/min 和 10N 的实验条件下，包覆粉体含量分别为 0、5%、10%、15%、20%，以及只含 CaF₂ 含量为 10%的六组 Ti(C，N) 基金属陶瓷刀具材料的磨痕表面形貌如图 9-22 所示。如图 9-22（a）所示，由于没有添加包覆粉体作为固体润滑剂，摩擦副缺少润滑作用，磨痕表面存在较多的磨屑，且还可以观察到磨痕表面还存在较多的孔洞，表明磨痕表面磨损较为严重，磨损形式主要有黏着磨损和磨粒磨损。如图 9-22（b）所示，为仅添加纳米 CaF₂ 的

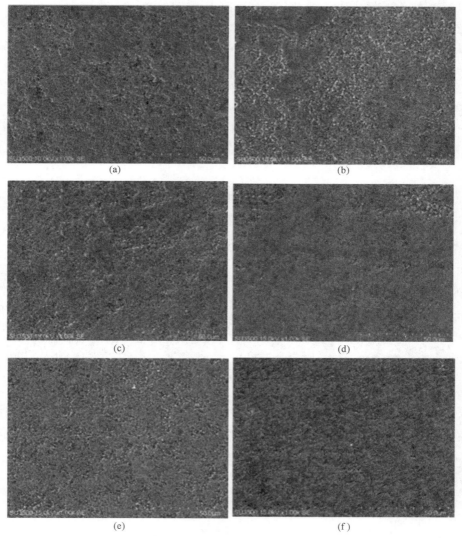

图 9-22　各组分金属陶瓷磨痕形貌（转速 100m/min，载荷 10N）

179

自润滑 Ti（C，N）基金属陶瓷刀具材料，当摩擦副剧烈摩擦时，磨痕表面的温度升高，固体润滑剂 CaF₂ 由材料基体内部析出，涂覆于磨痕表面，如图所示磨痕表面呈现亮白色，但是由于 CaF₂ 析出速度较快，没有形成较为完整的润滑膜，使得大量 Ti（C，N）金属陶瓷基体的硬质相颗粒出现在磨痕表面，磨损较为严重。如图 9-22（c）所示，为添加 5% 包覆粉体的金属陶瓷材料，虽然有少量磨屑黏结形成，但是如图左下方区域所示，逐渐有完整的润滑膜形成，润滑膜逐渐覆盖金属陶瓷基体颗粒。如图 9-22（d）所示，为添加 10% 包覆粉体的金属陶瓷材料，金属陶瓷磨痕表面的自润滑膜虽然有少量破损，但是已经基本完成在磨痕表面的拖覆。如图 9-22（e）所示，为添加 15% 包覆粉体的金属陶瓷材料，在磨痕表面形成了致密的润滑膜，润滑膜形成较为完整且呈现亮白色，磨痕表面比较平整，金属陶瓷材料的磨损情况较轻。如图 9-22（f）所示，为添加 20% 包覆粉体的金属陶瓷材料，由于包覆粉体含量较多，形成润滑膜的颜色于之前的组分相比较暗，说明形成的润滑膜较厚。

9.4　CaF₂ 系核壳自润滑陶瓷刀具材料的减摩耐磨机理

9.4.1　CaF₂@Al₂O₃ 自润滑陶瓷刀具材料的减摩耐磨机理

9.4.1.1　物相分析

AT-C@ 10 刀具材料摩擦前后的表面 SEM 形貌如图 9-23 所示。在图 9-23 中刀具的抛光面照片显示，晶粒与晶界清晰可见，三种组成材料区别明显，其中黑色是 Al₂O₃、灰色是 TiC、白色是 CaF₂。在图 9-23（a）中，由于包覆作用，CaF₂@ Al₂O₃ 表面为 Al₂O₃，所以 CaF₂ 在抛光面上的分布较少，在研磨和

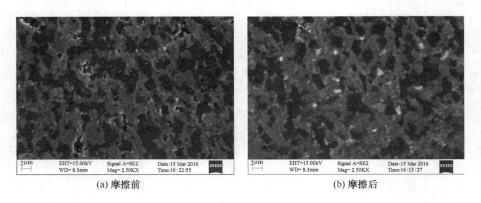

(a) 摩擦前　　　　　　　　　　　　　　(b) 摩擦后

图 9-23　AT-C@ 10 刀具材料摩擦前后的表面 SEM 形貌

（滑动速度 100m/min，载荷 10N）

抛光作用下，只有部分破裂的颗粒表面出现少量 CaF_2。在图 9-23（b）中显示，摩擦实验后，刀具材料表面出现轻微划痕，这是磨粒磨损的痕迹，并未出现严重的磨损现象，在摩擦作用下，$CaF_2@Al_2O_3$ 颗粒破碎明显，大量 CaF_2 析出，较为均匀地分布于材料表面。

采用 EDS 分析了 AT-C@X 系列和 ATCN-C@X 系列刀具材料在一定速度载荷下摩擦区域内面扫描的各主要元素组成情况，如图 9-24、图 9-25 所示。与图 9-25 在低速度、小载荷实验条件下对比，在图 9-24 中高速度、大载荷实验条件下，能谱中 F 元素含量明显增加，大量 $CaF_2@Al_2O_3$ 破碎，析出的 CaF_2 已经均匀地拖覆在材料表面，形成了完整的润滑膜。图 9-25 中区域内 F 元素虽然含量较少，但是除了在区域内白点位置较为集中外，在其他区域也有 F 元素出现，说明经过摩擦，$CaF_2@Al_2O_3$ 已经破碎，但未有效形成完整的润滑膜。

电子图像1　　　10μm　　　F Ka1_2

图 9-24　AT-C@10 刀具材料摩擦后表面 EDS 照片

（滑动速度 200m/min，载荷 200N）

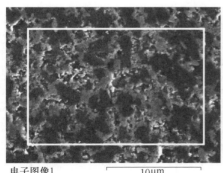

电子图像1　　　10μm　　　F Ka1_2

图 9-25　ATCN-C@10 刀具材料摩擦后表面 EDS 照片

（滑动速度 100m/min，载荷 10N）

9.4.1.2 减摩机理

图 9-26 分别为 ATCN-C10 和 ATCN-C@ 10 两种刀具材料的摩擦表面 SEM 形貌。由图可见，添加 CaF$_2$@ Al$_2$O$_3$ 的 ATCN-C@ 10 刀具材料的成膜能力与直接在陶瓷基体材料中添加 CaF$_2$ 的 ATCN-C10 刀具材料相当。在摩擦过程中，两种刀具材料表层的固体润滑剂受到摩擦力挤压作用后均能析出表面，在摩擦表面拖覆形成一层固体润滑膜，并且靠自身"自耗式生产"来补充固体润滑剂、修复损伤的润滑膜，从而达到减摩作用。但是，对比图 9-26（a）和图 9-26（b）可见，ATCN-C@ 10 刀具材料的摩擦表面因 CaF$_2$@ Al$_2$O$_3$ 中 Al$_2$O$_3$ 包覆层的存在，润滑膜黏着程度要比 ATCN-C10 刀具材料低，呈现边界摩擦的特点。

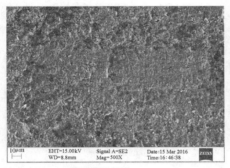

(a) ATCN-C10　　　　　　　　　　　　(b) ATCN-C@10

图 9-26　ATCN 系列刀具材料摩擦表面 SEM 形貌

（滑动速度 150m/min，载荷 100N）

因此，添加 CaF$_2$@ Al$_2$O$_3$ 包覆型固体润滑剂的自润滑刀具材料的减摩机理可表述为：刀具材料与对磨环对磨过程中，在摩擦力作用下，刀具材料中的 CaF$_2$@ Al$_2$O$_3$ 破碎析出 CaF$_2$，因为 CaF$_2$ 的剪切强度低，在摩擦力作用下使其分别进入刀具材料和摩擦表面微凸峰内，在摩擦热的作用下，使 CaF$_2$ 产生减摩作用。但是，因为 Al$_2$O$_3$ 包覆层的存在，对 CaF$_2$ 有一定的缓释作用，使在摩擦初期摩擦系数较只添加 CaF$_2$ 的同基体刀具材料稍高一些。随着载荷的增大，滑动速度的增加，Al$_2$O$_3$ 包覆层对摩擦系数的影响不断降低，减摩效果明显。添加 CaF$_2$@ Al$_2$O$_3$ 的自润滑刀具材料的减摩机理如图 9-27 所示。

对磨环
固体
润滑剂
刀具基体

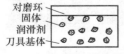

(a) 摩擦开始阶段 (b) 固体润滑剂析出 (c) 包覆层破损 (d) 固体润滑剂拖覆 (e) 润滑膜形成

图 9-27　添加 CaF$_2$@ Al$_2$O$_3$ 自润滑刀具材料减摩机理示意图

9.4.1.3　耐磨机理

前述研究表明，添加 $CaF_2@Al_2O_3$ 的 AT-C@X 系列和 ATCN-C@X 系列包覆自润滑陶瓷刀具材料的耐磨性能优于对应的只添加 CaF_2 的 AT-CX 和 ATCN-CX 自润滑陶瓷刀具材料。根据 Evans 等的研究，陶瓷材料的磨损率 ω 与其力学性能之间的关系为：

$$\omega = C \frac{1}{K_{IC}^{3/4} H_V^{1/2}} \tag{9-4}$$

式中，C 为与磨损条件有关的常数；K_{IC} 为材料的断裂韧性；H_V 为硬度。

由式 9-4 可知，在摩擦条件一定的情况下，陶瓷材料的耐磨性能取决于其硬度和断裂韧性。硬度越高，表明材料抵抗外物压入其表面的能力越强，减轻磨损能力越强；断裂韧性越高，表明材料抵抗因磨损造成的裂纹扩展的能力越强，其减轻磨损能力也越强。

从微观结构看，自润滑陶瓷刀具材料摩擦表面形成的润滑膜随着向对磨材料上的转移和磨损而逐渐变薄，并且由于加载载荷、摩擦力产生的机械应力和摩擦热应力的共同作用，使自润滑膜中产生较大拉应力，从而导致自润滑膜裂纹的产生和扩展。当裂纹扩展到一定程度会导致润滑膜局部脱落，如图 9-28（a）所示。此时失去润滑膜覆盖的刀具基体表面会受到较重磨损直至形成新的自润滑膜。局部自润滑膜更新越快，基体材料的损耗越大。对比图 9-28（a）和图 9-28（b）可见，添加 $CaF_2@Al_2O_3$ 的刀具材料由于存在 Al_2O_3 壳结构使自润滑膜与基体的结合更牢固，自润滑膜不易破坏、脱落，减缓了刀具材料本身的"自耗式生产"，从而表现出磨损率降低，即耐磨性增加。

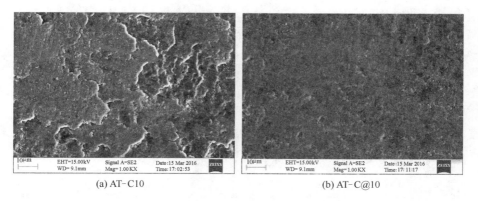

(a) AT-C10　　　　　　　　　　　　　(b) AT-C@10

图 9-28　AT 系列刀具材料摩擦表面 SEM 形貌

（滑动速度 150m/min，载荷 200N）

9.4.2 CaF$_2$@Al$_2$O$_3$ 自润滑金属陶瓷刀具材料的减摩耐磨机理

9.4.2.1 磨损形貌分析

图 9-29 为 TMC@ 10 金属陶瓷刀具材料磨痕表面 SEM 形貌，以及磨痕表面元素分析。磨痕表面有黏屑附着，出现 Si 元素的聚集，由于 Si$_3$N$_4$ 黏屑的覆盖，金属陶瓷基体的 Ti 元素出现减少。此外，O 元素的分布与 Si 元素的分布大体一致，表面黏屑表面发生氧化，存在 SiO$_2$ 生成，具有一定的润滑作用。

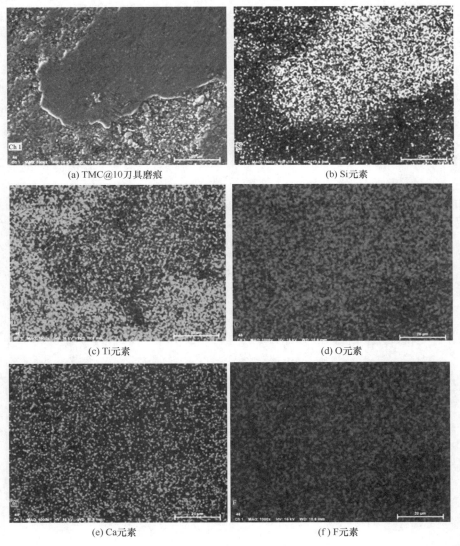

(a) TMC@10刀具磨痕   (b) Si元素

(c) Ti元素   (d) O元素

(e) Ca元素   (f) F元素

图 9-29 TMC@ 10 金属陶瓷刀具磨痕 SEM 照片

另一方面，F 元素与 Ca 元素的分布均匀，并没有因为黏屑覆盖而出现减少的迹象，表明 CaF₂ 析出的量比较多，且由于摩擦副接触面温度高，使 CaF₂ 软化呈塑性状态，不仅拖覆在磨痕表面，而且也涂覆在黏屑表面，表明在磨痕表面形成了自润滑膜。

图 9-30（a）为 Si₃N₄ 陶瓷球磨损表面 SEM 形貌与 EDS 分析，虚线圆形区域为陶瓷球与 TMC@ 10 刀具材料摩擦轨迹的接触区域。图 9-30（b）为 TMC@ 10 刀具材料摩擦轨迹表面润滑膜 SEM 形貌与 EDS 分析。如图 9-30（a）所示，观察 Si₃N₄ 陶瓷球表面形貌可知，摩擦副磨损区域表面光滑，对该

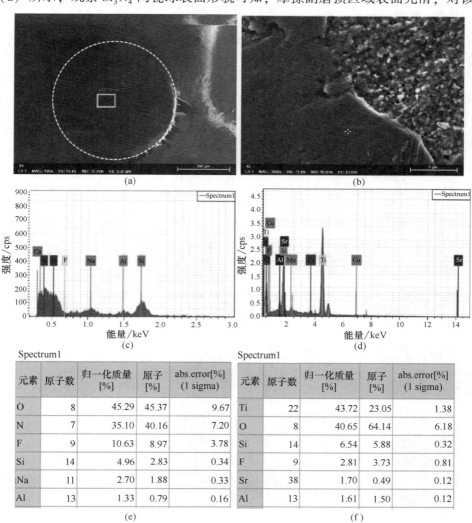

图 9-30　摩擦副表面 EDS 分析

区域进行 EDS 元素分析，如能谱图所示，磨损区域表面不仅存在 Al 和 O 元素，还存在 F 和 Ca 元素，由各元素所占的百分比可知，F 元素所占比例大约 10%，通过与图 9-30（f）的 F 元素对比，陶瓷球表面 F 元素比润滑膜表面多 65%，且陶瓷球表面基本没有基体 Ti 元素，表明固体润滑剂 CaF$_2$ 已经转移到陶瓷球表面，在陶瓷球接触表面形成转移膜，阻止摩擦副直接接触，此外，摩擦轨迹表面形成润滑膜，将陶瓷球与金属陶瓷基体隔离开来，使球盘之间的摩擦转化为转移膜与润滑膜之间的摩擦，有效降低了摩擦系数。另一方面，图 9-30（a）与图 9-30（b）的表面都存在 O 元素，在摩擦副之间黏结的磨屑会发生氧化生成 SiO$_2$，进一步降低了摩擦系数。

图 9-31 为 TMC@10 金属陶瓷刀具磨痕表面自润滑膜 SEM 形貌以及 EDS 分析，由于 Si$_3$N$_4$ 陶瓷球的摩擦，CaF$_2$@ Al$_2$O$_3$ 包覆粉体破碎，磨痕表面温度升高，高温使得 CaF$_2$ 由脆性状态转变为塑性状态，自润滑膜均匀地拖覆在磨痕表面。自润滑膜的形成较为完整，有少量破损，如图 9-31 所示，白色方框区域所示，由破损区域可以观察到金属陶瓷基体颗粒。对整个自润滑膜进行 EDS 分析，F 元素与 Ca 元素的分布与自润滑膜的分布大体一致，破损区域的

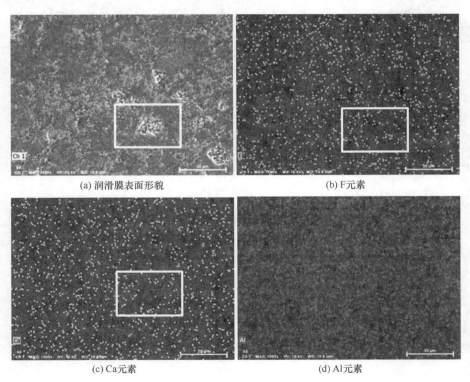

(a) 润滑膜表面形貌　　　　　　　　　　　　(b) F元素

(c) Ca元素　　　　　　　　　　　　　　　　(d) Al元素

图 9-31　润滑膜表面 EDS 分析

元素分布较少，表明自润滑膜的主要成分为 CaF_2，CaF_2 已经成功形成自润滑膜起到减摩的作用。

9.4.2.2 磨损机理分析

如图 9-32 所示，具有多层核壳微观结构的金属陶瓷刀具材料与 Si_3N_4 陶瓷球对磨的过程中，随着载荷转速的不断增大，CaF_2 不断析出至磨痕表面，由于摩擦热的作用，CaF_2 不断软化呈塑性状态，由于 CaF_2 剪切强度较低，随着固体润滑剂的涂覆与自润滑膜的不断形成，少量 CaF_2 转移至 Si_3N_4 陶瓷球接触表面形成转移膜，转移膜与润滑膜将摩擦副隔离开来，有效避免了 Si_3N_4 陶瓷球与 Ti（C，N）金属陶瓷基体硬质相的直接接触，使得原来的球盘摩擦转化为膜与膜之间的摩擦。因此，由于 CaF_2 润滑膜的产生，使多层核壳微观结构的金属陶瓷刀具材料具有良好的减摩作用。

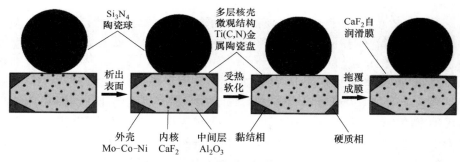

图 9-32 多层核壳微观结构磨损机理图

另一方面，外壳金属相的生成增加了 Al_2O_3 与 Ti（C，N）基体的界面结合强度，使得对磨的过程中 Al_2O_3 晶粒难于从 Ti（C，N）基体上脱落，减少了 Ti（C，N）基体内部孔隙，提升了金属陶瓷刀具材料的致密度，进而使金属陶瓷刀具的硬度增加。根据 Evans 所建立的模型：

$$V = c\,\frac{\sigma_{max}}{\sigma_D} \cdot \frac{P \cdot D}{H_V} \tag{9-5}$$

式中，V 为磨损体积，c 为经验常数，P 为载荷，D 为滑动距离，σ_{max} 为摩擦所引起的最大切向应力，σ_D 为材料发生断裂的临界应力，H_V 为维氏硬度。因此，对于多层核壳微观结构金属陶瓷材料，其力学性能较好，维氏硬度 H_V 高，磨损体积 V 值小，材料的耐磨性好。此外，由于 CaF_2 热膨胀系数较大，采用中间层 Al_2O_3 对其包覆，可有效改善 Ti（C，N）基体内部应力分布，多层核壳微观结构内部残余应力场可使裂纹发生偏转，进而提升金属陶瓷刀具材料的断裂韧性，根据 Seock 所建立的模型：

$$W = \alpha \left(\frac{P\sqrt{(1+\mu^2)a}}{K_{IC}} \right) \beta \qquad (9-6)$$

式中，W 为磨损率，α 与 β 为固定常数，P 为载荷，a 为裂纹长度，μ 为摩擦系数，K_{IC} 为材料的断裂韧性。在保持载荷不变的情况下，具有多层核壳微观结构的金属陶瓷刀具材料，裂纹长度 a 与摩擦系数 μ 的值更小，断裂韧性 K_{IC} 的值更大，由此得出磨损率 W 的值更小，因此多层核壳微观结构的金属陶瓷刀具材料更加耐磨。

一般而言，晶粒越大，晶界上的残余应力越大，再加之晶界为缺陷密集的部位，在摩擦过程中，裂纹容易沿晶界萌生与扩展，研究表明，陶瓷材料的耐磨性与晶粒尺寸存在 Hall-Petch 关系：

$$R_w = \frac{W}{P \cdot L} = kG^{1/2}K_{IC}^{-1/2}H_V^{-5/8}(N/H)^{4/5} \qquad (9-7)$$

式中，R_w 为磨损率，W 为材料质量损失，P 为载荷，L 为滑动距离，k 为常数，G 为晶粒平均尺寸，K_{IC} 为断裂韧性，H_V 为维氏硬度。根据式（9-7），由于 CaF₂@Al₂O₃ 包覆粉体为纳米粉体，添加到 Ti（C，N）基体中必定会细化晶粒，使晶粒平均尺寸降低，由前文所述以及力学性能测试，具有多层核壳微观结构的金属陶瓷刀具材料与传统 Ti（C，N）基金属陶瓷相比，断裂韧性与维氏硬度的值均有所上升，分析认为：多层核壳微观结构改善了金属陶瓷刀具的力学性能，使刀具的自耗速度下降，进而导致磨损率下降，提高了金属陶瓷刀具的耐磨性。综上所述，多层核壳微观结构具有减摩耐磨的作用。

第 10 章　CaF_2 系核壳自润滑陶瓷刀具的切削性能

本章研究添加 $CaF_2@Al_2O_3$ 复合粉体的核壳自润滑陶瓷刀具和添加 $CaF_2@Al_2O_3$ 复合粉体加 ZrO_2 晶须的核壳自润滑陶瓷刀具对淬硬 40Cr 钢的切削性能，并研究添加 $CaF_2@Ni-B$ 复合粉体的核壳自润滑陶瓷刀具对淬硬 45 钢的切削性能，以及 $CaF_2@Al_2O_3$ 复合粉体的核壳自润滑陶瓷刀具对 300M 超高强度钢的切削性能，其中包括切削力、切削温度、刀-屑界面平均摩擦系数、后刀面磨损量、刀具磨损形貌和工件已加工表面的粗糙度，并分析刀具在切削过程中的磨损机理。

10.1　切削实验

10.1.1　实验条件

机床：CDE6140A 车床（大连机床集团生产）。

切削方式：干切削。

实验刀具：

（1）Al_2O_3/TiC 和 $Al_2O_3/Ti(C，N)$ 基：AT-C10、AT-C@5、AT-C@10、AT-C@15、ATCN-C10、ATCN-C@5、ATCN-C@10、ATCN-C@15、TCN、ATCN-Z-C、ATS、ATSC@10。

刀具几何参数：前角 $=-5°$，后角 $=5°$，刃倾角 $=0°$，主偏角 $=45°$，倒棱宽度 $=0.1mm$，倒棱角度 $=-10°$，刀尖圆弧半径 $=0.2mm$。

工件：40Cr 淬火钢。

（2）Al_2O_3/TiB_2 基：AB、ABF@5、ABF@10、ABF10。

刀具几何参数：前角 $=-8°$，后角 $=8°$，刃倾角 $=0°$，主偏角 $=45°$，倒棱宽度 $=0.2mm$，倒棱角度 $=-20°$，刀尖圆弧半径约为 $0.5mm$。

工件：45 钢。

（3）$Ti(C，N)$ 基：TM、TMC@5、TMC@10、TMC@15、TMC@20。

金属陶瓷刀具几何参数：后角 $=5°$，刃倾角 $=0°$，前角 $=-5°$，倒棱角度 $=-10°$，刀尖圆弧半径 $=0.2mm$，主偏角 $=45°$，倒棱宽度 $=0.1mm$。

工件：300M（$40CrNi_2Si_2MoVA$）超高强度钢。

10.1.2 测试方法

后刀面磨损量的测量方法：采用上海朗微工具显微镜观察实验后后刀面的磨损情况，并根据标尺读取后刀面磨损量，刀具失效标准为 $VB = 0.3\mathrm{mm}$。

工件表面粗糙度的测量方法：每次实验后，采用 TR200 表面粗糙度测量仪测量工件的表面粗糙度，每次测量取 5 个不同点进行测量，取其平均值作为结果。

切削力的测量方法：采用 Kistler 9265A 型测力仪测量三方向的切削力。

切削温度的测量方法：采用 TH5104 型红外热像仪测量切削温度。

刀具和切屑的磨损形貌的测量方法：采用 SUPRATM 55 热场发射扫描电子显微镜及其附带的能谱仪分别观察刀具和切屑的磨损形貌，分析其元素含量变化。

10.2 添加 CaF₂@Al₂O₃ 对陶瓷刀具切削性能的影响

10.2.1 添加 CaF₂@Al₂O₃ 对陶瓷刀具切削力的影响

切削力是金属切削过程中，刀具使工件表面材料发生变形并形成切屑所需的力，主要由轴向力 F_x、径向力 F_y、切向力 F_z 三部分构成。切削力是计算切削功率并保证机床及刀具各系统稳定工作的必要依据，也是分析加工过程中切削温度、工件表面质量及刀具磨损与破损等各项性能的基础。

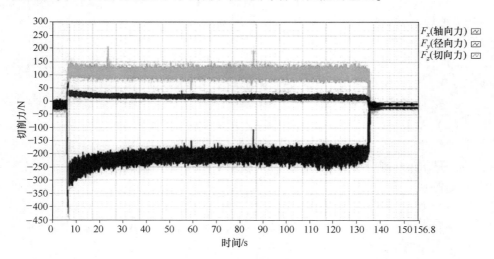

图 10-1　AT-C@10 刀具切削力随切削时间的变化

图 10-1 显示了 AT-C@ 10 刀具切削 40Cr 淬火钢时切削力随切削时间的变化关系。由图可见，在稳定切削阶段，轴向力 F_xCH1 平均值为 17.69N，径向力 F_y 平均值为 133.76N，切向力 F_z 平均值为 98.26N。与 AT-C10 刀具相比，AT-C@ 10 刀具的切向力 F_z 下降了 27.7%。

图 10-2 显示了 ATCN-C@ 10 刀具切削 40Cr 淬火钢时切削力随切削时间的变化关系。由图可见，在稳定切削阶段，轴向力 F_x 平均值为 13.10N，径向力 F_y 平均值为 149.65N，切向力 F_z 平均值为 67.41N。与 ATCN-C10 刀具相比，ATCN-C@ 10 刀具的轴向力 F_x 和切向力 F_z 降低了近一半。

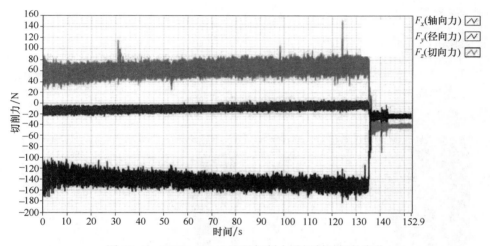

图 10-2　ATCN-C@ 10 刀具切削力随切削时间的变化

图 10-3 和图 10-4 为相同切削参数下分别使用 AT-C@ X 系列和 ATCN-C@ X 系列刀具切削 40Cr 淬火钢的切削力。从图 10-3 中可以看到，只添加 CaF₂ 固体润滑剂的 AT-C10 刀具的切向力最大，而添加 CaF₂@ Al₂O₃ 核壳包覆型固体润滑剂的 AT-C@ X 系列刀具的切向力明显减小。AT-C@ 5、AT-C@ 10 和 AT-C@ 15 三种刀具相比，AT-C@ 10 刀具的切向力最低。由图 10-4 可见，添加 CaF₂@ Al₂O₃ 核壳包覆型固体润滑剂的 ATCN-C@ X 系列刀具比只添加 CaF₂ 固体润滑剂的 AT-C10 刀具的切向力明显减小。

由以上分析可得，在相同切削参数下，添加 CaF₂@ Al₂O₃ 核壳包覆型固体润滑剂的刀具比只添加 CaF₂ 固体润滑剂的刀具，切向力下降明显；随着 CaF₂@ Al₂O₃ 含量的增加，刀具的切向力呈现先下降后上升的趋势，CaF₂@ Al₂O₃ 含量为 10vol. %时，刀具的切向力最低。

10.2.2　添加 CaF₂@Al₂O₃ 对陶瓷刀具切削温度的影响

图 10-5 （a）、（b） 为相同切削参数下分别使用 AT-C10 和 AT-C@ 10 刀

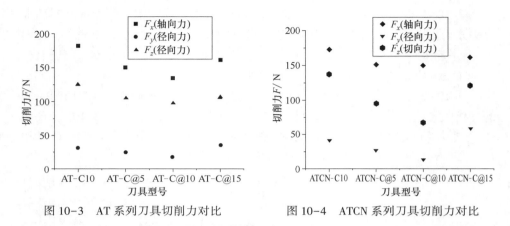

图 10-3　AT 系列刀具切削力对比　　　图 10-4　ATCN 系列刀具切削力对比

具切削 40Cr 淬火钢的切削温度。从图中可以看出，添加 CaF$_2$@ Al$_2$O$_3$ 核壳包覆型固体润滑剂的 AT-C@ 10 刀具的切削温度比只添加 CaF$_2$ 固体润滑剂的 AT-C10 刀具的切削温度有所下降。

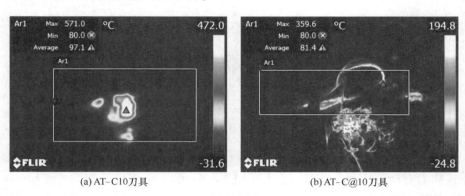

(a) AT-C10刀具　　　　　　　　　(b) AT-C@10刀具

图 10-5　添加不同固体润滑剂的 AT 系列刀具的切削温度

　　图 10-6（a）、（b）为相同切削参数下使用 ATCN-C@ X 系列刀具切削 40Cr 淬火钢的切削温度。从图中可以看出，添加 CaF$_2$@ Al$_2$O$_3$ 核壳包覆型固体润滑剂的 ATCN-C@ 10 刀具的切削温度比只添加 CaF$_2$ 固体润滑剂的 ATCN-C10 刀具的切削温度也有所下降。

　　图 10-7 和图 10-8 为相同切削参数下，AT 系列和 ATCN 系列刀具切削 40Cr 淬火钢的温度图。由图可见，与只添加 CaF$_2$ 固体润滑剂相比，添加 CaF$_2$@ Al$_2$O$_3$ 核壳包覆型固体润滑剂可显著降低刀具的切削温度。但是随着 CaF$_2$@ Al$_2$O$_3$ 添加量的增加，刀具的切削温度出现先下降后上升的趋势。由图可见，与添加 10vol. % CaF$_2$ 的刀具相比，添加 10vol. % CaF$_2$@ Al$_2$O$_3$ 的刀具的排屑更流畅，可减轻切屑在刀具上的附着，有效加快切屑与前刀面的分离速度，加快

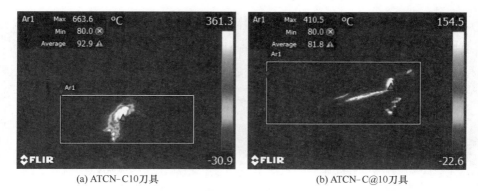

(a) ATCN-C10刀具　　　　　　　　　(b) ATCN-C@10刀具

图 10-6　添加不同固体润滑剂的 ATCN 系列刀具的切削温度

排屑，同时改善后刀面与工件的摩擦磨损。但是如果 $CaF_2@Al_2O_3$ 添加过量，则因刀具力学性能下降，加快刀具磨损、加剧刀具与工件间的摩擦，反而导致切削温度上升。

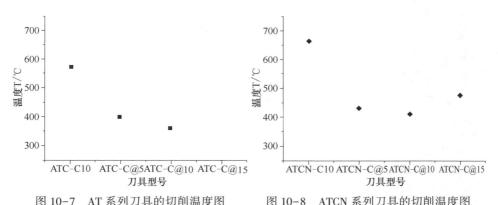

图 10-7　AT 系列刀具的切削温度图　　　　图 10-8　ATCN 系列刀具的切削温度图

10.2.3　添加 $CaF_2@Al_2O_3$ 对陶瓷刀具后刀面磨损量的影响

AT-C@X 系列和 ATCN-C@X 系列刀具在不同切削速度条件下连续干切削 40Cr 淬火钢其后刀面磨损 VB 与切削距离的关系分别如图 10-9、图 10-10 所示。

由图 10-9、图 10-10 可见，随着切削距离的增加，AT-C@X 系列、ATCN-C@X 系列刀具的磨损量都在增加，但是随着切削速度的升高，添加核壳包覆型固体润滑剂 $CaF_2@Al_2O_3$ 刀具的磨损量明显小于只添加 CaF_2 的刀具，且磨损曲线的斜率较小，说明在连续干切削 40Cr 淬火钢时，添加 $CaF_2@Al_2O_3$ 的刀具比只添加 CaF_2 的刀具有更优异的抗磨损能力。

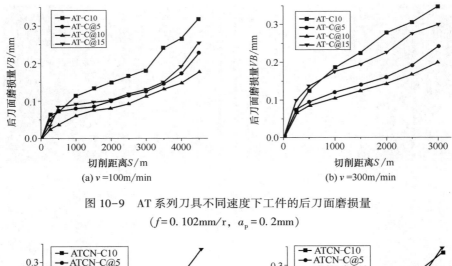

图 10-9 AT 系列刀具不同速度下工件的后刀面磨损量

（$f = 0.102$mm/r，$a_p = 0.2$mm）

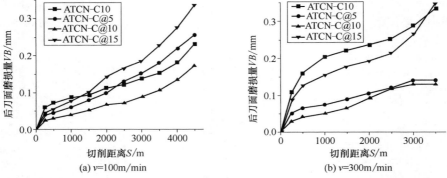

图 10-10 ATCN 系列刀具不同速度下工件的后刀面磨损量

（$f = 0.102$mm/r，$a_p = 0.2$mm）

由图 10-9（a）可见，在低速切削 40Cr 淬火钢 4500 m 时，AT-C10 刀具的后刀面磨损量为 $VB = 0.31$mm，达到磨钝标准。而此时 AT-C@X 系列刀具均表现出良好的切削性能，在切削数据采样期内，均未达到 $VB = 0.3$mm 的磨钝标准，同时工件具有较好的表面质量。在此切削速度下，AT-C@5、AT-C@10、AT-C@15 的后刀面磨损量非常接近，在该切削距离下处于正常磨损阶段。由图 10-9（b）可见，在 $v = 300$m/min，切削 40Cr 淬火钢 3000 m 时，AT-C@5 与 AT-C@10、AT-C@15 的后刀面磨损量分别为 0.12mm、0.11mm、0.13mm，而 AT-C10 刀具的后刀面磨损量最大，达到了 0.35mm，已经达到了刀具失效标准。由此可见，在高速切削条件下，AT-C@X 系列刀具与 AT-C10 刀具相比，后刀面磨损量降低更加明显。此时 AT-C@5、AT-C@10、AT-C@15 三种核壳包覆自润滑陶瓷刀具均处于稳定磨损阶段，AT-C@10 刀具的耐磨性优势得以显现。

图 10-10 为 ATCN-C@X 系列刀具在不同速度下切削 40Cr 淬火钢时工件的后刀面磨损量曲线。对比图 10-9（a）可见，ATCN-C@X 系列刀具的后刀面磨损量比 AT-C@X 系列刀具更少一些，且在低速条件下，ATCN-C@10 刀具即表现出了良好的切削性能。对比图 10-9（b）可见，在高速切削阶段，核-壳包覆型固体润滑剂 CaF$_2$@ Al$_2$O$_3$ 的添加量对 ATCN-C@X 系列刀具的后刀面磨损影响较大，CaF$_2$@ Al$_2$O$_3$ 的添加量达到 15vol.% 时，后刀面磨损量急剧上升。

综上所述，添加 CaF$_2$@ Al$_2$O$_3$ 的核壳包覆自润滑陶瓷刀具与直接添加 CaF$_2$ 的自润滑陶瓷刀具相比，在保持了刀具良好润滑特性的同时，增强了刀具的耐磨性，提高了刀具的使用寿命。

10.2.4　添加 CaF$_2$@Al$_2$O$_3$ 对工件已加工表面粗糙度的影响

图 10-11 和图 10-12 分别为 AT-C@X 系列、ATCN-C@X 系列自润滑刀具在不同切削速度条件下连续干切削 40Cr 淬火钢时工件表面粗糙度与切削距离的关系。整体而言，工件表面的粗糙度随切削速度的升高而降低，四种刀具加工后的工件表面粗糙度均未超过 3μm，说明添加固体润滑剂对工件表面粗糙度有显著改善。

由图 10-11（a）和图 10-12（a）可见，在低速切削条件下，添加 CaF$_2$@ Al$_2$O$_3$ 核壳包覆型固体润滑剂与只添加 CaF$_2$ 固体润滑剂对工件表面粗糙度影响较小，但是随着切削速度的提高，添加 CaF$_2$@ Al$_2$O$_3$ 核壳包覆型固体润滑剂与只添加 CaF$_2$ 固体润滑剂对工件表面粗糙度的影响变化较大，特别是在高速切削时，见图 10-11（b）、10-12（b），刀具对工件表面质量的改善明显，

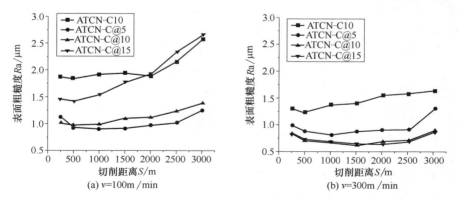

图 10-11　AT 系列刀具不同速度下工件的表面粗糙度

（f = 0.102mm/r，a_p = 0.2mm）

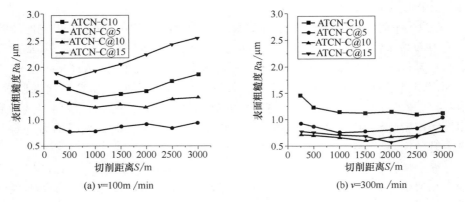

图 10-12　ATCN 系列刀具不同速度下工件的表面粗糙度

($f = 0.102\text{mm/r}$，$a_\text{p} = 0.2\text{mm}$)

0~3000m 范围内工件的表面粗糙度维持在 0.5~1.5μm，且波动较小，只是在切削后期，后刀面磨损量急剧增大后才缓慢升高。

对比图 10-11 和图 10-12 可见，与 AT-C@X 系列刀具相比，ATCN-C@X 系列刀具加工后工件表面的粗糙度更低，而且表面粗糙度变化范围较小。

10.2.5　添加 CaF$_2$@Al$_2$O$_3$ 的自润滑陶瓷刀具在切削过程中的磨损机理

10.2.5.1　前刀面磨损分析

从图 10-13（a）可以看出，AT-C@10 刀具前刀面发生了微崩刃，并且前刀面出现了直径约 50μm 的圆状剥离区，即月牙洼磨损。但是，剥离区边缘仍然存在规则的摩擦痕迹，表明前刀面上发生月牙洼磨损后刀具仍可进行切削加工，未直接导致刀具失效；在靠近刀尖的位置将磨损区域放大后可以看到，AT-C@10 刀具前刀面的主要磨损形式为黏结磨损，同时也伴随着轻微的微崩刃，如图 10-13（b）所示。因此，AT-C@10 刀具车削 40Cr 淬火钢时刀具前刀面的磨损机理主要为黏结磨损，同时伴随着轻微的微崩刃。

如图 10-14 所示，ATCN-C@10 刀具前刀面磨损均匀，没有微崩刃特征，但也存在月牙洼磨损，且磨损量较小，面积仅为 AT-C@10 刀具的 1/5 左右。

综合分析 AT-C@10 和 ATCN-C@10 刀具前刀面磨损情况，可以认为由于切削过程中刀屑接触区存在剧烈摩擦，切削热和切削力的作用使刀具前刀面产生磨损，形成黏结磨损。

分析添加 CaF$_2$@Al$_2$O$_3$ 颗粒自润滑刀具的减摩机理认为，在切削过程中刀具前刀面形成了以 CaF$_2$ 为主体的润滑膜，由于润滑膜的剪切强度低，在切削过程中具有良好的减摩效果；润滑膜同时可加速切屑的排出，降低切削温度，

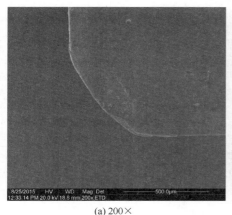
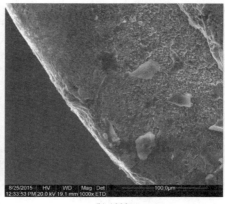

(a) 200×　　　　　　　　　　　　　　　(b) 1000×

图 10-13　AT-C@10 刀具切削 40Cr 淬火钢时刀具前刀面扫描电镜照片

$(v=300\mathrm{m/min}；a_\mathrm{p}=0.2\mathrm{mm}；f=0.1\mathrm{mm/r})$

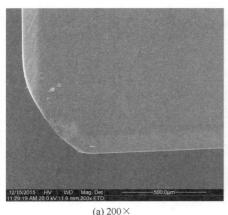
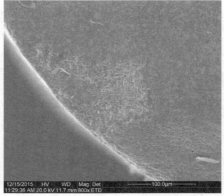

(a) 200×　　　　　　　　　　　　　　　(b) 800×

图 10-14　ATCN-C@10 刀具切削 40Cr 淬火钢时刀具前刀面扫描电镜照片

$(v=300\mathrm{m/min}；a_\mathrm{p}=0.2\mathrm{mm}；f=0.102\mathrm{mm/r})$

保证了切削加工过程中润滑膜的时效性。

图 10-15 给出了 AT-C@10 刀具切削后产生切屑的扫描电镜照片和能谱图。在该切削条件下，AT-C@10 刀具切削时产生的切屑呈连续带状，电镜下可以观察到切屑表面存在规则分布的纹理，表明存在周期性变化的切削状态，如切削力、切削温度等，切屑边缘呈现细小的齿状形态。能谱分析表明，O 元素含量较高，说明切屑表面发生氧化；同时 F 元素含量较高，说明刀具内 $CaF_2@Al_2O_3$ 颗粒中 CaF_2 的析出情况良好。

图 10-16 给出了 ATCN-C@10 刀具切削后产生切屑的扫描电镜照片和能

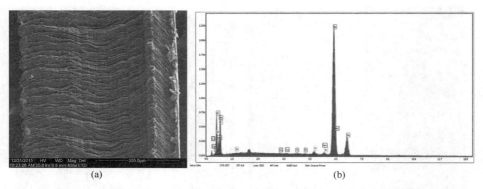

(a)   (b)

图 10-15   AT-C@ 10 刀具切削 40Cr 淬火钢时切屑 SEM 照片及能谱图

($v = 300\text{m/min}$；$a_p = 0.2\text{m}$；$f = 0.102\text{mm/r}$)

谱图。图 10-16（a）显示 ATCN-C@ 10 刀具切削产生的切屑略弯曲，主要为带状切屑形态，但切屑边缘呈明显锯齿状堆积。对 ATCN-C@ 10 刀具加工产生的切屑进行能谱分析，结果如图 10-16（b）所示。能谱分析表明，O 元素含量较高，说明切屑表面发生氧化；同时 F 元素含量较高，说明刀具内 CaF₂@ Al₂O₃ 颗粒中 CaF₂ 的析出情况良好。

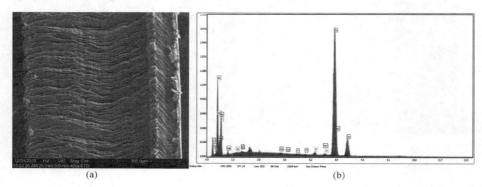

(a)   (b)

图 10-16   ATCN-C@ 10 刀具切削 40Cr 淬火钢时切屑 SEM 照片及能谱图

($v = 300\text{m/min}$；$a_p = 0.2\text{mm}$；$f = 0.102\text{mm/r}$)

综合对比分析图 10-15（a）和图 10-16（a）切屑形态可知，AT-C@ 10 刀具加工的带状切屑形态均匀，切屑氧化区宽度较小；ATCN-C@ 10 刀具产生的带状切屑出现不规则锯齿形态。对比图 10-15（b）和图 10-16（b）发现，ATCN-C@ 10 刀具加工的切屑中 O 元素含量高于 AT-C@ 10 刀具的氧化区，说明 ATCN-C@ 10 刀具切削时的切削温度比 AT-C@ 10 刀具高。

10.2.5.2 后刀面磨损分析

AT-C@ 10 刀具后刀面磨损形貌的扫描电镜如图 10-17（a）所示。图 10-17

（b）为刀具后刀面磨损区域的放大图，由图可见，AT-C@10 刀具的后刀面磨损较为平整，磨损面上存在部分条状的塑性黏着区域，后刀面靠近刀尖与切削刃的地方有轻微的磨粒磨损，而在远离切削刃与刀尖位置的磨损形式为黏结磨损。

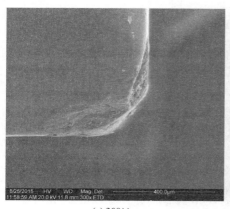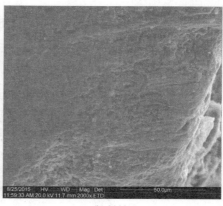

(a) 300×　　　　　　　　　　　　　(b) 2000×

图 10-17　AT-C@10 刀具切削 40Cr 淬火钢时刀具后刀面扫描电镜照片

（$v=300\text{m/min}$；$a_p=0.2\text{mm}$；$f=0.102\text{mm/r}$）

ATCN-C@10 刀具后刀面磨损形貌的扫描电镜如图 10-18 所示。图 10-18（a）中可以看到，存在微崩刃现象，可能是因为 ATCN-C@10 刀具切削时遇到硬质点，受到较大冲击，所以造成了刀具的微崩刃。后刀面靠近刀尖与切削刃的地方有轻微的磨粒磨损，而在远离切削刃与刀尖位置的磨损形式为黏结磨损，同时还可以观察到存在边界磨损，这与 AT-C@10 刀具后刀面的磨损方式是类似的。图 10-18（b）为刀具后刀面磨损区域的放大图，可以清楚地看到黏结磨损和轻微的磨粒磨损。

(a) 200×　　　　　　　　　　　　　(b) 800×

图 10-18　ATCN-C@10 刀具切削 40Cr 淬火钢时刀具后刀面扫描电镜照片

（$v=300\text{m/min}$；$a_p=0.2\text{mm}$；$f=0.102\text{mm/r}$）

对 AT-C@10 刀具后刀面磨损区域进行能谱分析，结果如图 10-19 所示。由图可见，Ca 元素含量较多，表明摩擦区域的 CaF$_2$ 较多。综合分析认为，此处 Ca 元素的增加主要是 CaF$_2$@Al$_2$O$_3$ 颗粒在切削摩擦的作用下发生破损，析出的 CaF$_2$ 沿切削方向发生移动，在刀-屑分离时大部分留在了刀具表面，因此产生了显著的减摩作用，同时加快排屑，降低了刀-屑分离时产生的黏着。

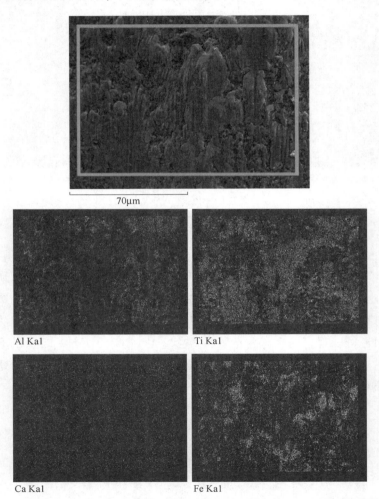

图 10-19　AT-C@10 刀具切削 40Cr 淬火钢时刀具后刀面 SEM 及面扫描照片
($v=300\text{m/min}$；$a_\text{p}=0.2\text{mm}$；$f=0.102\text{mm/r}$)

综上所述，AT-C@10 刀具的前刀面磨损包括微崩刃和月牙洼磨损，后刀面磨损包括微崩刃和黏着磨损、磨粒和边界磨损；ATCN-C@10 刀具的前刀面也存在轻微的月牙洼磨损，后刀面为微崩刃、磨粒磨损和黏着磨损。

10.3　添加 CaF$_2$@Al$_2$O$_3$ 和 ZrO$_2$ 晶须对陶瓷刀具切削性能的影响

10.3.1　添加 CaF$_2$@Al$_2$O$_3$ 和 ZrO$_2$ 晶须对陶瓷刀具切削温度的影响

为保证实验测试所得结果的准确性，选取刀具在稳定切削加工 40Cr 达到 500 m 后进行温度的测定，背吃刀量 $a_p = 0.2$mm，进给量 $f = 0.102$mm/r，结果如图 10-20 和图 10-21 所示。经过测试结果的观察来看，在两种不同的切削速度下，复合改性的陶瓷刀具明显有着较低的切削温度，这也表明，复合改性的设计对刀具切削加工时的切削温度的降低有着较好的效果。

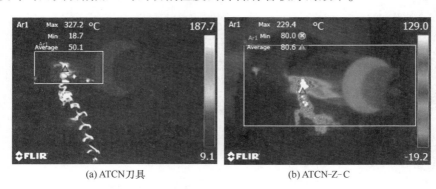

(a) ATCN刀具　　　　　　　　　(b) ATCN-Z-C

图 10-20　刀具在切削速度 100m/min 时的切削温度对比

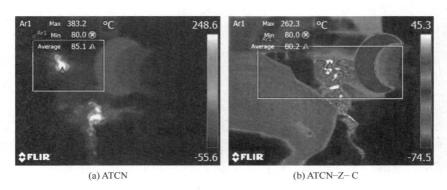

(a) ATCN　　　　　　　　　　(b) ATCN-Z-C

图 10-21　刀具在切削速度 200m/min 时的切削温度对比

分析其原因，可能是在陶瓷刀具中，纳米固体润滑剂的引入有效地降低了摩擦系数，改变了切削加工过程中的摩擦环境，同时改善了切屑在刀具前刀面的分离状况，形成固体润滑膜，相对于传统刀具来讲，这也就使添加包覆型纳米固体润滑剂的陶瓷刀具更有利于切屑在切削产生的过程中分散出切削加工的热量，综合考虑，使 ATCN-Z-C 刀具在切削加工的过程中有着相对较低的切削温度。

10.3.2 添加 CaF$_2$@Al$_2$O$_3$ 和 ZrO$_2$ 晶须加工工件表面粗糙度的影响

10.3.2.1 不同切削速度下两种刀具的加工表面粗糙度

本部分内容进行了两种刀具在不同的切削速度下加工工件表面粗糙度的测定，结果如图 10-22 所示，对于 ATCN 和 ATCN-Z-C 两种刀具而言，随着切削速度的增加，工件表面的粗糙度都有降低的趋势，但对于添加 ZrO$_2$ 晶须和添加包覆型纳米 CaF$_2$ 颗粒的 ATCN-Z-C 陶瓷刀具而言，在切削加工后将会获得更低的表面粗糙度，说明复合设计对刀具切削加工质量有着明显的增益效果。

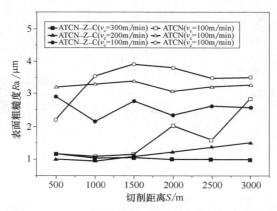

图 10-22　ATCN 纳米复合陶瓷刀具和 ATCN-Z-C 纳米复合
陶瓷刀具后刀面磨损量 VB 对比
（a_p = 0.2mm，f = 0.102mm/r）

10.3.2.2 不同背吃刀量两种刀具加工工件表面粗糙度

本书研究了背吃刀量对工件表面粗糙度的影响，如图 10-23 所示，在加工条件 v_c = 200m/min，进给量 f = 0.102mm/r 时，实验表明两种陶瓷刀具随着进给量的增加，工件表面的粗糙度数值都有升高的趋势，在背吃刀量 a_p = 0.1mm 时，两种工件被加工后的表面粗糙度相差无几，在背吃刀量 a_p = 0.3mm 时，经 ATCN 刀具加工后的工件材料表面粗糙度明显高于 ATCN-Z-C 刀具。同时，整体考虑来看，ATCN-Z-C 陶瓷刀具有着更加稳定的加工质量。

10.3.3 添加 CaF$_2$@Al$_2$O$_3$ 和 ZrO$_2$ 晶须对陶瓷刀具摩擦系数的影响

根据切削加工过程中测量的主切削力 F_z 和径向力 F_y 可以计算出刀具前刀

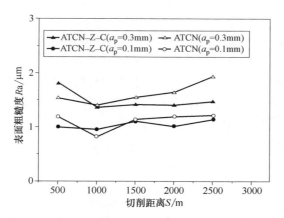

图 10-23　ATCN 刀具和 ATCN-Z-C 加工表面粗糙度对比

($v_c = 200\text{m/min}$，$f = 0.102\text{mm/r}$)

面的摩擦系数：

$$\mu = \tan\left[\gamma_0 + \arctan\left(\frac{F_y}{F_z}\right)\right]　　　　（10-1）$$

式中，μ 为刀具前刀面摩擦系数，γ_0 为刀具的前角。

在切削条件：背吃刀量 $a_p = 0.2\text{mm}$，进给量 $f = 0.102\text{mm/r}$，切削速度 200m/min 时，对两种刀具在切削加工时三种切削力的平均值测定结果如图 10-24 所示。

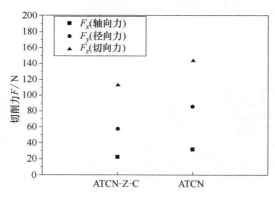

图 10-24　两种刀具的切削力对比图

又知陶瓷材料的磨损数学模型为：

$$V \propto \frac{1}{K_{\text{IC}}^{\frac{3}{4}} H^{\frac{1}{2}}} \sum_{1}^{n} F^{\frac{5}{4}}　　　　（10-2）$$

式中，F 为垂直于磨粒上的力；K_{IC} 为断裂韧性；n 为磨粒数；H 为硬度；

V 为磨损体积。

从式（10-2）中可以看出，陶瓷材料的硬度和断裂韧性是陶瓷材料耐磨能力的决定因素，添加包覆型纳米固体润滑剂颗粒和 ZrO$_2$ 晶须复合改性的陶瓷刀具有着优异的综合力学性能，也是该刀具材料耐磨能力较为突出的重要原因。刀具材料耐磨能力突出，同时又有自润滑的能力，使得复合改性的自润滑陶瓷刀具能获得较好的切削加工效果。

10.3.4　添加 CaF$_2$@Al$_2$O$_3$ 和 ZrO$_2$ 的自润滑陶瓷刀具在切削过程中的磨损形式

经过切削加工后，ATCN 刀具的前刀面磨损形貌如图 10-25（a）所示，刀具前刀面失效形式主要是崩刃，同时还可以观察到明显的黏结磨损。剧烈的黏结磨损会使刀具表面黏结的切屑等发生剥落，黏结金属切屑与刀具的结合力较高，而由于 ATCN 刀具的断裂韧度较低，当刀具表面的应力超过陶瓷晶粒的结合强度时，切屑等的剥落同时伴随发生刀具崩刃。

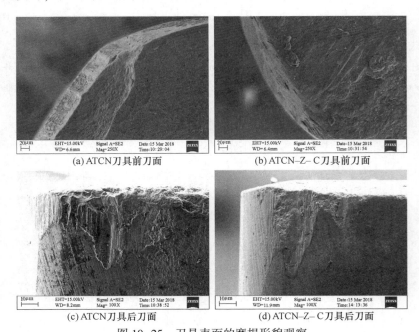

(a) ATCN刀具前刀面　　　　　　　(b) ATCN–Z–C刀具前刀面

(c) ATCN刀具后刀面　　　　　　　(d) ATCN–Z–C刀具后刀面

图 10-25　刀具表面的磨损形貌观察

（$a_p = 0.2$mm，$f = 0.102$mm/r，$v_c = 300$m/min）

ATCN 刀具的后刀面形貌如图 10-25（c）所示，刀具的后刀面主要是沟槽磨损和边界磨损，同时还可以观察到粘着磨损和磨粒磨损。沟槽磨损的发生是因在加工硬度较高的淬火 40Cr 钢时，切削力和切削温度很高，在高温高压作用下，切屑在后刀面上发生严重的摩擦所产生的。边界磨损是由于边界处存在的较大应力梯度和温度梯度，硬质点在边界处发生剧烈摩擦导致的。ATCN-Z-C 刀具的前刀面形貌如图 10-25（b）所示，就前刀面而言，刀具失效形式主要是黏结磨损和微崩刃，并可以观察到固体润滑膜的存在。如图 10-25（d）所示，ATCN-Z-C 刀具的后刀面同样可以观察到明显的固体润滑膜，磨损区域较为平整，主要发生黏结磨损，伴随轻微的边界磨损，如图 10-26 所示，可以清楚看到润滑膜，并可以看到 F 和 Ca 元素的分布情况。

(a) 润滑膜观察　　　　　　　　　　　　(b) F元素分布

(c) Ca元素分布

图 10-26　自润滑陶瓷刀具润滑膜能谱分析

固体润滑膜的形成是 ATCN-Z-C 刀具磨损改善的关键。首先，固体润滑膜的形成降低了切削力、切削温度和刀具前刀面摩擦系数，缓解了切削时的摩擦与磨损，改善了刀具的抗崩刃能力，刀具前刀面只出现了少量的微崩刃；其次，固体润滑膜的形成也有利于切屑在刀屑接触区的排出，同时刀具后刀面不宜发生沟槽磨损；最后，固体润滑膜的形成还缓解了边界处的应力梯度和温度梯度，减轻了刀具后面的边界磨损。

10.4 添加 CaF₂@SiO₂ 和 SiC 晶须对陶瓷刀具切削性能的影响

10.4.1 添加 CaF₂@SiO₂ 和 SiC 晶须对陶瓷刀具切削力的影响

图 10-27 为 ATS 和 ATSC@10 两种陶瓷刀具在相同切削参数下的切削力对比图。与 ATS 瓷刀具相比，ATSC@10 陶瓷刀具的切向力 F_z 下降的幅度较大，切削力在切削过程中与切削温度、工件表面质量等因素相关，ATSC@10 陶瓷刀具切削过程中的切向力大幅降低，这也是 ATSC@10 陶瓷刀具在切削过程获得了良好的表面加工质量的原因。

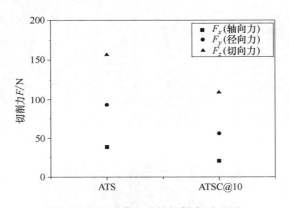

图 10-27 两种刀具的切削力对比图

从图 10-27 中可以看出，ATS 陶瓷刀具的轴向力 F_x、径向力 F_y 也有不同幅度的降低，纳米包覆颗粒的添加显著地降低了切削过程中的切削力。综上所述，在相同切削参数下，添加纳米包覆颗粒作固体润滑剂的 ATSC@10 刀具比不添加固体润滑剂的 ATS 陶瓷刀具切向力下降明显，纳米包覆颗粒的添加也降低了轴向力和径向力。

10.4.2 添加 CaF₂@SiO₂ 和 SiC 晶须对陶瓷刀具切削温度的影响

图 10-28 为 ATS 和 ATSC@10 两种陶瓷刀具在切削速度 300m/min 时，达到稳定切削阶段的切削温度对比图。其他切削参数为：背吃刀量 $a_p = 0.2$mm、进给量 $f = 0.102$mm/r。如图所示，ATS 陶瓷刀具在此实验条件下的切削温度为 639.5℃，ATSC@10 陶瓷刀具在此实验条件下的切削温度为 436.6℃，ATSC@10 陶瓷刀具的切削温度显著降低，降低了 31.7%。

实验结果表明，在相同的切削参数下，添加纳米包覆颗粒的 ATSC@10 陶

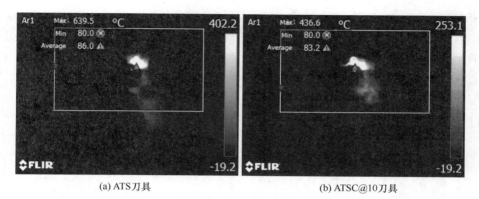

(a) ATS刀具　　　　　　　　　　　　　(b) ATSC@10刀具

图 10-28　刀具在切削速度 300m/min 时的切削温度图

瓷刀具比 ATS 陶瓷刀具具有更低的切削温度，纳米包覆颗粒的添加可以有效降低切削加工时的切削温度，这与切削力的规律相对应，ATSC@10 陶瓷刀具在切削过程中具有较小的切削力，切削力降低，切削温度也对应下降。制备的自润滑刀具在切削过程中，纳米包覆颗粒内的 CaF₂ 析出，形成固体润滑膜，降低了切削力，改善了刀具加工工件的表面粗糙度，获得了良好的表面加工质量。与 ATS 陶瓷刀具相比，ATSC@10 陶瓷刀具在切削过程中的切削力和切削温度低。添加纳米包覆颗粒作为固体润滑剂的 ATSC@10 陶瓷刀具在干切削加工的过程中有着相对较低的切削温度。

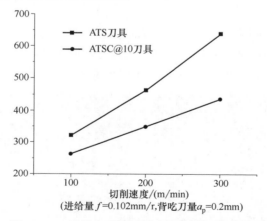

(进给量 f=0.102mm/r,背吃刀量 a_p=0.2mm)

图 10-29　刀具在不同切削速度下的切削温度图

10.4.3　添加 CaF₂@SiO₂ 和 SiC 晶须对陶瓷刀具前后刀面磨损形式

图 10-30 为 ATS 和 ATSC@10 陶瓷刀具前刀面的磨损形貌。从图中可以看出，ATS 陶瓷刀具的黏结磨损较为严重，而 ATSC@10 陶瓷刀具的黏结磨损相

对较轻。与 ATS 陶瓷刀具相比，ATSC@ 10 陶瓷刀具在切削过程中切削温度低，较低的切削温度使得刀具前刀面的黏结磨损较轻，同时 ATSC@ 10 陶瓷刀具的前刀面磨损中也存在轻微的磨粒磨损。ATS 和 ATSC@ 10 陶瓷刀具前刀面磨损主要为黏结磨损。

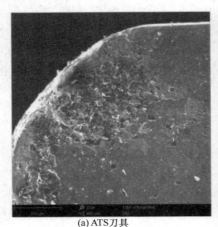 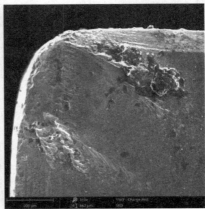

(a) ATS刀具　　　　　　　　　　(b) ATSC@10刀具

图 10-30　不同刀具前刀面磨损的 SEM 照片

图 10-31 为 ATS 和 ATSC@ 10 陶瓷刀具的后刀面磨损形貌。ATS 陶瓷刀具的后刀面出现了微崩刃，且后刀面的边缘不平整，其主要原因是，陶瓷刀具在较高的切削速度下，受到的切削力较大，对后刀面造成了损害。同时磨损表面上可以明显地观察到因磨粒磨损产生的犁沟。这是因为在切削过程中，刀具与工件间产生较大的切削力和较高的切削温度，此时硬质颗粒会对刀具后刀面产生较大的破坏。同时，后刀磨损形貌中可以观察到黏结磨损。ATSC@ 10 陶瓷

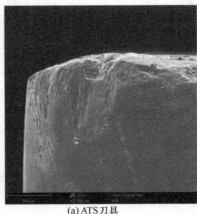

(a) ATS刀具　　　　　　　　　　(b) ATSC@10刀具

图 10-31　不同刀具后刀面磨损的 SEM 照片

刀具的磨损形式主要有磨粒磨损和黏结磨损。

　　如图 10-32 所示，从 ATSC@10 陶瓷刀具的后刀面中的 F 元素的分布情况可以看出，CaF$_2$ 在刀具磨损表面的分布均匀，其原因是，在切削过程中，纳米包覆颗粒中的 CaF$_2$ 析出，在刀具的表面形成均匀连续的润滑膜，从而降低了切削过程中的切削力、切削温度。切削力的降低也有效降低了刀具的摩擦系数，同时获得了良好的加工表面质量。ATSC@10 陶瓷刀具磨损的改善主要是由于固体润滑膜的产生。

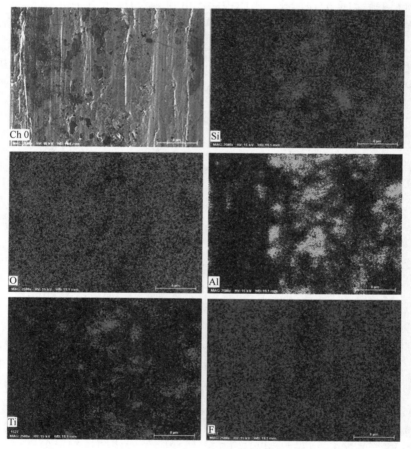

图 10-32　ATSC@10 刀具后刀面磨损的 SEM 及其面扫描照片

10.5　添加 CaF$_2$@Ni-B 对陶瓷刀具切削性能的影响

　　选择 ABF@5 与 ABF@10 的自润滑陶瓷刀具材料进行制备，并将其制成自润滑陶瓷刀具。实验同时还制备 AB 与 ABF10 的陶瓷刀具材料，并将这四种刀具材料在 45 钢进行干切削实验，研究不同切削速度、背吃刀量与进给量下对刀具使用寿命与工件已加工表面粗糙度及切削力的影响。

10.5.1　添加 CaF₂@Ni-B 对陶瓷刀具后刀面磨损量的影响

10.5.1.1　AB 与 ABF@5 切削 45 钢分析

图 10-33 为在相同切削速度 100m/min 的情况下，AB 刀具材料与 ABF@5 刀具材料的后刀面磨损情况。由图中曲线可知，后刀面的磨损情况为先急速上升后在切削距离为 500m 后便逐渐趋于平稳上升，这主要由于在切削开始阶段切削时刀具的前刀面较新，在刀面被磨钝后，刀具材料的前刀面磨损较为平稳，使刀面磨损情况趋于平稳上升。在切削速度 100m/s 的情况下，ABF@5 刀具材料的切削距离不如 AB 刀具材料。

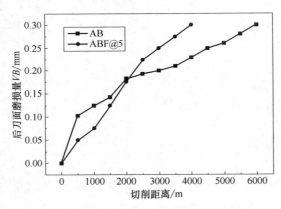

图 10-33　切削距离与后刀面磨损量之间的关系

图 10-34 为在相同切削速度 200m/min 的情况下，AB 陶瓷刀具材料与 ABF@5 包覆型自润滑陶瓷刀具材料的后刀面磨损情况。由图显示，在 200m/min 的切削速度下，AB 刀具材料的有效切削距离为 4500m，切削距离较在 100m/min 的情况下有所降低。而 ABF@5 包覆型自润滑陶瓷刀具材料在切削距离为 5000m 的情况下失效，在切削的过程中切削逐渐趋于平稳，使切削距离延长。由图可得，在 200m/min 的切削速度下，ABF@5 包覆型自润滑刀具材料的切削距离有所加长，添加 CaF₂@Ni-B 固体润滑剂在较高速度的切削的情况下对陶瓷刀具保护较好，生成的润滑膜可有效地避免包覆型自润滑陶瓷刀具材料在切削过程中产生较大幅度的磨损。

图 10-35 为速度 300m/min 的情况下，AB 与 ABF@5 两种刀具材料切削距离与后刀面磨损量的变化情况，由图可得，ABF@5 的有效切削距离为 4000m，

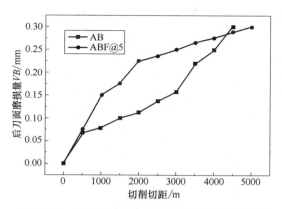

图 10-34　切削距离与后刀面磨损量之间的关系

当超过 4000m 后，刀具失效。AB 刀具材料在相同的速度下有效切削距离为 3500m，在切削速度为 300m/min 的条件下，两种陶瓷刀具材料切削性能相差不多，ABF@5 陶瓷刀具材料略优于 AB 陶瓷刀具材料，但优势并不是很明显。

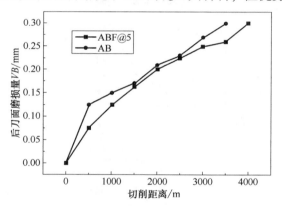

图 10-35　后刀面磨损量之间的关系

10.5.1.2　ABF10 与 ABF@10 切削 45 钢分析

实验设定切削加工过程中自润滑陶瓷刀具的背吃刀量 $a_p = 0.2mm$，进给量 $f = 0.102mm/r$。如图 10-36（a）所示，实验发现当切削速度为 100m/min 时，ABF10 的有效切削距离为 5000m，而 ABF@10 的有效切削距离则达到了 6000m，实验将 CaF₂@Ni-B 添加进自润滑陶瓷刀具中，所制成的自润滑陶瓷刀具材料的有效切削距离要相对较长，提高了陶瓷刀具材料的使用寿命。图 10-36（b）显示当切削速度为 200m/min 时，两种自润滑陶瓷刀具材料的有效切削距离有所下降，其中 ABF10 陶瓷刀具的有效切削距离为 4500m，ABF@10 陶瓷刀具材料的有效切削距离为 5000m，经包覆后的陶瓷刀具材料的切削距离有所增加。图 10-36（c）所示当切削速度为 300m/min 时，两种自润滑陶瓷刀具材料的有效切削距离继续下降，ABF10 陶瓷刀具的有效切削距离为 4000m，ABF@10 的有效切削距离为 5500m。综上所述，随着切削速度的提升，刀具的有效切削距离有所下降，但 ABF@10 陶瓷刀具材料的切削距离要长于 ABF10 自润滑陶瓷刀具材料，自润滑陶瓷刀具材料的耐用性较高。

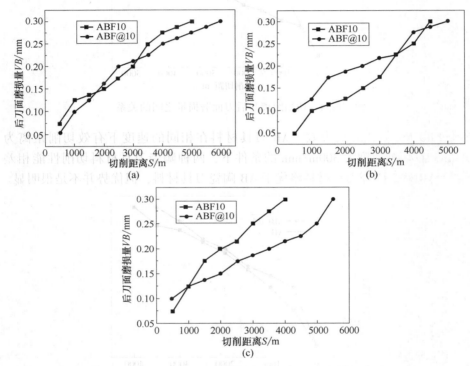

图 10-36　刀具切削距离与工件表面粗糙度之间的关系

10.5.2　添加 CaF₂@Ni-B 对工件已加工表面粗糙度的影响

10.5.2.1　AB 与 ABF@5 切削 45 钢分析

图 10-37 为在切削速度 100m/min 的条件下两刀具切削距离与表面粗糙度之间的关系。由图可知，在切削的过程中 AB 刀具材料的粗糙度随着工件材料的切削距离加长而呈现先降低后上升的趋势，在切削 500m 的条件下，工件材料的表面粗糙度达到了最大，为 3.9μm，随着切削距离的逐渐提高，工件材料的表面粗糙度逐渐下降，到切削距离为 4000m 的条件下，工件材料的表面粗糙度为 2.7μm，之后材料的粗糙度逐渐上升，直至刀具材料失效。而 ABF@5 刀具材料在切削工件材料时，切削性能并不突出，在切削距离为

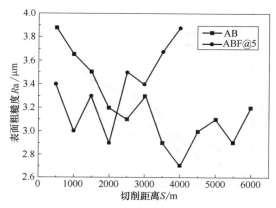

图 10-37　切削距离与表面粗糙度之间的关系
（切削速度 100m/min）

$500 \sim 2000m$ 的情况下，工件材料的表面粗糙度与 AB 刀具材料相比有所降低，但下降幅度不大，当切削距离超过 2000m 后，工件材料的表面粗糙度逐渐上升，当切削距离为 4000m 时，工件材料的表面粗糙度达到最大，为 $3.9\mu m$。综上可得，在切削速度为 100m/min 的情况下，与 AB 相比，ABF@5 陶瓷刀具材料并没有显示出润滑作用，切削距离也相对较低，表面粗糙度反而具有升高的趋势，ABF@5 陶瓷刀具材料不适合在 100m/min 的条件下进行切削。

　　图 10-38 为切削速度在 200m/min 的条件下，两种刀具材料的切削距离与表面粗糙度之间的关系。由图可得，随着切削距离的增加，AB 刀具材料所切削的工件材料的表面粗糙度呈现先上升后下降再上升的趋势。当切削距离为 2000m 时材料的表面粗糙度达到了 $2.3\mu m$，之后随着切削距离的增加，工件材料的表面粗糙度逐渐下降。当切削距离为 1500m 时，工件材料的表面粗糙度达到最低，为 $2.0\mu m$。之后工件材料的表面粗糙度又呈现升高的趋势，直至 AB 刀具材料失效。在切削过程中，AB 刀具刀尖部分逐渐磨损，使工件刀具材料的表面粗糙度呈现下降的趋势，刀尖磨损加剧，刀尖磨钝而影响表面粗糙度，使工件材料的表面粗糙度提高，直至失效。在使用 ABF@5 刀具材料进行切削时，工件材料的表面粗糙度呈现先上升后下降再上升的情况，当切削距离为 2000m 时，工件材料的表面粗糙度为 $2.2\mu m$；当切削距离为 3500m 时，工件材料的表面粗糙度为 $2.3\mu m$。由图发现，在切削速度为 200m/min 的条件下，使用 ABF@5 进行切削的工件材料的表面粗糙度整体要低于 AB，说明在提高切削速度条件下，ABF@5 刀具表面形成润滑膜，使工件材料的表面粗糙度下降，但工件表面粗糙度仍维持在较高的水平，不适合进行加工。

　　图 10-39 为切削速度在 300m/min 的条件下切削距离与表面粗糙度之间的关系。由图发现，两种刀具材料在对 45 钢进行切削加工过程中，两种刀具材

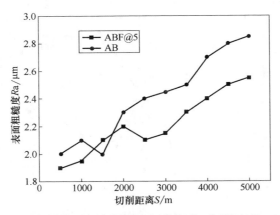

图 10-38　切削距离与表面粗糙度之间的关系（切削速度 200m/min）

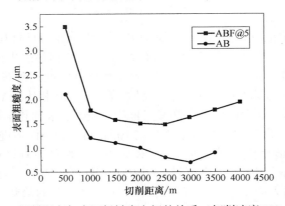

图 10-39　切削距离与表面粗糙度之间的关系（切削速度 300m/min）

料的表面粗糙度均有所下降，其中 ABF@5 包覆型自润滑陶瓷刀具材料的表面粗糙度下降最为明显。随着切削距离的增加，AB 陶瓷刀具材料所切削的工件材料的表面粗糙度逐渐下降。实验显示，当切削 500m 时，工件材料的表面粗糙度达到最大，为 3.5μm，随着切削距离的增加，当切削距离达到 2500m 时，材料的粗糙度达到最小，为 1.5μm，之后缓慢上升，直至刀具失效。与切削速度 100m/min 与 200m/min 相比，在切削速度为 300m/min 的条件下，工件材料的整体表面粗糙度有所下降。当使用 ABF@5 包覆型自润滑陶瓷刀具对工件材料进行切削时，实验发现，随着切削距离的增加，工件材料表面粗糙度逐渐下降，由图显示，当切削距离为 500m 时，工件材料的表面粗糙度达到最大，为 2.1μm，实验表明，随着切削距离的增加，当切削距离为 3000m 时，工件材料表面粗糙度降为最低，为 0.6μm。综上所述，在对工件材料进行切削速度为 300m/min 时，ABF@5 包覆型自润滑陶瓷刀具材料对工件表面粗糙度下降最为明显，表面粗糙度达到最好，适合应用于半精加工与精加工领域。

　　综上所述，使用 AB 与 ABF@5 两种刀具对 45 钢进行切削时，固定进给量 $f=0.102\text{mm/r}$，背吃刀量 $a_p=0.2\text{mm}$。随着切削速度的增加，刀具的后刀面磨损加剧，刀具能进行切削的有效距离逐渐下降。在进行切削的初期阶段，切削速度对工件材料表面粗糙度 Ra 的影响较大，切削的速度越高，表面粗糙度 Ra 越小，由于在切削的过程中，刀具磨损加快，使 Ra 值降低。在刀具磨损的后期阶段，刀具刀尖的严重磨损使 Ra 值升高，在切削速度为 300m/min 的条件下，使用 ABF@5 刀具能使表面粗糙度保持在 2μm 下，对 45 钢进行切削能得到良好的加工表面，可以满足一般精加工与半精加工的要求。

10.5.2.2　ABF10 与 ABF@10 切削 45 钢分析

　　图 10-40 为在不同的切削速度下，工件材料表面粗糙度与切削距离之间的关系，图 10-40（a）为在切削速度为 100m/min 的情况下，两种自润滑陶瓷刀具的切削距离与表面粗糙度之间的关系。实验发现，随着切削距离的增加，ABF10 陶瓷刀具所加工工件的表面粗糙度升高，在切削距离为 4000m 时，表面粗糙度达到 3.2μm，而使用 ABF@10 陶瓷刀具进行切削时，工件表面粗糙

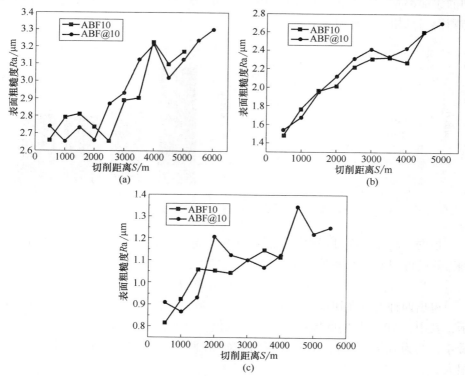

图 10-40　刀具切削距离与工件表面粗糙度之间的关系

度上升，其中，最低为 2.65μm 左右；随着切削速度的提高，当切削速度为 200m/min 时，图 10-40（b）显示两种刀具材料所加工的材料表面粗糙度均逐渐上升，总体上表面粗糙度较切削速度为 100m/min 时有所提高。当切削速度为 300m/min 时，工件材料表面的粗糙度较切削速度为 100m/min 与 200m/min 继续下降，ABF10 所加工工件的表面粗糙度 Ra 最低为 0.8μm，最高为 1.15μm，ABF@10 所加工工件的表面粗糙度 Ra 最低为 0.85μm，最高为 1.35μm。综上所得，随着切削速度的提高，工件表面的粗糙度有所提高，加工质量较好，适合精加工。

10.5.3 添加 CaF$_2$@Ni-B 的自润滑陶瓷刀具对切削力及摩擦系数的影响

图 10-41 为在相同的切削参数情况下，不同刀具之间在切削 45 钢时的切削力的大小，如图 10-41（a）所示，在不加固体润滑剂的情况下，AB 的切削力最大，随着固体润滑剂的加入，刀具的切削力减小，其中切向力及径向力减小明显，轴向力减小幅度不是太明显，对比 ABF10 与 ABF@10 两种刀具切削力发现，两种刀具的切削力变化并不是太明显，包覆型固体润滑剂与固体润滑剂的添加都有效地降低了刀具的切削力，其中包覆型自润滑陶瓷刀具的切削力与陶瓷刀具相比下降明显。

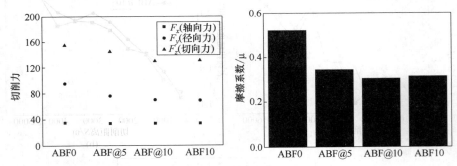

图 10-41　四种刀具材料的切削力与摩擦系数之间的关系

根据刀具在切削过程中测量所得到的径向力 F_y 和切向力 F_z，通过计算得到刀具的前刀面的摩擦系数 μ，计算公式如下：

$$\mu = \tan[\gamma_0 + \arctan(F_y/F_z)] \tag{10-3}$$

得出四种刀具在切削 45 钢时的摩擦系数，摩擦系数如图 10-41（b）所示，其中，AB 刀具的摩擦系数最大，其值为 0.5 左右，ABF@10 的摩擦系数最小，约为 0.25 左右，ABF10 与 ABF@10 两者之间的摩擦系数相差并不是很大。

以上的计算结果表明，在相同的切削参数的情况下，添加固体润滑剂的自润滑陶瓷刀具在切削力及摩擦系数方面都要优于未添加固体润滑剂的陶瓷刀具，且随着 CaF₂@ Ni-B 的含量增加，自润滑陶瓷刀具材料的切削力逐渐减小，在 CaF₂@ Ni-B 的含量为 10% 的情况下，刀具的摩擦系数达到最小，而未包覆型与包覆型的自润滑陶瓷刀具两者之间的摩擦系数与切削力相差不大，达到了设计刀具的要求。

10.5.4　添加 CaF₂@Ni-B 的自润滑陶瓷刀具在切削过程中的磨损机理

图 10-42 为 AB 刀具后刀面磨损形貌的低倍与高倍 SEM 照片，由图可得 AB 陶瓷刀具后刀面的磨损形式为黏结磨损，并伴有磨粒磨损，同时可以看出磨损中存在着边界磨损及犁沟磨损。从图 10-43 中看出 ABF@ 5 陶瓷刀具的磨损形式为黏结磨损，并存在着犁沟磨损，同时边界也存在着边界磨损。

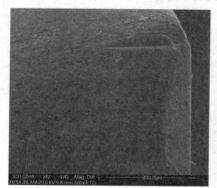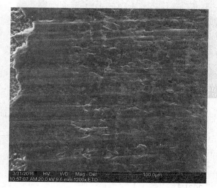

图 10-42　AB 陶瓷刀具后刀面磨损的低倍与高倍 SEM 照片

图 10-43　ABF@ 5 陶瓷刀具后刀面磨损的低倍与高倍 SEM 照片

图 10-44 为 ABF@ 10 自润滑陶瓷刀具的后刀面磨损高倍与低倍 SEM 照片，由图可见，刀具后刀面的磨损形式基本为黏结磨损，并伴有轻微的犁沟磨损现象。图 10-45 为 ABF@ 10 自润滑陶瓷刀具后刀面表面的 EDS 能谱分析，

由图谱可得，自润滑陶瓷刀具后刀面含有 Ca 与 F 元素，两种元素的出现说明磨损的后刀面含有固体润滑剂 CaF₂，CaF₂ 的出现能在切削过程中形成一层润滑膜，降低切削力与摩擦系数，同时保护刀具不被剧烈磨损。除含有 CaF₂ 外，后刀面还含有微量的 Ni 元素，Ni 元素的出现在降低摩擦系数的同时还有效地提高了刀具材料的力学性能。Mn，Fe 及 W 元素的出现说明在切削过程中出现扩散磨损，而使其表面含有部分杂质。

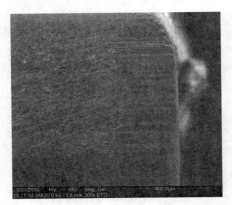

图 10-44　ABF@10 陶瓷刀具后刀面磨损的低倍与高倍 SEM 照片

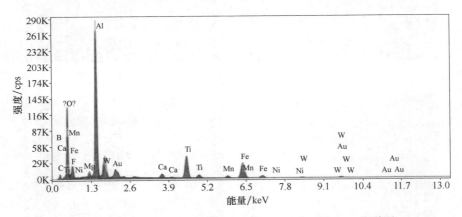

图 10-45　ABF@10 自润滑陶瓷刀具后刀面表面的 EDS 能谱图

10.6　添加 CaF₂@Al₂O₃ 对金属陶瓷刀具切削性能的影响

10.6.1　添加 CaF₂@Al₂O₃ 对金属陶瓷刀具切削力的影响

如图 10-46 所示为 TMC@10 型金属陶瓷刀具切削 300M 高强度钢时所测

得的切削力。实验切削用量为 $v_c = 200\text{m/min}$、$f = 0.102\text{mm/r}$、$a_p = 0.2\text{mm}$。TMC@10 型金属陶瓷刀具轴向力 F_x 的均值为 32N，径向力 F_y 的均值为 60N，切向力 F_z 的均值为 81N。如图 10-47 所示为六种不同类型金属陶瓷刀具三个方向上的切削力。六种金属陶瓷刀具切削力的变化趋势先降低后升高，三个方向上的切削力在 TMC@10 刀具进行切削时降至最低。

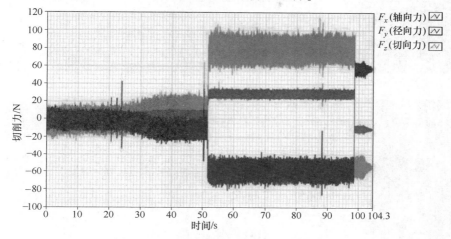

图 10-46　TMC@10 金属陶瓷刀具的切削力

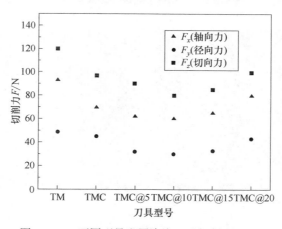

图 10-47　不同型号金属陶瓷刀具切削力对比

10.6.2　添加 CaF$_2$@Al$_2$O$_3$ 对金属陶瓷刀具切削温度的影响

图 10-48、图 10-49 为六种金属陶瓷刀具采用相同的切削用量加工 300M 高强度钢时的切削温度。随着包覆粉体的增加，切削温度呈现先降低后增加的趋势，表明 CaF$_2$@Al$_2$O$_3$ 核壳包覆粉体的引入对于降低金属陶瓷刀具的切削温

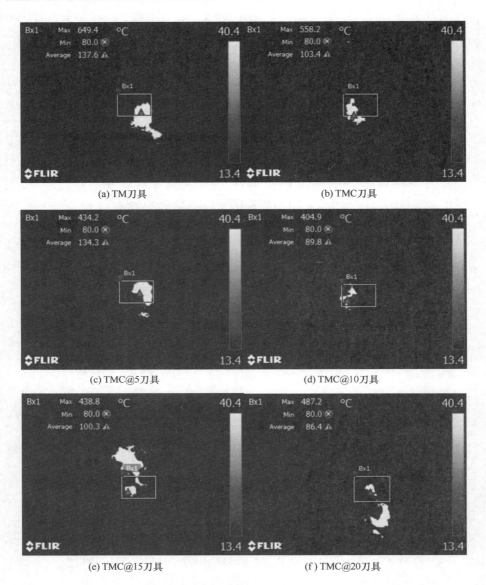

(a) TM刀具　　　　　　　　　　　　　　(b) TMC刀具

(c) TMC@5刀具　　　　　　　　　　　　(d) TMC@10刀具

(e) TMC@15刀具　　　　　　　　　　　　(f) TMC@20刀具

图 10-48　金属陶瓷刀具的切削温度

度具有显著效果。首先，金属切削过程中由于 $CaF_2@Al_2O_3$ 核壳包覆粉体外壳破损，固体润滑剂 CaF_2 析出切削表面，在刀-屑接触区形成一层固体润滑膜，固体润滑膜的产生降低了摩擦系数，加快了切屑与前刀面的分离速度，有效降低了切屑在工件表面的附着。此外，$CaF_2@Al_2O_3$ 包覆粉体的引入形成了多层核壳结构提升了刀具的力学性能，增加了刀具寿命，减少了刀具破损，进而降低了切削温度，这是添加包覆粉体优于单独添加 CaF_2 的主要原因。再次，金属陶瓷刀具后刀面与工件之间由于固体润滑剂的析出，进一步改善了刀具与工件的磨损状况，有助于切削温度的降低。但过量 $CaF_2@Al_2O_3$ 包覆粉体的添加降低了金属陶瓷刀具的力学性能，加剧了刀具磨损，不利于切削加工的改善。

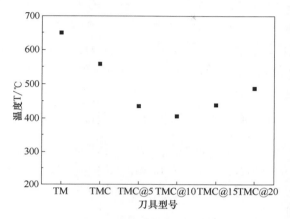

图 10-49　不同型号金属陶瓷刀具切削温度对比

10.6.3　添加 $CaF_2@Al_2O_3$ 对金属陶瓷刀具后刀面磨损量的影响

如图 10-50 所示为六种不同类型的金属陶瓷刀具在切削用量为 $v_c = 200\text{m/min}$、$f = 0.102\text{mm/r}$、$a_p = 0.2\text{mm}$ 时切削 300M 高强度钢后刀面磨损量随切削距离的变化曲线。通过对比，TMC@10 和 TMC@15 刀具有效切削距离高于 TM、TMC、TMC@5、TMC@20 刀具。适量添加 $CaF_2@Al_2O_3$ 包覆粉体会显著改善

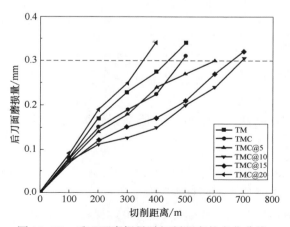

图 10-50　后刀面磨损量随切削距离的变化曲线

刀具的切削性能，但固体润滑剂为弱相，过量添加会割裂金属陶瓷基体，降低刀具的力学性能，导致后刀面磨损量增大，降低金属陶瓷刀具寿命。

另一方面，如图 10-50 所示，TM 刀具的有效切削距离介于 400m 与 500m 之间，TMC@10 刀具的有效切削距离比未添加包覆粉体的 TM 刀具有所增加。TMC 刀具的有效切削距离介于 450m 与 500m 之间，TMC@10 刀具的有效切削距离比未包覆 TMC 刀具有所增加。综上所述，具有多层核壳微观结构的金属陶瓷刀具有效切削距离长，由于添加 CaF$_2$@ Al$_2$O$_3$ 包覆粉体所形成的多层核壳结构，提升了金属陶瓷刀具的力学性能，增加了刀具耐用度，改善了金属陶瓷刀具的切削性能。

10.6.4 添加 CaF$_2$@Al$_2$O$_3$ 对工件已加工表面粗糙度的影响

如图 10-51 所示为六种不同类型的金属陶瓷刀具在切削用量为 $v_c = 200\text{m/min}$、$f = 0.102\text{mm/r}$、$a_p = 0.2\text{mm}$ 时切削 300M 高强度钢工件表面粗糙度随切削距离的变化曲线。可以看出具有多层核壳结构的金属陶瓷刀具可以改善 300M 高强度钢工件表面加工质量。

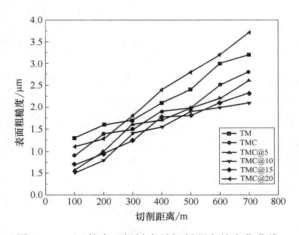

图 10-51　工件表面粗糙度随切削距离的变化曲线

10.6.5 添加 CaF$_2$@Al$_2$O$_3$ 的自润滑金属陶瓷刀具在切削过程中的减摩耐磨机理

通过探究 CaF$_2$@ Al$_2$O$_3$ 包覆粉体以及润滑方式对 Ti（CN）基金属陶瓷刀具的影响，结果表明具有多层核壳结构的 TMC@10 金属陶瓷刀具具有较好的切削性能。采用扫描电镜（Hitachi SU3500）观察 TMC@10 金属陶瓷刀具前刀面与后刀面磨损形貌，采用能谱仪（Bruker QUANTAX）分析 TMC@10 金属陶瓷刀具前后刀面和切屑表面的元素分布。

10.6.5.1 前刀面分析

如图 10-52 所示为金属陶瓷刀具切削 300M 高强度钢时前刀面磨损形貌，如图 10-52（a）所示为 TM 刀具前刀面磨损形貌，可以观察到较为明显的月牙洼磨损，由于切削力与切削温度较高，刀尖部分材料发生剥离，进而形成月牙洼磨损。此外，刀具前刀面表面有工件材料黏附在表面，表现为黏结磨损。如图 10-52（b）所示为在微量润滑条件下，TM 刀具前刀面磨损形貌，虽然出现了月牙洼磨损，但与图 10-52（a）所示相比，月牙洼磨损程度减轻，且在磨损区域后方出现规则的摩擦痕迹，表明刀具磨损后还可以进行切削加工。如图 10-52（c）所示 TMC@10 刀具前刀面磨损形貌，与 TM 刀具相比，虽然刀尖发生了部分磨损，但是磨损部分明显减少，大约仅有 1/4 部分破损。此外，还可以在 TMC@10 刀具前刀面观察到亮白色的固体润滑膜，表明 CaF$_2$ 在前刀面拖覆成膜。此外，有少量 300M 钢黏附在刀具表面，表明刀具存在黏结磨损。如图 10-52（d）所示 TMC@10 刀具在双重润滑条件下前刀面磨损形貌，且可以观察到规则的亮白色的固体润滑膜，表明具有多层核壳结构的金属陶瓷刀具表面不仅形成了固体润滑膜减轻了磨损，且由于力学性能的改善，使得刀具在出现轻微月牙洼磨损后仍能进行切削加工，增加了刀具寿命。此外，与图 10-52（c）相比，在微量润滑条件下刀具前刀面表面的黏屑明显减少，黏结磨损得到明显改善。

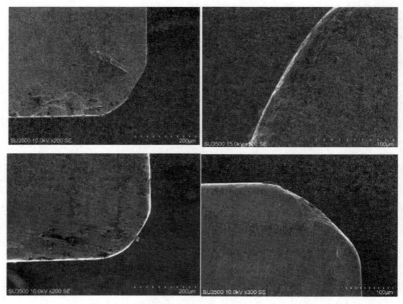

图 10-52 不同润滑条件下金属陶瓷刀具前刀面磨损形貌

如图 10-53（a）所示，TMC@10 刀具前刀面磨损形貌及元素分析，打点的位置位于前刀面表面亮白色区域，如图 10-53（b）所示为 300M 钢切屑表面元素分析，能谱分析表明，刀具表面刀屑接触区域 CaF_2 成功析出，并拖覆在前刀面形成一层固体润滑膜，CaF_2 固体润滑膜剪切强度低，加快了刀具与切屑的分离速度，刀具中 F 元素的原子比是切屑的 1.5 倍，Ca 元素的原子比是切屑的 11 倍，表明在排屑的过程中仅有少量 CaF_2 残留在切屑中，大量的固体润滑剂形成在刀具表面，固体润滑膜的破损程度较低，刀屑的黏结程度较低。

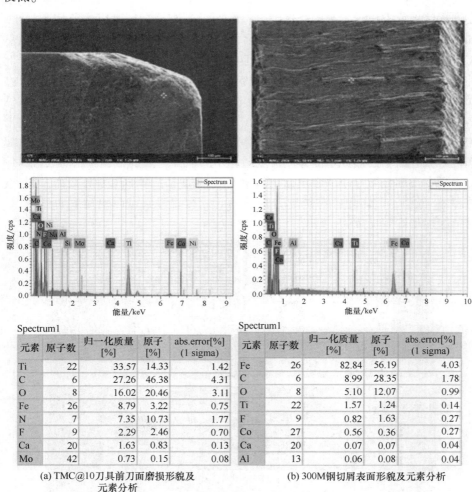

Spectrum1

元素	原子数	归一化质量[%]	原子[%]	abs.error[%]（1 sigma）
Ti	22	33.57	14.33	1.42
C	6	27.26	46.38	4.31
O	8	16.02	20.46	3.11
Fe	26	8.79	3.22	0.75
N	7	7.35	10.73	1.77
F	9	2.29	2.46	0.70
Ca	20	1.63	0.83	0.13
Mo	42	0.73	0.15	0.08

Spectrum1

元素	原子数	归一化质量[%]	原子[%]	abs.error[%]（1 sigma）
Fe	26	82.84	56.19	4.03
C	6	8.99	28.35	1.78
O	8	5.10	12.07	0.99
Ti	22	1.57	1.24	0.14
F	9	0.82	1.63	0.27
Co	27	0.56	0.36	0.27
Ca	20	0.07	0.07	0.04
Al	13	0.06	0.04	0.04

(a) TMC@10刀具前刀面磨损形貌及元素分析

(b) 300M钢切屑表面形貌及元素分析

图 10-53　刀具前刀面磨损形貌及元素分析

如图 10-54 所示为 TMC@10 刀具在双重润滑条件下前刀面的元素分析，

由于刀具前刀面与切屑接触区域温度较高，CaF$_2$ 由脆性状态转变为塑性状态，析出至刀具表面形成固体润滑膜。如图所示，Ti 元素的分布较少的区域与 F 元素和 Ca 元素密集分布的区域大体保持一致，固体润滑膜在前刀面形成并黏附在刀具表面，因此影响了刀具本体 Ti 元素的分布。图中刀具前刀面亮白色区域与 F 元素和 Ca 元素密集分布区域相吻合。此外，亮白色区域与 O 元素较少的区域相吻合，表明固体润滑膜的形成降低了刀具的氧化磨损。由于固体润滑膜析出在刀屑接触区域，表面有少量 Fe 元素滞留在固体润滑膜表面，所以 Fe 元素分布与 F 元素和 Ca 元素密集分布区域相吻合。

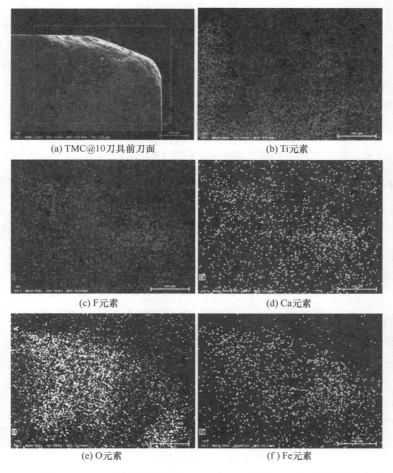

(a) TMC@10 刀具前刀面　　　　　　(b) Ti 元素

(c) F 元素　　　　　　(d) Ca 元素

(e) O 元素　　　　　　(f) Fe 元素

图 10-54　双重润滑条件下 TMC@10 刀具前刀面的元素分析

10.6.5.2　后刀面分析

如图 10-55 所示为金属陶瓷刀具在四种不同润滑方式下切削 300M 高强度

钢时后刀面磨损形貌，如图 10-55（a）所示为 TM 刀具后刀面磨损形貌，可以观察到较为明显的微崩刃与月牙洼混合磨损，刀尖处磨损剧烈，磨损量大，且磨损带表面存在黏屑，表明同时存在黏结磨损。如图 10-55（b）所示为 TM 刀具在微量润滑条件下后刀面磨损形貌，与图 10-55（a）相比后刀面的磨损情况明显改善，主要表现为月牙洼磨损，且后刀面磨损带表面较为平整，黏结磨损的状况有所减轻。如图 10-55（c）所示为 TMC@10 刀具后刀面磨损形貌，与 TM 刀具相比，TMC@10 刀具抗月牙洼磨损性能有所提升。如图 10-55（d）所示为 TMC@10 刀具在双重润滑条件下后刀面磨损形貌，与图 10-55（c）相比后刀面黏结磨损明显降低。在金属切削加工过程中，前刀面刀-屑接触区与后刀面刀-工接触区摩擦剧烈，所以降低刀-屑与刀-工之间的摩擦系数具有重要意义。刀-屑接触区分为内外两个摩擦区域，其中内摩擦区对切削变形影响较大。一方面，在内摩擦区（黏着摩擦）由于 TMC@10 刀具表面 CaF$_2$ 析出形成固体润滑膜，降低了摩擦系数；另一方面，微量润滑系统所生成的油雾可以进入外摩擦区（滑动摩擦），进一步降低磨损。因此包覆粉体与微量润滑所形成的双重润滑明显降低了 TMC@10 金属陶瓷刀具的磨损。

图 10-55　不同润滑方式下金属陶瓷刀具后刀面磨损形貌

　　如图 10-56 所示为 TMC@10 金属陶瓷刀具在双重润滑条件下后刀面磨损区域表面形貌，对该区域进行能谱分析，金属陶瓷刀具本体元素 Ti 元素分为明显的左右不同区域，左侧分布较为密集，右侧较为稀疏。这种分布与 F 元素和 Ca 元素密集分布的区域相反，CaF₂ 元素分布为左侧较为稀疏，右侧较为密集，表明由于 CaF₂ 的析出进而形成一层固体润滑膜覆盖在刀具后刀面表面。此外，由于固体润滑膜析出在后刀面刀-工接触区域，表面有少量 Fe 元素滞留在固体润滑膜表面，所以 Fe 元素分布与 F 元素和 Ca 元素密集分布区域相吻合。由于包覆粉体 Al₂O₃ 外壳的破损，CaF₂ 在后刀面刀工接触区域拖覆成膜，固体润滑膜的覆盖影响了 Al 元素的分布，为左侧密集，右侧稀疏，与刀具 Ti 元素的分布大体一致。

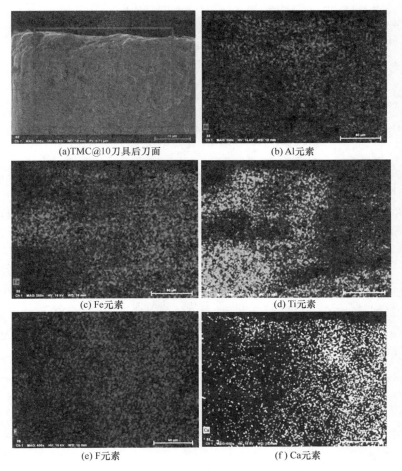

图 10-56　双重润滑条件下 TMC@10 刀具后刀面的元素分析

　　如图 10-57 所示为在双重润滑条件下，TMC@10 金属陶瓷刀具刀-屑与刀-工接触区示意图。在刀具内摩擦区，CaF₂ 在刀具表面析出，形成固体润滑膜，可以减少摩擦，抑制切削热的产生，降低切削温度，保证刀具的温度不会过热，降低了温度梯度的绝对值；其次，在固体润滑膜的保护下，切削产生的热量大量汇集在工件和切屑上，会使切屑容易弯曲变形，在高速的情况下排屑更加容易，更加利于切削热的排出，可以有效降低刀具磨损。

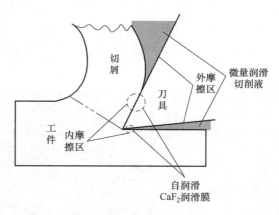

图 10-57　TMC@10 金属陶瓷刀具双重润滑条件下刀-屑与刀-工接触区示意图

此外，在刀具外摩擦区采用微量润滑技术，利用压缩空气把润滑液带到摩擦点，同时由于喷洒的切削油为雾状，润滑液滴更细小，在切削区域的润滑液更均匀，可增大金属陶瓷刀具温度梯度区的面积；再次，采用微量润滑技术可以依靠气液两相流体的高速度，及时将固体润滑剂无法清除的切屑冲走，带走大量的热量。

综上所述，具有多层核壳微观结构的金属陶瓷在加工过程中同时采用微量润滑技术，一方面借助金属陶瓷刀具内部的 CaF$_2$@Al$_2$O$_3$ 固体润滑剂对内摩擦区进行减摩，减少切削热的产生，抑制切削温度升高，减少了温度梯度的绝对值；另一方面利用微量润滑技术的气液两相流体对外摩擦区进行高效的排屑、冷却和润滑作用，有效降低了刀具磨损，增加了刀具寿命。

参 考 文 献

[1] Saberi S., Mohd R., Yusuff N., et al. Effective factors on advanced manufacturing technology implementation performance：A Review [J]. Journal of Applied Sciences, 2010 (13)：1229-1242.

[2] 严鲁涛, 袁松梅, 刘强. 绿色切削高强度钢的刀具磨损及切屑形态 [J]. 机械工程学报, 2010, 46 (9)：187-192.

[3] 刘献礼. 绿色切削技术的研究进展与发展趋势 [J]. 航空制造技术, 2010, (11)：26-31.

[4] J. Xie, M. J. Luo, K. K. Wu, et al. Experimental study on cutting temperature and cutting force in dry turning of titanium alloy using a non-coated micro-grooved tool [J]. Int J Mach Tool Manuf, 2013, 73：25-36.

[5] 邓建新. 自润滑刀具及其切削加工 [M]. 北京：科学出版社, 2010.

[6] 张伯霖, 杨庆东, 陈长年, 等. 高速切削技术及应用 [M]. 北京：机械工业出版社, 2002.

[7] 黄日晶. 干切削——正在兴起的绿色加工技术 [J]. 电子机械工程, 2005, 21 (2)：36-37+43.

[8] H. P. An, Z. Y. Rui, R. F. Wang, et al. Research on cutting-temperature field and distribution of heat rates among a workpiece, cutter, and chip for high-speed cutting based on analytical and numerical methods [J]. Strength of Materials, 2014 (2)：289-295.

[9] 李金富, 薛志馨, 王天彬, 等. 干切削加工技术应用探究 [J]. 中国科技信息, 2012, (15)：82.

[10] 宋文龙, 邓建新, 张辉. 干切削加工的润滑刀具技术研究 [J]. 制造技术与机床, 2009, (1)：45-49.

[11] C. H. Xu, Y. L. Zhang, G. Y. Wu, et al. Rare earth ceramic cutting tool and its cutting behavior when machining hardened steel and cast iron [J]. Journal of Rare Earths, 2010, 28 (S1)：492-496.

[12] 赵兴中, 罗虹, 刘家浚, 等. 干摩擦条件下 Ti [DK] (C, N)/Al$_2$O$_3$ 复合陶瓷与金属摩擦副的摩擦学特性研究 [J]. 硅酸盐学报, 1996, 24 (5)：97-103.

[13] 邓建新, 艾兴. 陶瓷刀具切削加工时的磨损与润滑及其与加工对象的匹配研究 [J]. 机械工程学报, 2002, 38 (4)：40-46.

[14] 曹同坤. 自润滑陶瓷刀具的设计开发及其自润滑机理研究 [D]. 济南：山东大学, 2005.

[15] 赵金龙. MoS$_2$/Zr "软" 涂层自润滑刀具的研究 [D]. 济南：山东大学, 2008.

[16] 李彬. 原位反应自润滑陶瓷刀具的设计开发及其减摩机理研究 [D]. 济南：山东大

学，2010.

[17] 宋文龙. 微池自润滑刀具的研究［D］. 济南：山东大学，2010.

[18] 谢凤，朱江. 固体润滑剂概述［J］. 合成润滑材料，2007，34（1）：31-33.

[19] 李彬，邓建新，赵树椿. Al$_2$O$_3$/ZrB$_2$/ZrO$_2$ 复合陶瓷材料的制备与性能［J］. 硅酸盐学报，2008，36（11）：1595-1600.

[20] 陈闻. Al$_2$O$_3$-TiB$_2$/A$_{12}$O$_3$-TiC 仿生叠层陶瓷刀具的研制及其切削性能研究［D］. 长沙：湘潭大学，2013.

[21] 谷美林，刘炳强，邹斌. TiB$_2$ 基陶瓷刀具切削淬火 45 钢时的切削性能研究［J］. 制造技术与机床，2009，（9）：81-84.

[22] 赵金龙，邓建新，宋文龙. MoS$_2$ 软涂层刀具的基体材料优选及涂层制备［J］. 材料工程，2007，（12）：30-34.

[23] 赵金龙，邓建新，宋文龙. MoS$_2$/Zr 复合涂层刀具的切削性能研究［J］. 武汉理工大学学报，2008，30（10）：105-108.

[24] 赵金龙，邓建新，颜培. MoS$_2$/Zr 复合涂层高速钢刀具的切削性能研究［J］. 中国机械工程，2008，19（21）：2524-2527.

[25] 赵金龙，邓建新，刘建华. MoS$_2$ "软"涂层刀具的研究进展及应用［J］. 工具技术，2006，40（7）：3-7.

[26] 刘建华. ZrN 涂层刀具的设计开发及其切削性能研究［D］. 济南：山东大学，2007.

[27] W. L. Song, J. X. Deng, H. Zhang, et al. Performance of a cemented carbide self-lubrication tool embedded with solid lubricants in dry machining［J］. Journal of Manufacturing Processes, 2011, 13（1）: 8-15.

[28] J. X. Deng, W. L. Song, H. Zhang, et al. Friction and wear behaviors of MoS$_2$/Zr coatings against hardened steel［J］. Surface Engineering, 2008, 24（6）: 410-415.

[29] J. X. Deng, W. Ze, Y. S. Lian, et al. Performance of carbide tools with textured rake-face filled with solid lubricants in dry cutting processes［J］. Int. J Refract Met Hard Maters, 2012, 30: 164-172.

[30] Z. M. Liu. Elevated temperature diffusion self-lubrication mechanisms of a novel cermet sinter with orderly micro-pores［J］. Wear, 2007, 262（5 – 6）: 600-606.

[31] 谢长虹. 超高分子量聚乙烯基固体润滑剂添加剂改性及应用研究［D］. 武汉：武汉理工大学，2010.

[32] Å. Ekstrand, G. Westin, M. Nygren. Homogeneous WC-Co-cemented carbides from a cobalt-coated WC powder produced by a novel solution-chemical route［J］. J Am Ceram Soc, 2007, 90: 3449-3454.

[33] 邓建新，曹同坤，艾兴. Al$_2$O$_3$/TiC/CaF$_2$ 自润滑陶瓷刀具切削过程中的减摩机理［J］. 机械工程学报，2006，42（7）：109-113.

[34] 王常川，王日初，彭超群，等. 金属基固体自润滑复合材料的研究进展［J］. 中国有色金属学报，2012，22（7）：1945-1955.

[35] 杨威锋. 固体自润滑材料及其研究趋势［J］. 润滑与密封，2007，32（12）：118-

120+122.

[36] 胡天昌，胡丽天，张永胜. 45#钢表面复合润滑结构的制备及其摩擦性能研究 [J]. 摩擦学学报，2012，32（1）：14-20.

[37] 牛淑琴，朱家佩，欧阳锦林. 几种高温自润滑复合材料的研制与性能研究 [J]. 摩擦学学报. 1995，15（4）：324-332.

[38] Y. Tsuya, H. Shimara, K. Umeda. A study of the properties of copper and copper-tin base self-lubrication composites [J]. Wear. 1972, 22（2）：143-162.

[39] V. A. Altman, G. V. Malaknov, V. L. Memlov. Study of mechanism of surface film formation in the friction of copper-graphite materials [J]. Soviet. Friction and Wear. 1989, 10（9）：873-881.

[40] M. Suwa, K. Komuro, K. Soeno. Effect of graphite particle size on the wear of graphite-dispersed bronze casting alloys [J]. Jap lnst Met. 1978, 42（10）：1034-1038.

[41] 陈爱智，张永振，肖宏滨，等. 镍基 MoS_2 合粉末等离子喷涂涂层的干滑动摩擦磨损性能 [J]. 材料开发与应用. 2002，17（1）：1-4.

[42] 吴运新，汪复兴，等. 镍合金增强 MoS_2 基自润滑复合材料的组织与摩擦学性能 [J]. 摩擦学学报. 1995，15（3）：36-44.

[43] 阐存一，刘近朱，张国威，等. 一种镍-铬硫合金的研制及其摩擦学特性 [J]. 摩擦学学报. 1994，14（3）：193-204.

[44] D. S. Xiong. Lubrication behavior of Ni-Cr-based alloys containing MoS_2 at high temperature [J]. Wear, 2001, 251（10）：1094-1099.

[45] W. Z. Zhai, X. L. Shi, M. Wang, et al. Friction and wear properties of TiAl-Ti_3SiC_2-MoS_2 composites prepared by spark plasma sintering [J]. Tribology Transactions, 2014, 57（3）：416-424.

[46] 石淼淼. 铸造金属基自润滑复合材料. 制造技术与机床 [J]. 1996，（3）：44-46.

[47] 郭景坤，诸培南. 复相陶瓷材料的设计原则 [J]. 硅酸盐学报，1996，24（1）：7-13.

[48] 黄勇，张宗涛，江作昭. 晶须补强陶瓷基复合材料界面研究进展 [J]. 硅酸盐学报，1996，24（4）：451-458.

[49] 陈晓虎. 氧化铝陶瓷摩擦材料制备的初步研究 [J]. 材料导报，2000，14（5）：63-65.

[50] 陈晓虎. 组元间化学相容、物理匹配对 Al_2O_3 基自润滑复相陶瓷摩擦学性能的影响 [J]. 陶瓷工程，2001，（2）：3-6.

[51] 李享成，潘剑波，朱伯铨. 石墨含量对 Al_2O_3-C 材料物理化学性能的影响 [J]. 硅酸盐通报，2010，29（2）：395-398.

[52] 王松. TiC-Ni 金属陶瓷的制备以及其高温力学性能的研究 [D]. 北京：华北电力大学（北京），2011.

[53] 陈威，高义民，居发亮，等. Si_3N_4 与 Si_3N_4-h-BN 陶瓷配副在水润滑下的摩擦化学行为 [J]. 西安交通大学学报，2009，43（9）：75-80.

[54] S. Q. Zhou, H. N. Xiao, G. Y. Li. Tribological characteristics and wear mecha-

nisms of silicon carbide-titanium diboride composites by in-situ synthesis at elevated temperature [J]. Journal of the Chinese Ceramic Society, v 34, n 2, 2006, (2): 152-157.

[55] 邓建新, 艾兴, 李兆前. Al_2O_3/TiB_2 陶瓷材料的高温摩擦磨损特性研究 [J]. 硅酸盐学报, 1996, 24 (6): 648-653.

[56] 王静波, 吕晋军, 欧阳锦林, 等. SiC-Ni-Co-Mo-PbO 系高温自润滑金属基陶瓷材料摩擦学性能的试验研究 [J]. 摩擦学学报, 1997, 17 (1): 25-31.

[57] 王静波, 黄业中, 欧阳锦林. 炭化钨-镍-钴-铝·氧化铅系高温自润滑金属陶瓷材料的综合性能研究 [J]. 摩擦学学报, 1995, 15 (3): 205-210.

[58] 尹延国, 郑治祥, 马少波, 刘焜. 温度对铜基自润滑材料减摩耐磨特性的影响 [J]. 中国有色金属学报, 2004, 14 (11): 1856-1861.

[59] K. Z. Sang, Z. L. Lv, Z. H. Jin. A study of the SiC-L composite ceramics for self lubrication [J]. Wear, 2002, 253 (10): 1188-1193.

[60] K. Sang, Z. Jin. Unlubricated friction of reaction-sintered silicon carbide and its composite with nickel [J]. Wear, 2000, 246 (1): 34-39.

[61] T. D. Mitchell, L. C. De Jonghe. Processing and properties of particulate composites from coated powders [J]. J Am Ceram Soc, 1995, 78: 199-204.

[62] D. Vollath, D. V. Szabo. Coated nanoparticles: a new way to improved nanocomposites [J]. J Nanopart Res, 1999, 1: 235-242.

[63] 栾欣宁, 胡国荣, 彭忠东, 等. $LiMn_2O_4$ 的 Al_2O_3 室温固相包覆及其电化学性能研究 [J]. 湖南有色金属, 2009, 25 (2): 39-43.

[64] 许川, 马爱琼, 刘民生, 等. 固相反应法合成锌铝尖晶石 [J]. 硅酸盐通报, 2012, 31 (2): 455-458+463.

[65] 马爱琼, 高云琴, 武志红. 固相反应法合成 $TiSi_2$ 及反应机理研究 [J]. 人工晶体学报, 2014, 43 (11): 3006-3010+3021.

[66] 曾洪, 阚艳梅, 徐常明, 等. 固相反应法合成碳化硼纳米粉体 [J]. 无机材料学报, 2011, 26 (10): 1101-1104.

[67] 贾德昌, 宁伟, 孟庆昌, 等. ZrO_2 包覆 BN 纳米涂层的固相反应合成及作用效果 [J]. 稀有金属材料与工程, 2008, 37 (S1): 5-9.

[68] 崔平, 李凤生, 杨毅, 等. 机械混合法改性微纳米粉体的设备设计 [J]. 中国粉体技术, 2006, (1): 17-19+30.

[69] 刘荣, 茹红强, 赵媛, 等. 基于机械混合法无压烧结制备 ZrB_2/B_4C 陶瓷复合材料 [J]. 北京科技大学学报, 2006, 28 (8): 762-765.

[70] 顾华志, 洪彦若, 汪厚植, 等. Ca (OH)₂-$CaCO_3$ 复合粉体粉磨过程中的机械化学反应 [J]. 硅酸盐通报, 2004 (4): 11-14.

[71] T. K. Chaudhuri, D. Tiwari. Earth-abundant non-toxic Cu_2ZnSnS_4 thin films by direct liquid coating from metal-thiourea precursor solution [J]. Solar Energy Materials and Solar Cells, 2012, 101-106.

[72] 田冉冉. 氧化铝包覆氧化锆复合粉体的制备及其性能研究 [D]. 苏州: 苏州大

学，2011.

[73] 李启厚，吴希桃，黄亚军，等. 超细粉体材料表面包覆技术的研究现状 [J]. 粉末冶金材料科学与工程，2009，14（1）：1-6.

[74] 陈加娜，叶红齐，谢辉玲. 超细粉体表面包覆技术综述 [J]. 安徽化工，2006，（2）：12-15.

[75] T. Hatano, T. Yamaguchi, W. Sakamoto, et al. Synthesis and characterization of $BaTiO_3$-coated Ni particles [J]. Journal of the European Ceramic Society, 2004, 24: 507-510. .

[76] 方斌，黄传真，许崇海. 新型粉末涂层刀具材料的研制 [J]. 机械科学与技术，2005，24（12）：1452-1454.

[77] 朱亚男. 关于非均匀成核理论 [J]. 山东大学学报（自然科学版），1979，（3）：123-136.

[78] 杨志，李新海，王志兴，等. 球形 $LiNi_{1/3}Co_{1/3}Mn_{1/3}O_2$ 表面非均匀成核法包覆 Al_2O_3 的研究 [J]. 中南大学学报（自然科学版），2010，41（5）：1703-1708.

[79] G. J. Li, X. X. Huang, J. K. Guo. Fabrication of Ni-coated Al_2O_3 powders by the heterogeneous precipitation method [J]. Materials Research Bulletin, 2001: 1307-1315. .

[80] J. X. Zhang, L. Q. Gao. Nanocomposite powders from coating with heterogeneous nucleation processing [J]. Ceramics International, 2001, 27: 143-147.

[81] 刘蕴锋，朱永伟，刘平，等. MoS_2 颗粒表面包覆 Al_2O_3 及其在镀层中的应用 [J]. 中国表面工程，2012，25（2）：97-102.

[82] K. Donjo, J. Sunho, M. Jooho, et al. Uniform Y_2O_3 coating on multi-component phosphor powders by modified polyol process [J]. Journal of Colloid & Interface Science. 2006, 297（2）：589-594.

[83] 彭人勇，程宝珍. Fe/C 微电解-絮凝沉淀法处理电镀废水中铜的研究 [J]. 环境工程学报，2012，6（2）：501-504.

[84] 王春蓉. α-Fe_2O_3/Ag 核壳结构纳米颗粒的制备及 SERS 活性研究 [D]. 苏州：苏州大学，2011.

[85] K. M. Mozhgan, N. Meissam, J. Shohreh. Preparation and characterization of Nano-Sized magnetic particles $LaCoO_3$ by ultrasonic-assisted coprecipitation method [J]. Synthesis & Reactivity in Inorganic, Metal-Organic, & Nano-Metal Chemistry [J]. 2015, 45（10）：1591-1595.

[86] 何向明，姜长印，李稳. 表面包覆改善球形 Ni（OH）$_2$ 高温性能的研究 [J]. 稀有金属材料与工程，2007，36（2）：291-295.

[87] L. M. Luo, J. Yu, J. Luo, et al. Preparation and characterization of Ni-coated Cr_3C_2 powder by room temperature ultrasonic-assisted electroless plating [J]. Ceramics International, 2010, 36: 1989-1992.

[88] H. Wang, J. F. Jia, H. Z. Song. The preparation of Cu-coated Al_2O_3 composite powders by electroless plating [J]. Ceramics International, 2011, 37: 2181-2184.

［89］ C. Zhang, G. P. Ling, J. H. He. Co – Al₂O₃ nanocomposites powder prepared by electroless plating ［J］. Materials Letters, 2003, 58: 200–204.

［90］ 桂阳海, 东方红, 牛连杰, 等. 化学复合镀制备 Ni-P-SiC 包覆立方氮化硼的机理研究 ［J］. 人工晶体学报, 2011, 40 (4): 953–957.

［91］ P. Richard. 微乳液法和超临界流体法制备辅酶 Q10 固体纳米脂 ［D］. 厦门: 厦门大学, 2009.

［92］ 王瑞浩, 张景林. 纳米复合含能材料的制备研究 ［J］. 化工中间体, 2011, (6): 28–31.

［93］ V. Pessey, R. Gamiga, F. Weill, et al. Core–shell materials elaboration in supercritical mixture CO₂/ethanol ［J］. Ind Eng Chem Res, 2000, 39: 4714–4719.

［94］ 张晓菊. 超细粉体表面包覆改性研究 ［D］. 上海: 上海交通大学, 2008.

［95］ 史举菲, 余珏斯. 用物理气相沉积法对工具进行氮化钛涂层 ［J］. 机械工程师, 1988, (4): 47–48.

［96］ 陈响明, 易丹青, 黄道远, 等. 化学气相沉积硬质合金 TiN/TiCN/Al₂O₃/TiN 多层涂层的抗氧化性能 ［J］. 中国有色金属学报, 2011, 21 (8): 1967–1973.

［97］ 苏青峰, 史伟民, 王林军, 等. 超声物理气相沉积法制备 (00l) 取向 HgI₂ 膜的研究 ［J］. 无机材料学报, 2011, 26 (3): 261–264.

［98］ 李志强, 李娟, 田少华, 等. CVD 法在电致发光粉表面包覆 SiO₂ 膜 ［J］. 表面技术, 2004, 33 (2): 32–35.

［99］ 崔照雯, 李敬仁, 李泽洲, 等. 粉末冶金法 CNTs、Al₂O₃ 双增强铜基复合材料性能研究 ［J］. 机械工程学报, 2013, 49 (18): 52–56.

［100］ 冯艳, 王日初, 余琨, 等. Ni-Cr/BN 自润滑材料摩擦磨损机理分析 ［J］. 稀有金属材料与工程, 2007, 36 (10): 1820–1823.

［101］ 陈启董, 郭文利, 戚利强. 高速气流冲击法制备陶瓷-金属复合粉体 ［J］. 中国粉体技术, 2015, 21 (1): 77–81.

［102］ 田中贵将, 菊地雄二, 小野宪次. 高速气流冲击式粉体表面改性装置-HYBridization 系统及应用 ［J］. 化工进展, 1993, (4): 10–20.

［103］ 周婷婷, 冯彩梅. 高速气流冲击法制备 NB 包覆 TiB₂ 复合粉末 ［J］. 武汉理工大学学报, 2004, 8 (26): 1–3, 34.

［104］ 骆心怡, 朱正吼. 高能球磨制备纳米 CeO₂/Al 复合粉末 ［J］. 热加工工艺, 2003, (2): 14–16.

［105］ 柯莉, 宋武林. 微/纳米粉体表面包覆技术的研究进展 ［J］. 材料导报, 2010, 24 (s1): 103–106.

［106］ S. Vaidya, A. Patra, A. Ganguli. Core–shell nanostructures and nanocomposites of Ag@ TiO₂: effect of capping agent and shell thickness on the optical properties ［J］. J Nanopart Res, 2010, 12: 1033–1044.

［107］ J. F. Hu, H. Gu, Z. M. Chen. Core–shell structure from the solution-reprecipitation process in hot-pressed AlN-doped SiC ceramics ［J］. Acta Materialia, 2007, 55:

5666-5673.

[108] 吕德义，饶星，岳林海，等. 无机包覆型纳米微粒的制备 [J]. 浙江工业大学学报，2009，37（4）：355-361.

[109] K. D. Kim, H. J. Bae, et al. Synthesis and growth mechanism of TiO_2-coated SiO_2 fine particles [J]. Colloids and surfaces A, 2003, 10, 1-11.

[110] 邹建，高家诚，王勇. 纳米 TiO_2 表面包覆致密 SiO_2 膜的试验研究 [J]. 材料科学与工程学报，2004，22（1）：71-73.

[111] 肖勇，吴孟强，袁颖，等. 无机微/纳米粒子表面包覆改性技术 [J]. 电子元件与材料，2011，30（8）：66-70.

[112] M. Ghaffari, R. Naderi, M. Ehsani. Effect of silane as surface modifier and coupling agent on rheological and protective performance of epoxy/nano-glassflake coating systems [J]. Iranian Polymer Journal, 2014, 23（7）：559-567.

[113] 卢才英. 静电纺丝法制备 TiO_2 纳米纤维及其应用的研究 [D]. 福州：福建师范大学，2011.

[114] 杜鑫，刘湘梅，郑奕，贺军辉. 静电层层自组装制备聚苯乙烯微球（核）/MCM-41纳米粒子（壳）阶层结构复合微粒 [J]. 化学学报，2009，67（5）：435-441.

[115] Y. Kong, S. Kim, H. Kim. Reinforcement of hydroxyapatite bioceramic by addition of ZrO_2 coated with Al_2O_3 [J]. J Am Ceram Soc, 1999, 82（1）：2963-2968. A. M. Homola, R. M. Lorenz, R. H. Sussner. Ultrathin particulate magnetic recording media [J]. Appl Phys, 1987, 61：3898-3910.

[116] J. P. D. Abbatt, K. Broekhuizen, P. P. Kumar. Cloud condensation nucleus activity of internally mixed ammonium sulfate/organic acid aerosol particles [J]. Atmospheric Environment, 2005. 39（26）：4767-4778.

[117] Z. J. Huang, D. S. Xiong. MoS_2 coated with Al_2O_3 for $Ni-MoS_2/Al_2O_3$ composite coatings by pulse electrodeposition [J]. Surface and Coatings Technology, 2008, 26：3208-3214. .

[118] 潘培道，刘孝光，孙小燕，等. 氧化铝包覆二硫化钼复合粉体的制备与表征 [J]. 硅酸盐通报，2011，30（5）：1212-1215+1220.

[119] L. M. Liz-Marzan, M. Giersig, P. Mulvaney. Synthesis of nanosized gold-silicaoreshell particles [J]. Langmuir, 1996, 12, 4329-4331.

[120] 李鑫，赵凤起，樊学忠，等. 聚合物对微/纳米铝粉表面包覆改性的研究进展 [J]. 中国表面工程，2013，26（2）：6-13.

[121] H. T. Cui, G. Y. Hong. Coating of Y_2O_3：Eu with polystyrene and its characterization [J]. J Mater Sci Lett, 2002, 21：81-87.

[122] E. Mine, A. Yamada, Y. Kobayashi. Direct coating of gold nanoparticles with silica by a seeded polymerization technique [J]. Journal of Colloid and Interface science, 2003, 264（2）：385-390.

[123] 丁存光，柳学全，丁光玉，等. 包覆技术在粉末冶金固体自润滑材料中的应用

[J]. 材料开发与应用, 2010, (2): 69-72.

[124] P. Bruschi, P. Cagnoni, A. Nanmin. Temperature-dependent Monte-Carlo simula-tion of thin metal film growth and percolation [J]. Phys. Rev. B, 1997, 55 (12): 7955-7963.

[125] 王晓平, 谢峰, 石勤伟, 赵特秀. 晶格失配对异质外延超薄膜生长中成核特性的影响 [J]. 物理学报, 2004. 08, 53 (8), 2699-2704.

[126] 丁存光, 柳学金, 丁光玉, 等. 包覆技术在粉末冶金固体自润滑材料中的应用 [J]. 材料开发与应用, 2010, 25 (2): 69-72.

[127] D. Erdemir. Solid lubricant coatings: recent developments and future trends [J]. Tri-bology Letters, 2004, 17 (3): 389-397.

[128] D. Erdemir. Historical developments and new trends in tribological and solid lubricant coatings [J]. Surface and Coatings Technology, 2004, 180: 76-84.

[129] 李溪滨, 刘如铁, 龚雪冰, 等. 添加 Ni 包覆 MoS_2 的 Ni-Cr 高温固体自润滑材料的研究 [J]. 稀有材料与工程, 2003, 32 (10): 773-786.

[130] J. Li, Y. S. Yin, R. X. Shi, et al. Microstructure and mechanical properties of Al_2O_3-TiC-4vol. % cocomposites prepared from cobalt coated powders [J]. Surface and Coatings Technology, 2006, 200: 3705-3712.

[131] R. X. Shi, J. Li, D. Z. Wang, et al. Mechanical properties and thermal shock re-sistance of Al_2O_3-TiC-Co composites [J]. J Mater Eng Perform, 2009, 18: 414-419.

[132] S. G. Huang, J. Vleugels, L. Li. Composition design and mechanical properties of mixed (Ce, Y) -TZP ceramics obtained from coated starting powders [J]. J Eur Ce-ram Soc, 2005, 25: 3109-3115.

[133] N. Lin, Y. H. He, C. H. Wu, et al. Fabrication of tungsten carbide-vanadium carbide core-shell structure powders and their application as an inhibitor for the sintering of cemented carbides [J]. Scripta Mat, 2012, 67: 826-829.

[134] X. L. Zhou, J. B. Zang, L. Dong. Fabrication of bulk nano-SiC via in-situ reac-tion of core-shell structural SiC@ C with Si using high pressure high temperature sintering method [J]. Mater Lett, 2015, 144: 69-73.

[135] 吕晋军, 梁宏勋, 薛群基, 等. Y-TZP/MoS_2 自润滑材料的摩擦学性能研究 [J]. 摩擦学学报, 2003, 23 (6): 490-494.

[136] A. Piciacchio, S. H. Lee, G. L. Messing. Processing and microstructure develop-ment in alumina-silicon carbide intragranular particulate composites [J]. J Am Ceram Soc. 1994, 77 (8): 2157-2164.

[137] 张巨先, 高陇桥. 晶内型结构的 Al_2O_3/SiC_p 纳米复相陶瓷 [J]. 硅酸盐学报, 2001, 29 (5): 471-474.

[138] X. Y. Ding, L. M Luo, L. M Huang. Preparation of TiC/W core-shell structured powders by one-step activation and chemical reduction process [J]. J Alloy Comp, 2015, 619: 704-708.

［139］ J. X. Deng, T. K Cao, J. L Sun. Microstructure and mechanical properties of hot-pressed Al_2O_3/TiC ceramic composites with the additions of solid lubricants ［J］. Ceram Int, 2005, 31: 249-256.

［140］ W. Chen, Y. M. Gao, C. Chen, et al. Tribological characteristics of Si_3N_4-h-BN ceramic materials sliding against stainless steel without lubrication ［J］. Wear, 2010, 269: 241-248.

［141］ M. Y. Zhou, J. T. Xi, J. Q. Yan. Modeling and processing of functionally graded materials for rapid prototyping ［J］. Journal of Materials Processing Technology, 2004, 146: 396-402.

［142］ 姚振华, 熊惟皓, 叶大萌, 等. Ti［DK］（C, N）基金属陶瓷在900~1150℃的氧化行为 ［J］. 机械工程材料, 2010, 34（7）: 1-4.

［143］ 陆佩文. 无机材料科学基础 ［M］. 武汉: 武汉大学出版社, 1996.

［144］ 金宗哲, 张国军, 包亦望, 等. 复相陶瓷增强颗粒尺寸效应 ［J］. 硅酸盐学报, 1995, 23（6）: 610-617.

［145］ R. P. Cooper, K. Chyung. Structure and chemistry of fiber-matrix interface in SiC reinforced glass ceramic composites ［J］. J Mater Sci. 1987, 22（3）: 3148-3156.

［146］ Z. H. Jin, Y. Z. Feng. Effects of multiple cracking on the residual strength behavior of thermally shocked functionally graded ceramics ［J］. International Journal of Solids and Structures, 2008, 24（45）: 5973-5986.

［147］ 叶大伦, 胡建华. 实用无机物热力学数据手册 ［M］. 2版. 北京: 冶金工业出版社, 2002.

［148］ 李悦彤, 杨静. 氧化铝陶瓷低温烧结助剂的研究进展 ［J］. 硅酸盐通报, 2011, 30（6）: 1328-1332.

［149］ J. R. Lince. Tribology of Co-sputtered Nanocomposite Au/MoS_2 Solid Lubricant Films over a Wide Contact Stress Range ［J］. Tribology Letters, 2004; 17（3）: 419-428.

［150］ P. S. Kumar, K. Manisekar, E. Subramanian. Dry Sliding Friction and Wear Characteristics of Cu-Sn Alloy Containing Molybdenum Disulfide ［J］. Tribology & Lubrication Technology, 2013, 56（56）: 857-866.

［151］ Y. Watanabe. High-speed sliding characteristics of Cu-Sn-based composite materials containing lamellar solid lubricants by contact resistance studies ［J］. Wear, 2008, 264（7-8）: 624-631.

［152］ J. Luo, Z. B. Cai, J. L. Mo, et al. Torsional fretting wear behavior of bonded MoS_2 solid lubricant coatings ［J］. Tribology Transactions, 2015, 58（6）: 1124-1130.

［153］ X. F. Yang, Z. R. Wang, P. L. Song, et al. Dry Sliding wear behavior of Al_2O_3-TiC ceramic composites added with solid lubricant CaF_2 by cold pressing and sintering ［J］. Tribology Transactions, 2015, 58（2）: 231-239.

［154］ 许崇海, 黄传真, 艾兴, 等. 复相陶瓷刀具材料的物化相容性分析 ［J］. 机械科学与技术. 2001, 20（2）: 260-261+268.

[155] 崔树森. 广义最小自由焓原理的提出和自由焓变守恒原理的建立 [J]. 沈阳工业大学学报, 1990, 12 (2): 57-64.

[156] 曹忠良, 王珍云. 无机化学方程式手册 [M]. 长沙: 湖南科学技术出版社, 1985.

[157] 许崇海, 丁文亮, 黄传真, 等. 基于残余应力增韧机制的陶瓷材料增强相的极限含量模型及应用 [J]. 应用科学学报, 2001, 19 (1): 73-76.

[158] J. W. Cahn, J. E. Hilliard. Free energy of a nonuniform system: Interfacial free energy [J]. Journal of Chemical Physics, 1958, 28 (2): 258-267.

[159] 刘光照, 朱亚男. 晶体成核理论 [J]. 人工晶体, 1981, (2): 1-34.

[160] 朱世富, 赵北君. 材料制备科学与技术 [M]. 北京: 高等教育出版社, 2012.

[161] K. J. Laidler. Chemical kinetics and the origins of physical chemistry [J]. Archive for History of Exact Sciences. 1985, 32 (1): 43-75.

[162] C. H. Shek, J. K. L. Lai, T. S. Gu, et al. Transformation evolution and infrared absorption spectra of amorphous and crystalline nano-A1₂O₃ powders [J]. Nanostruct. Mater., 1997, 8, 605-610.

[163] M. Rokita, M. Handke, W. Mozgawa. The AIP04 polymorphs structure in the light of Raman and IR spectroscopy studies [J]. J. Mol. Struct., 2000, 55 (5), 351-356.

[164] M. N. Barroso, M. F. Gomez, L. A. Arrua, et al. Reactivity of aluminum spinels in the ethanol steam reforming reaction [J]. Catal. Lett., 2006, 109, 13-19.

[165] X. Qi, Z. Wang, S. Li, et al. Characterization of high silica mordenite synthesized from amine-free system using fluoride as structure-directing agent [J]. Acta Phys. Sin., 2006, 22, 198-202.

[166] T. Meher, A. K. Basu, S. Ghatak. Physicochemical characteristics of alumina gel in hydroxyhydrogel and normal form [J]. Ceram. Int., 2005, 31: 831-838.

[167] V. K. LaMer, R. H. Dinegar. Theory, Production and Mechanism of Formation of Monodispersed Hydrosols [J]. J. Am. Chem. Soc. 1950, 72 (11): 4847-4854.

[168] C. Evans. Wear debris analysis and condition monitoring [J]. NDT International, 1978, 11 (3), 132-134.